机械工程前沿著作系列 HEP
HEP Series in Mechanical Engineering Frontiers MEF

专利规避设计方法

Method of Patent Design Around

ZHUANLI GUIBI SHEJI FANGFA

李 辉 檀润华 著

高等教育出版社·北京

内容简介

本书以构建“科学化系统化的专利规避理论方法”为目标，以基于专利法律的制度约束和基于现有专利分析的技术约束为基础，确立创新设计的约束框架，通过基于 TRIZ 的不同规避路径，结合面向不同种类专利及专利组合进行规避的过程模型，挖掘更多的技术机会，绕开现有专利权利范围，实现新专利技术并形成专利组合战略，缓解专利悬崖，保障企业的有效创新。因此，具有非常重要的意义。

本书适合工科专业的本科生、研究生以及从事研发设计的工程师学习和参考。

图书在版编目（CIP）数据

专利规避设计方法 / 李辉，檀润华著．-- 北京：高等教育出版社，2018. 1

（机械工程前沿著作系列）

ISBN 978-7-04-049070-1

Ⅰ. ①专… Ⅱ. ①李… ②檀… Ⅲ. ①产品设计 - 专利 - 研究 Ⅳ. ① TB472 ② G306

中国版本图书馆 CIP 数据核字（2017）第 302068 号

策划编辑 刘占伟　责任编辑 刘占伟　封面设计 杨立新　版式设计 杜微言
插图绘制 杜晓丹　责任校对 殷　然　责任印制 赵义民

出版发行 高等教育出版社
社　　址 北京市西城区德外大街4号
邮政编码 100120
印　　刷 北京中科印刷有限公司
开　　本 787mm×1092mm 1/16
印　　张 15.5
字　　数 300 千字
插　　页 1
购书热线 010-58581118
咨询电话 400-810-0598
网　　址 http://www.hep.edu.cn
　　　　 http://www.hep.com.cn
网上订购 http://www.hepmall.com.cn
　　　　 http://www.hepmall.com
　　　　 http://www.hepmall.cn
版　　次 2018 年 1 月第 1 版
印　　次 2018 年 1 月第 1 次印刷
定　　价 89.00 元

物 料 号 49070-00

前　　言

专利规避设计是利用专利信息进行的一种创新设计方法。通过专利规避技术可在创新的初始阶段寻找技术机会,缩短研发时间,避免重复研究;可在研发过程中结合与其过程相适应的 TRIZ 创新设计方法,提高研发水平;可在研发后期进行知识产权评价与管理,以确保创新成果的有效保护和运用。随着知识产权制度的健全和先进创新方法的发展,国内外学者一直在探索如何更好地将专利信息应用于创新设计过程,基于专利信息的创新规避设计已受到众多国内外学者的关注,但考虑到专利规避设计方法的复杂性,仍需要不断研究与完善。在该领域,专门性、系统化的专利规避设计方法研究著作也较少。

通过研究 TRIZ 及专利规避领域众多学者的研究成果与文献资料,对专利规避技术进行了系统化的理论与实践研究,逐渐形成了融合 TRIZ 的产品全流程专利规避设计方法的概念、过程和模型。本书共分 11 章。第 1 章为绪论,主要介绍专利规避的相关概念、研究现状及研究目的;第 2 章对 TRIZ 基本原理进行了介绍,论证了 TRIZ 应用于专利规避设计的可行性;第 3 章至第 5 章分别对制度约束分析方法、技术约束分析方法、专利规避分类分层设计方法进行了分析;第 6 章至第 9 章分别介绍了不同种类专利组合的规避设计流程及实例。第 10 章构建了针对竞争对手在产品全流程的专利规避设计总过程模型。第 11 章介绍了应用专利规避设计总过程模型的案例。

考虑到专利规避技术在国内起步较慢,但专利规避技术对我国企业发展又至关重要,因此笔者将本书内容分享给各位学者及企业专利工程师。本书提及的观点和论述可能会存在一些不妥之处,但笔者希望其能够起到抛砖引玉的作用,共同推进我国专利规避技术的发展。敬请批评指正!

本书得到了国家自然科学基金委员会的支持(项目编号 51605135、51675159),在此表示衷心感谢。

李辉　檀润华

河北工业大学国家技术创新方法与实施工具工程技术研究中心

2017 年 7 月

目　录

第1章　绪　　论

1.1　引言

知识产权制度作为法制社会的产物，其宗旨是为了保护人类智慧创造的成果，促进技术方法与产品工艺的进步，以美国和日本为代表的发达国家，对知识产权进行谋事布局，引导全球经济竞争格局向以技术创新与知识产权控制方向转变，确保本国企业立于不败之地[1]。

新一轮全球经济竞争愈加激烈，产品研发速度越来越快，产品更新周期越来越短，取得核心技术专利权已成为参与市场竞争的基本条件，甚至知识产权保护成为企业乃至国家的首要战略。知识经济环境下市场竞争的资源要素发生改变，知识产权尤其是专利越来越成为影响竞争成败的关键，专利技术与企业的利益与繁荣紧密相关，拥有核心专利技术的企业一般会赚取高额利润。发达国家利用专利保护这一合法武器，一方面通过对发展中国家进行技术垄断获取高额利润，另一方面通过在对外贸易中设置专利壁垒以保护本国市场不受其他国家产品冲击。宏观层面上，表现为政府通过立法和国际公约建立专利壁垒以限制其他国家的产品进入本国；微观层面上，表现为跨国公司在本国政府的支持下，利用专利权达到限制其他国家企业生产和发展产品和技术的目的。发达国家的贸易壁垒已从最初的关税壁垒转变成知识产权壁垒，商业竞争已经完全演变成为赤裸裸的专利竞争[2]。

由于核心技术研发、取得基础性专利通常需要投入大量研发资金，且难以在短期内产生实效，在一定程度上影响了企业进行基础性核心技术、前沿技术研发的积极性，导致我国大部分企业提交的专利申请中缺乏核心专利，技术含量不高。而国外许多企业，尤其是跨国公司，携带大量的技术标准和专利在我国市场进行“专利圈地”。据国家统计局资料显示，国外申请我国专利总数已占我国专利总申请量的一半以上，其中日本、美国和德国占据前三位。国家知识产权总局数据表明，近几年来发达国家在我国实行的“专利圈地”趋势日益严重，其专利垄断现象已经十分明显，跨国公司已经将专利战的战场转移到了我国内部市场，我国企业在国内外市场上遭遇了跨国公司设置的专利壁垒。例如，我国自加入WTO以来面对大公司设置的专利壁垒处处碰壁，较为典型的案例有“温州打火机事件”。欧盟规定“欧元区销售的打火机须加装欧洲开发的专利技术儿童锁机构”，从而使得温州相关企业遭受重创。

近年来，我国企业逐渐开始重视其自身知识产权保护，申请相关专利，部分企业已在某些领域取得了领先地位，并获得了大量专利权利。例如，华为公司在固定网络、移动网络和数据网络等网络设备领域已部署了众多专利，成为国际上在该领域的领军企业。但我国大部分企业的知识产权意识还较为淡薄，无论在专利信息使用，还是在技术研发、专利保护上，均存在一定的不足，更缺乏对产品整个生命周期的全局考虑，具体体现在如下几个方面：

(1) 创新前期对专利检索与分析技术重视不足。

在知识产权战略背景下，专利技术因“公开性”而成为最重要的情报来源，重视专利信息的检索与分析，成为国内外创新设计中的首要因素，而且专利数据已被用于如竞争对手预警监测[3-4]、专利价值评估[5-7]、寻找潜在合作商或收购目标[8-11]、研发策略的制订[12-13]、技术生命周期的预测[14-15]等各种用途。专利信息可为研发提供更多的信息，避免造成大量人力、物力、财力的浪费，因此在对某项核心技术进行专利技术研究时，创新前期的专利检索与分析尤为重要。例如，某物理研究院获得国家立项的一项环保技术，并为完成该项目先后投入科研经费 2 500 万元，独立研制出了“＊＊＊＊脱硫脱硝技术”，但是却发现日本早已申请了该项技术的专利，使得创新成果因落入了他人专利的权利保护范围而无效。

(2) 对专利制度的约束要求重视不足。

专利作为法律赋予专利权人对某项技术享有一定期限内垄断的法律性文件，要求核心技术以规范的法律文件进行呈现，其受到专利无效制度、专利撰写规则、专利侵权原则、专利稳定性等专利相关制度约束。作为法律文本的专利具备垄断性，即排他性，拥有的专利技术可在有效保护期限内独家或授权实施，可抢占市场先机，获得可观的经济效益。因此，专利已成为投资资金所考虑的重要因素之一[16-20]。一份成功的专利文件，除了满足创新性外，还需满足专利自身制度约束，不符合专利制度约束条件的创新设计将不能得到法律保护，因专利撰写失当会导致专利不能起到应有的保护作用，例如某公司仅把实验效果最为突出的“用聚丙烯腈制作碳纤维”列为“制造碳纤维方法专利”的保护范围，导致其他公司受到启发后用树脂和人造丝制造碳纤维而不侵权，使其他公司取得了更大的经济利益。

(3) 运用“专利武器”的技能亟待提高。

随着我国知识产权制度的不断健全，大部分国内企业开始重视专利技术保护，获得了相关授权专利，然而多数企业未把专利技术作为一种保护和促进企业发展的“武器”，在专利利用技能方面处于初级阶段，未能将专利保护与产品研发过程深度结合，而导致产品系统得不到专利技术的完整保护；未能对其核心技术进行深度专利挖掘，形成专利组合，构建企业的专利壁垒，而导致已有的竞争领域逐步丧失优势；未能结合企业自身人力、资源优势进一步挖掘其他领域的专利技术，形成企业的储备性专利，参与下一轮市场竞争。事实上，产品组合及专利的多样性对企业的存活存在较大的影响[21]。例如，作为闪存盘发明者的朗科因多年的技术研发及专利布局，在闪存应用及移动存储领域有一定规模的专利储备，不仅在国内外专利诉讼中取得胜利，而且通过有效的专利运营手段，使其技术创新成果转化为核心竞争力。

综上所述，知识经济时代到来，专利技术已成为市场竞争的关键点。面对技术专利壁垒，我国企业面临严峻的考验，加之我国专利制度建立的时间较短，企业对专利制度的理解不够深刻,大部分企业的技术处于技术引进与技术模仿阶段,在专利信息利用、突破专利壁垒的专利规避设计、专利组合保护等方面尚未形成科学化、系统化的方法体系。因此,迫切需要将专利信息利用与创新设计方法相结合,进行深入的专利规避设计研究,以面对日益激烈的国际化市场竞争。

1.2 专利规避概述

1.2.1 专利规避的概念与发展

专利规避,又称专利回避,英文为"patent around"或"patent design around ",也写作"invent around patent"或"inventing around patent",是一种为避免侵害某一专利之权利范围而进行的鼓励新发明的设计活动,是一项源于美国的合法竞争行为,旨在鼓励发明和促进大众文化的进步[22],鼓励对其他专利进行规避设计,从而避开专利权人的权利要求。Schechter[23]将专利规避定义为,企业为了避开其他竞争者公司专利权利要求的阻碍或者袭击而进行的新设计绕道发展的设计过程。何世琮[24]认为,专利规避是研究如何避开他人的专利的一种学问。专利规避对专利制度是一种推进,促使其他竞争对手在掌握专利的技术上开发出更加具有竞争力的新专利,然而对大多数公司而言,专利规避主要目的在于避免侵权诉讼,公司必须确保不将精力浪费在可能导致侵权的设计上。

专利侵权案件频繁发生,高昂的侵权赔偿金及侵权产品禁用使侵权者付出了惨重的代价[25]。专利是基于法律制度的规范性法律文件,对其权利范围的规避离不开专利法制度约束。因此,长期以来美国将其焦点集中于法理上,并依据法律案例归纳出相应的专利规避原则[26]。我国自加入世界贸易组织以来,专利侵权诉讼增多,也引起了法律界人士的思考,学者[27-29]通过对专利案件研究,基于对专利诉讼流程和专利侵权原则的分析,总结出规避诉讼的策略。例如,蒋志培[30]提出专利侵权判定的"三步法",美国[31]也提出相类似的专利侵权判定流程。概括专利侵权判定的基本流程[32]如图 1.1 所示。

判断专利是否侵权分为三个步骤:①分别确定方案技术与目标专利技术的技术特征;②从技术特征、技术方案和技术效果三个角度将两者相对应的特征进行一一对比;③依据法律规定的侵权原则及适用顺序判断技术方案是否侵犯现有的专利权利。

一方面,法律学者注意到专利的权利信息及侵权原则是规避设计成功的关键,但无法将专利法律制度作为操作约束应用于设计之中,而另一方面设计人员因缺乏专利和设计之间的桥梁,导致无法准确应用,因此将专利规避向技术领域延伸成为迫切需求。学者们[33-34]意识到,专利规避不应仅作为保守型防御工具,更应该作为一种主动性的创新手段。蔡俊立[35]认为,专利规避设计是从模仿他人专利出发,对专利侵害条件有充分的理解,从而寻求具有市场价值而不侵害他人的创新成果。陈瑞田[36]基于美国式法律分析与日本专利地图,融入传统创造发明的方法,提出了创新性专利规避设计。黄文仪[37]提出,专利规避设计是一种避免侵害某一专利而进

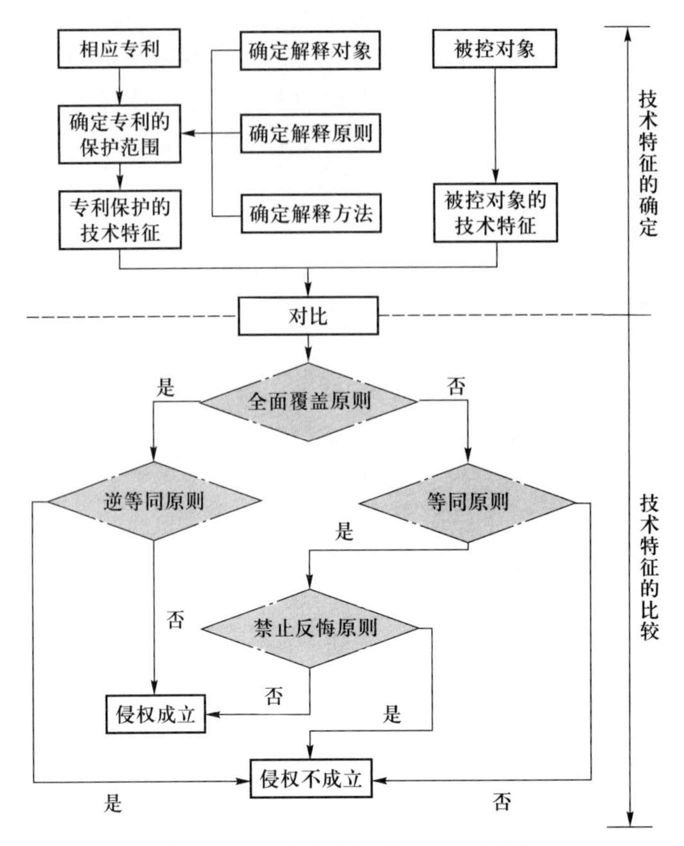

图 1.1　专利侵权判定的基本流程[32]

行的一种持续性的创新与设计活动。王浩伦[38]提出，通过专利规避设计重新对技术方案的改进来实现与现有专利的保护范围不同的新技术。综上，专利规避设计属于创新性设计，已成为一种方法论，从而引起创新方法学者的注意。

事实上，专利规避设计是基于已有的专利技术进行绕道发展寻找新技术机会的一种设计方法，但针对单一专利技术进行的专利规避设计，一方面存在沿着某些规避路径可能实现的是不具备专利性的现有技术，另一方面产生的专利规避设计方案易规避某专利而侵犯另一个专利[39]，如图 1.2 所示。

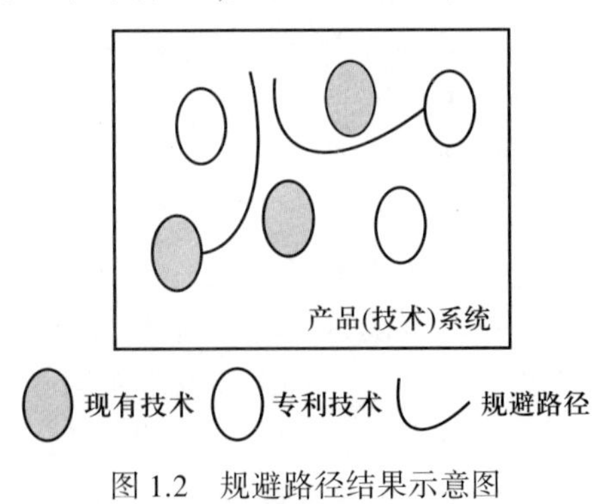

图 1.2　规避路径结果示意图

因此,从现有技术系统中挖掘新的可申请专利技术点的规避路径成为其研究价值所在。基于此,有学者提出技术机会概念[40-43],跳出单一专利规避对象范围,对一个专利群进行分析,挖掘新的技术机会,使得技术方案因具备创造性可申请专利,随之也产生了“专利布局”和“专利挖掘”的概念[44],即企业为参与市场竞争,进行专利布局与挖掘。专利挖掘和专利布局的关系如图 1.3 所示。专利挖掘是从面到点,寻找技术机会;专利布局是从点到面,扩大保护范围。专利挖掘和专利布局均是专利战略的组成部分。

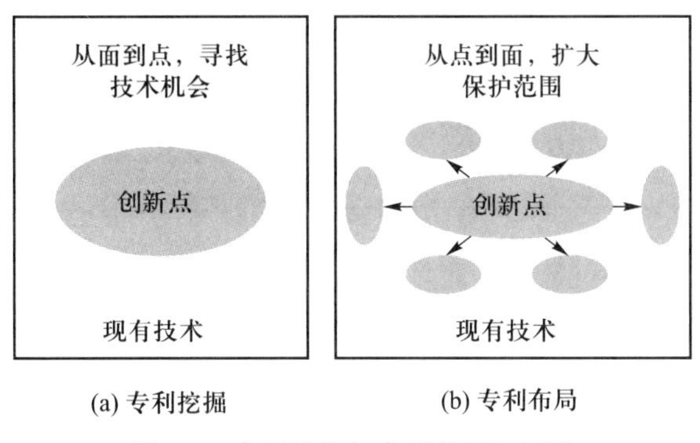

图 1.3　专利挖掘与专利布局比较图

因此,专利规避逐渐成为专利战略中的重要手段,并成为企业专利战略的重要部分[45-46],面向专利预警的专利规避设计[47]及相应的专利预警设计流程[48]为跟踪行业内大企业的技术动向[49]提供了有力的工具支撑,如图 1.4 所示。

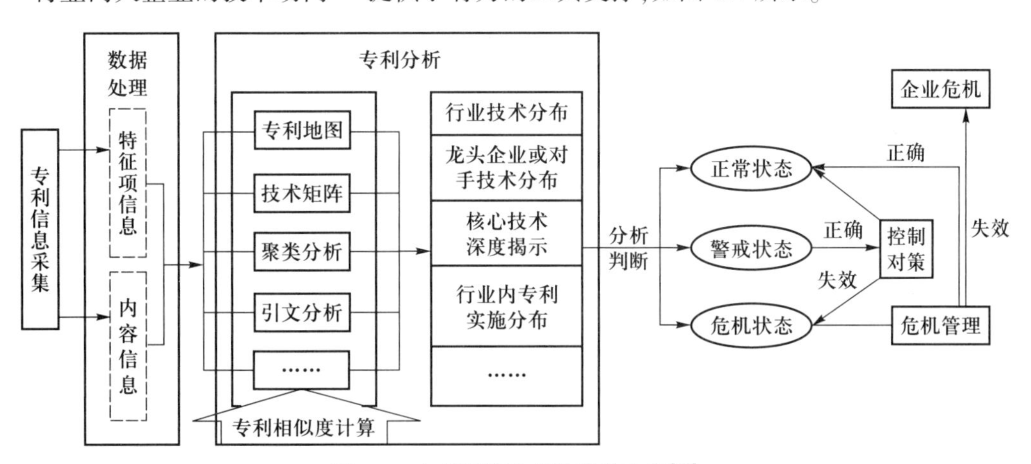

图 1.4　专利预警分析的操作流程[48]

1.2.2　专利规避设计的三个层次

根据现有研究中对专利规避研究的概念及发展,本书采取广义专利规避的概念,专利规避包含三个层次,三个层次的专利规避设计构成企业创新的金字塔,如图 1.5 所示。第一层次的方案不侵权,但难以申请专利;第二层次的方案可申请专利且不侵权;第三层次的方案是专利战略导向的创新设计,实现的是全面的专利规避,不仅包含了前两个层面,还包括可申请专利但对在先核心专利有依赖性的跟随发明,这些发明虽然独立实施会涉及侵权,但是由于具有更好的技术效果,能够对在先发明起到反钳制的作用。下面具体对专利规避设计三个层次的案例及规则进行阐释。

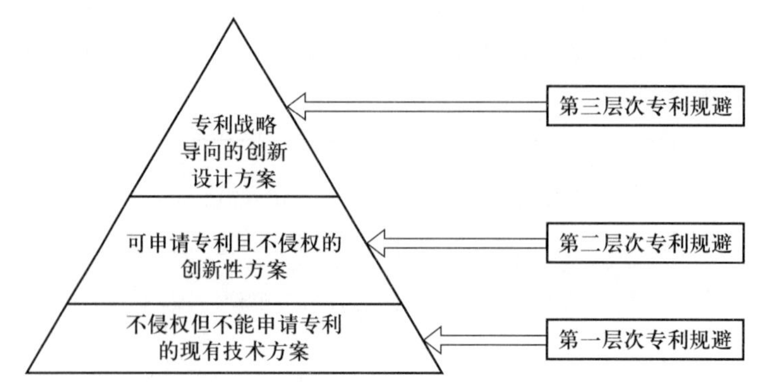

图 1.5　专利规避的三个层次

1. 第一层次的专利规避设计

第一层次的专利规避设计是从法律层面出发,为避免侵害某一专利之权利范围,基于专利制度重新设计而成的一项合法竞争行为。这一层次的专利规避设计方案是基于法律层面分析去寻找技术机会,往往是虽不侵权但无法重新申请专利的方案,专利规避成果成为企业的免费午餐,可大量应用于企业非主流、非竞争性技术点。但由于不能申请专利的技术是属于公有领域层面的知识,因此规避成果往往无法为企业带来排他的专利权利。

【案例一】　CROCS 公司洞洞鞋的例子。

CROCS 公司最初在 2003 年申请了一项用一种舒适的特殊材料生产洞洞鞋 的专利[50](专利号为 US6993858),如图 1.6 所示,但是未对洞洞鞋的外观设计以及洞

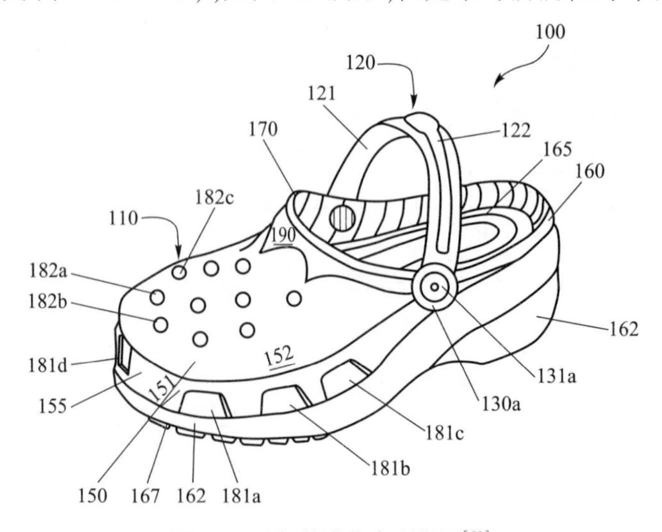

图 1.6　透气鞋类件专利附图[50]

洞鞋防水、防沙等特殊的实用新型技术点申请专利保护。该专利排除了利用其他材料生产同样款式和功效的鞋,但 CROCS 公司申请的专利具有缺陷,专利权人无法阻止竞争者使用除这种特殊的树脂材料之外的其他材料生产这款具有防水、防沙特点的新型舒适鞋,结果导致市场上众多竞争厂家采用塑料等材质去生产一模一样的洞洞鞋,于是合法仿制的洞洞鞋遍地开花。

结论一:竞争企业仅对最好的技术方案进行了保护,未对具有商业价值的需要保护的其他技术方案给予专利组合申请,其他被排除的技术方案进入公有领域,于是使用该技术方案不构成侵权。

【案例二】 一种子弹形表带的例子。

权利人申请了一种表带专利[51](专利号为 ZL98202863.6),如图 1.7 所示。其独立权利要求为:一种子弹形表带,由数排水平排列的链节铰接而成,其特征是:每一链节为子弹形,每相邻两排子弹形链节相互错开并铰接在一起。如果改变子弹形链节的连接方式,采用链节非水平排列、非相互错开、非铰接在一起的方式生产如图 1.8 所述的一种表带,则不构成侵权。

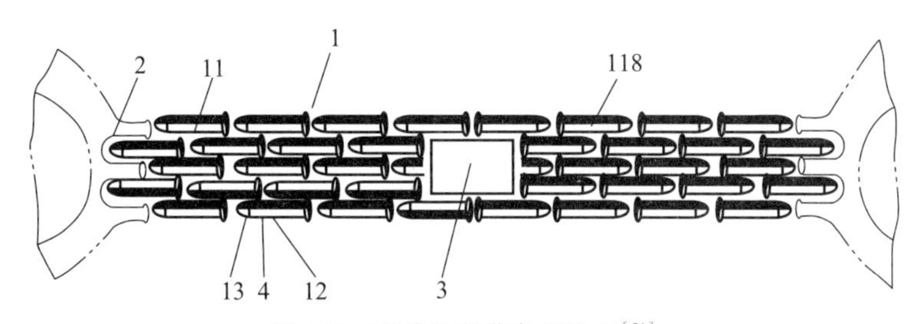

图 1.7 子弹形表带专利附图[51]

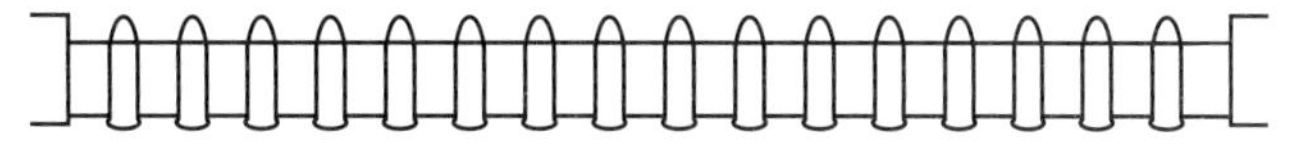

图 1.8 新型子弹形表带

结论二:如果专利权利范围撰写得过小,将一些非必要技术特征以及一些过于具体的技术特征写入了权项,则可以删除或者替换一些技术特征而使用该技术方案。

【案例三】 安全电热毯[52](专利号为 ZL93210997.7)的例子。

专利号为 ZL93210997.7 的安全电热毯如图 1.9 所示,其专利授权文件的权利要求 1 为:一种安全电热毯,由电加热系统和包覆层组成,其特征在于电加热系统是由电热丝、套在电热丝外且两端封闭的软套管、夹在电热丝与套管之间的传热液构成。

专利说明书中提到:目前公知的电热毯,……由于采用热水循环系统,还存在水的密封不严、易渗漏的弊端。本实用新型是这样实现的,……传热液采用防冻液。采用防冻液做热传导物质,克服了水在低温情况下结冰使导管易折断的弊端。

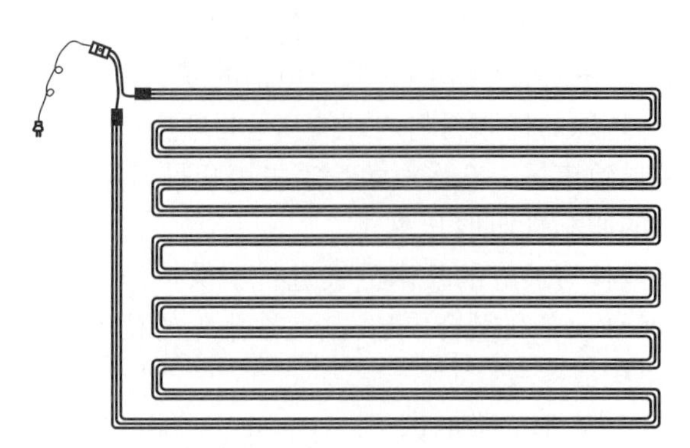

图 1.9　安全电热毯的附图[52]

由于水是专利文件说明书中记载的有缺陷而放弃的技术方案，因此如果采用水作为传热液则不构成侵权。

结论三：仅记载在背景技术部分、并未记录在权利要求书中的技术方案，属于贡献给社会公众的技术方案，可以直接使用而不涉及侵权问题。

【案例四】　某广告公司使用失效专利节省研发成本的例子。

某广告公司欲引进德国一项大型广告灯箱创作技术，外商报价转让费及设备金共计 400 多万马克。通过检索找到一项基本相同的失效专利，最后参考失效专利进行开发，只花费 20 万元。

结论四：失效专利是指失去专利法保护的发明创造，失效的原因可以是专利的保护期限届满、专利权人没有缴纳专利维持费、专利权人声明放弃专利权、专利权被宣告无效等，查询专利的法律状态就可获知该专利的情况。企业随时跟踪检索现有的专利技术，一旦发现技术实用或者技术水平仍处于较高水平的失效专利，可直接使用或者继续跟进开发。

【案例五】　奇瑞 QQ 与通用大宇 SPARK 外观设计相似。

韩国通用大宇的 SPARK 汽车未在中国申请外观设计专利，因此中国的奇瑞 QQ 汽车即使与 SPARK 的相似度极高，如图 1.10 所示，也不构成侵权。

(a) QQ汽车

(b) SPARK汽车

图 1.10　奇瑞 QQ 汽车与 SPARK 汽车外观设计对比图

结论五:专利的地域性特点要求技术成果仅在获取专利的国家获得保护,在未获授权的国家不受保护。因此,未在国内申请专利的国外专利技术方案,在国内可以直接使用或跟进开发而不侵权。

综上,第一层次的专利规避设计是在法律范畴内合法的仿制行为,应用于企业大量的基础技术、现有技术研究及外围技术使用,并构成企业技术金字塔的最底层的地基,虽然不成为企业参与市场竞争的优势所在,但是可以为企业节约成本,提高效率。

2. 第二层次的专利规避设计

第二层次的专利规避设计不是保守性防御工具,是作为一种主动性的创新手段。具体而言,这一层次的专利规避设计,在现有专利技术所解决的问题基础上分析其解决过程及解决结果的优劣,或者对原专利所解决的技术问题进行重新解决,或者挖掘新的技术问题并进行解决,这样形成的设计方案往往可以申请新的专利。新专利能够为企业带来排他的使用权,所以第二层次的专利规避设计是企业的竞争武器。

【案例一】诺贝尔发明炸药申请专利的例子。

诺贝尔就其发明的炸药申请了专利,权利要求的核心技术内容是由"硝化甘油和可溶性硝化纤维素组成",该专利的权利要求排除了不可溶性硝化纤维素,因为诺贝尔认为不可溶性硝化纤维素存在不稳定的缺点,因此排除了对它的使用。但是,另外一名科学家发现,不可溶性硝化纤维素虽然使用在炸药上存在缺点,但是加入少量的凡士林可以抑制其缺点,生产的炸药效果等同甚至超过诺贝尔的专利技术。因此,其发明的由"硝化甘油和不可溶性硝化纤维及少量凡士林"组成的炸药,不仅专利规避成功,而且获得了新的专利。

结论一:如果专利技术方案中仅记载了最优的技术特征,排除了那些具有缺点的劣质方案,可以通过添加其他元件、技术特征等来抑制被排除特征的缺点,形成更好技术效果的新技术方案。

【案例二】指甲剪的例子。

一种防飞溅指甲剪的专利[53](专利号为 CN201310243076.2),如图 1.11 所示。其专利的独立权利要求为:一种防飞溅指甲剪,包括由上刀片(1)和下刀片(2)构成的钳夹主体(3),上刀片(1)的上端通过一根连接柱安装有一根能够使上刀片(1)和下刀片(2)开合的压板(4)。其特征在于:还包括一个用于放置被修剪的手指的透明罩(5),所述透明罩(5)的一端固定连接在上刀片(1)和下刀片(2)的外围,透明罩

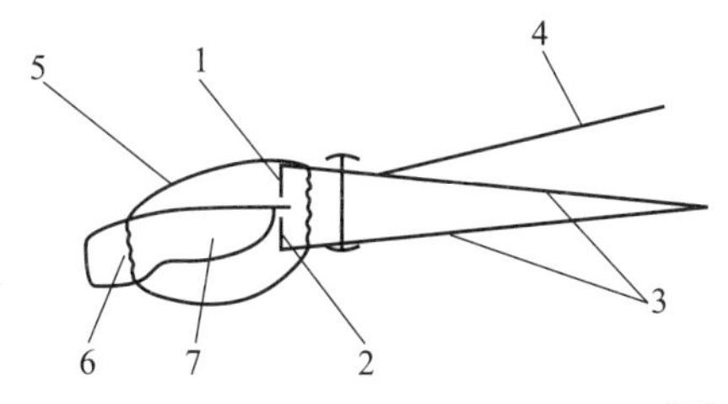

图 1.11　一种防飞溅指甲剪的专利附图[53]

(5)的另一端设置有可使被修剪的手指伸入的开口(6)。

针对该专利解决的防飞溅技术问题,改变结构原理,重新解决问题形成的一个技术方案如图 1.12 所示。其技术方案[54]为:一种指甲剪,包括铰接在一起的上剪体和下剪体,所述上剪体和下剪体分别设有相对的剪头,所述上剪体短于所述下剪体,该下剪体的末端铰接有压板,该压板长度与所述下剪体相适应,当压板下压时,该压板会接触上剪体的末端,并给予上剪体一个向下的压力。改变后的技术方案与原有专利方案完全不同,形成可申请专利的新技术方案。

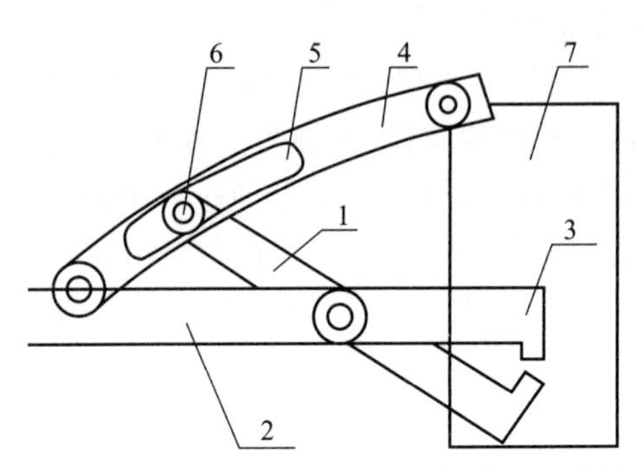

图 1.12　另一种防飞溅指甲剪的专利附图[54]

结论二:研究原专利方案中所解决的技术问题,提出新解决方案,而新解决方案可与原专利的原理不同,也可以是结构不同,使得新的解决方案有相同或者更好的技术效果。

【案例三】 缝衣针的例子。

由于老年人视力不好,用传统的穿孔缝衣针穿孔非常费劲。针对原有产品中存在的问题和不足,设计新的带搭钩的缝衣针[55],使得穿线变得很容易,如图 1.13 所示的带搭钩的缝衣针专利。

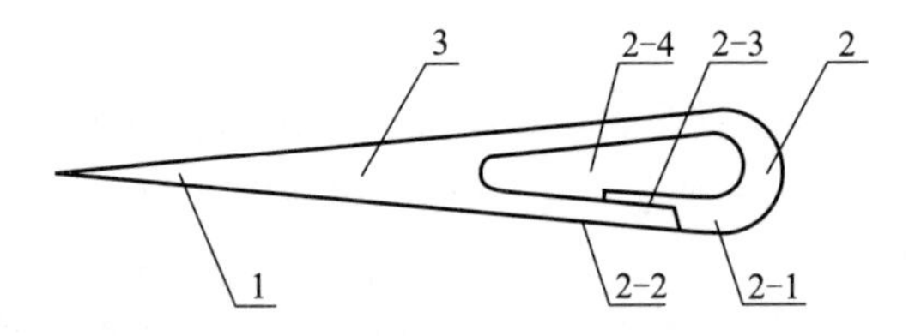

图 1.13　带搭钩的缝衣针的专利附图[55]

结论三:研究原方案中的"缺点"和"不足",发现新的问题,给予解决方案。

第二层次的专利规避设计是利用专利信息的情报功能进行的创新行为,结合专利情报在某一方面给予企业的启示,结合创新方法的运用,企业可在此基础上重新研发,形成创新性技术方案,从而构成企业技术金字塔的中流砥柱。创新性技术方案成为企业参与市场竞争的优势所在,第二层次的专利规避设计可以为企业节约研发时间,提高市场竞争力。

3. 第三层次的专利规避设计

第三层次的专利规避是与专利战略相结合去寻找更多新技术机会的一种设计方法,是一种产品全流程的专利规避设计。如图1.14所示,根据竞争对手的现有专利战略及专利布局,结合先进的设计方法,针对不同专利组合中的技术空缺寻找新的技术机会,形成不同的设计方案,并经过专利性评价从而有目的性地在专利战略背景下赢得更多的技术优势。第三层次的专利规避是知识产权战略下一种有效的创新设计方法。通过将现有专利组合进行区别分类,从不同角度挖掘新的技术问题,形成新的专利方案。

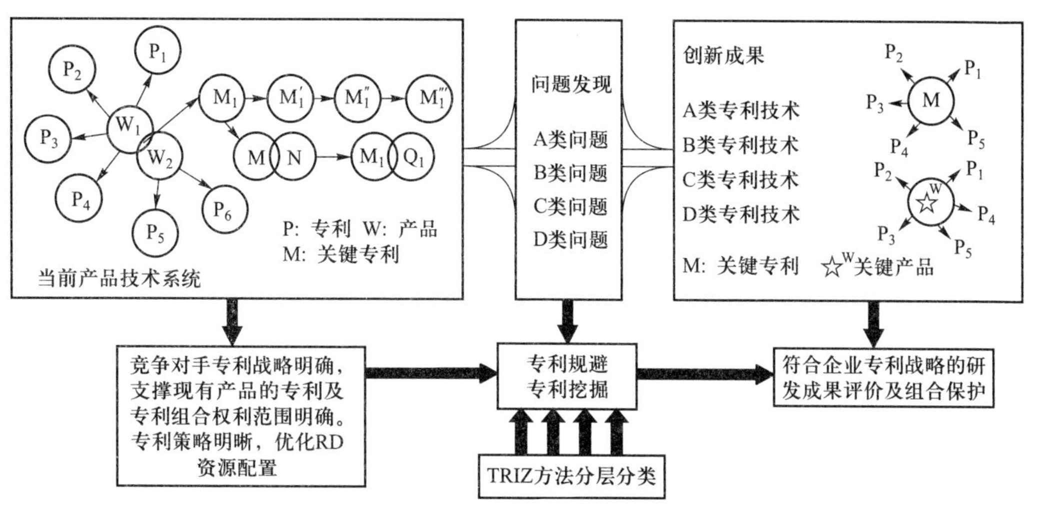

图1.14 专利战略导向的创新设计

因此,本书从产品整个生命周期(全流程)出发,提出了实现三个层次的全面规避设计的方法过程。

首先,确定与专利相关的法律制度约束下的信息阅读规则及提取方法、侵权原则及相应的规避原则,以及专利可授权所具备的创造性等实质性条件,本书称之为制度约束,制度约束分析是实现专利规避的关键。

其次,确定与现有技术发展状况有关的技术约束,包括分析竞争对手的现有专利布局,以绘制现有专利组合的地图,寻找技术机会、确定研发方向,本书称之为现有技术约束,与之有关的问题是专利战略、专利价值和规避机会,技术约束分析是实现专利规避的基础。

最后,针对某个战略方向的某些问题或者某些专利的具体规避设计阶段,需要对新挖掘的问题予以绕道解决、重新解决、技术突破,因此注入创新设计方法又成为必须考虑的因素。一方面用创新设计方法去提取制度约束,一方面用创新设计方法去突破技术约束,从而形成新的设计方案。

因此,本书将专利规避设计界定为基于技术与制度双重约束,采用创新设计方法突破约束,挖掘出新的可申请专利的创新设计过程。其中,专利信息提取规则、侵权原则及专利实质条件作为法律规则构成制度约束条件;某个规避技术方向的现有专利所属企业及其专利组合对比分析、单一对象企业的现有专利组合维度分析、针对不同专利规避对象的规避策略制订，构成技术约束条件；用创新设计方法去提取制度约束、突破技术约束，形成新设计方案。具体专利规避创新设计方法的定义如图 1.15 所示。

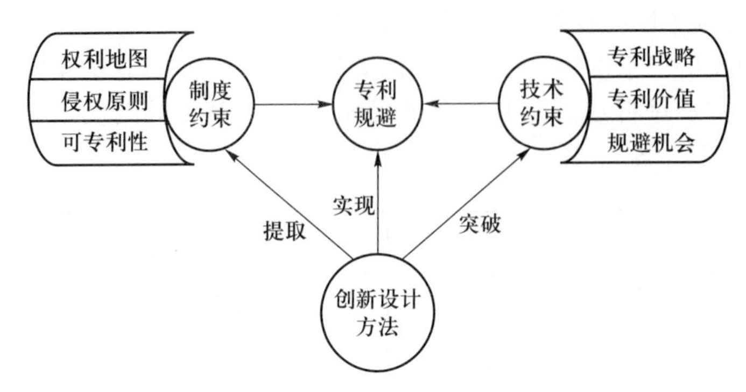

图 1.15　基于技术与制度双重约束的专利规避创新设计方法

1.3　专利规避设计的研究现状

1.3.1　专利制度约束的研究现状

制度约束是从法律角度提炼的规避设计规则，影响规避设计成败的法律因素有三方面：①确定规避对象专利的权利地图以提取某项技术的现有保护范围；②根据侵权原则确定不侵权的规避路径；③确定可专利性的判断准则，以确保规避成功后的成果不会落入其他专利的保护范围，并将具备专利性的成果再次申请专利。

1.3.1.1　规避对象专利的权利地图

为了满足法律公开性特点，专利申请文件必须符合法律的撰写要求。专利作为规范性法律文件，是专利权人对社会宣告权利范围的依据，可以给大家提供规范的信息情报。目前，通常是制作专利研读分析表来提取专利的具体信息[56]，如表 1.1 所示。

表 1.1　专利研读分析表

<table>
<tr><td>编号</td><td></td><td>公开号
（专利号）</td><td></td><td>公开日
（专利日）</td><td></td><td>技术
类别</td><td></td></tr>
<tr><td>申请人</td><td colspan="2"></td><td>申请人国籍</td><td></td><td>记录人</td><td colspan="2"></td></tr>
<tr><td>专利名称</td><td colspan="7"></td></tr>
<tr><td colspan="8">一、本发明概要
1.过去问题　2.目前之解决对策（或目的）　3. 构成或组成　4. 效果</td></tr>
<tr><td colspan="8">二、特征（特点）</td></tr>
</table>

续表

三、阅读者对本发明之评论:
1. 重要性: □A 非常重要(ex:基本技术,权利大,影响性大) □B 具重要性(ex:相关技术,有压力和阻碍) □C 普通重要(ex:衍生技术) □D 影响性小(ex:外围技术) 2. 针对本案之特征判断,可否进行回避设计? □可 □否
四、重要图示

企业通常制作的专利研读分析表能反映与专利申请日期、授权日期、专利权人信息等相关的著录信息、专利权利要求书及专利说明书等权利信息,但往往仅限于对文字的描述,忽略了专利权利撰写规则及阅读规则,不利于本领域的技术人员了解、掌握专利的权利范围。事实上,技术人员期望通过权利地图等直观的图式表达来获取研发的情报信息,于是现阶段将法律规则与工程设计语言相结合绘制权利地图的研究尚需进一步完善。目前,对权利信息的提取规则的研究不足,并且未用创新设计的语言提取权利范围,使设计者难以理解专利真正的权利范围,由于文字解释的权利范围未转换成用机械零件及连接符号所构建的直观表达的权利地图,导致法律制度与机械产品设计之间缺乏有效的连接。因此,现阶段将法律规则与工程设计语言相结合绘制权利地图的研究尚需进一步完善。

1.3.1.2 不侵权规避路径

实现不侵权的关键是改进后的设计方案不触犯法律的侵权判定原则,所以从专利侵权判定原则来总结规避策略一直是专利规避设计制度约束的核心。

美国的专利规避设计多局限于法律范畴,最初源于美国法律界的专利侵权判定原则被提炼成五条专利规避设计准则[57],随后 Nydegger 与 Richards[58] 将五原则简化为减少元件数量以满足全面覆盖原则、使用替代的方法使被告主体不同于权利要求中揭露的技术以防止字面侵权以及从方法/功能/结果上实质性改变构成要件以避免侵犯等同原则的三原则,并提出针对单一专利的专利规避设计具体步骤,如图 1.16 所示。专利规避的过程可描述为从某项专利技术的现有研究出发,重点研究有效的独立权利要求,列出独立权利要求的原件及核心的技术特征,不违背全面覆盖原则的规避路径可以是去除一个或者多个重要元件,不违背等同原则的规避路径可以是从元件、连接关系、作用等技术特征方面进行改变从而实现方法、功能、结果方面至少一个条件实质不同。

陈佳麟[59] 从三个方面提出了避免纠纷的策略及原理。施炳轩[60] 对现有的五种常见方法进行分析,从四个方面提供了一些专利规避策略,如表 1.2 所示。专利规避现有的五种常见方法包括:①借鉴专利文件中的技术问题,对其解决的技术问题予以重

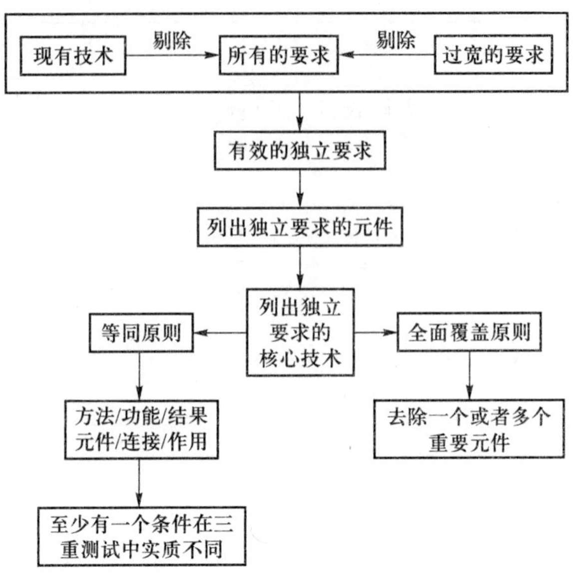

图 1.16 单一专利的规避设计[58]

新解决;②利用专利文件中的技术背景来寻找技术机会;③利用权利要求或发明内容的不对应关系寻找权利保护的漏洞;④利用不侵犯全面覆盖原则及等同原则对专利方案进行变形,从而形成新的设计方案;⑤利用禁止反悔原则采用专利权人放弃的技术方案。这五种常见的方法在专利规避创新的过程中在发挥空间、安全性、成本、新技术性能方面有所不同,其相应程度以一颗星到五颗星呈递增趋势表示。

表 1.2 规避设计五种方法的分析比较[60]

分析项	借鉴技术问题	利用文件中提及的额外信息		利用专利侵权判定法则	
		专利文件中的技术背景	权利要求或发明内容不对应关系	全面覆盖原则(不侵犯等同原则)	禁止反悔原则
发挥空间	★★★★★	★★★★	★★	★★	★
安全性	★★★★★	★★★★	★★	★	★★★★★
成本	★★★★★	★★★★	★★★	★★	★
新技术性能	不确定	不确定	★★★	★★★	★★★★★

考虑到法律层面规避策略研究不能有效应用到新技术与工艺的研发过程,部分学者基于功能裁剪方法探索提取与专利规避侵权原则相契合的规避设计路径。李辉等[61]构建了面向机械产品专利规避的裁剪途径集。刘江南等[62]基于功能裁剪法和设计目录的机构综合对有效专利进行合理规避,构建了再创新程序化过程模型,如图 1.17 所示。此外,还提出了面向专利规避进行变体操作启发新问题方案

解[63-64]。这些研究思路将法律与创新设计方法相结合，架设了从法律原则到工程设计的桥梁，但未将裁剪等设计方法更具体地深入到专利不同维度的裁剪操作中，使得制度约束提取不足。同时，裁剪方法不能涵盖所有的专利规避对象，尤其对专利群的规避。

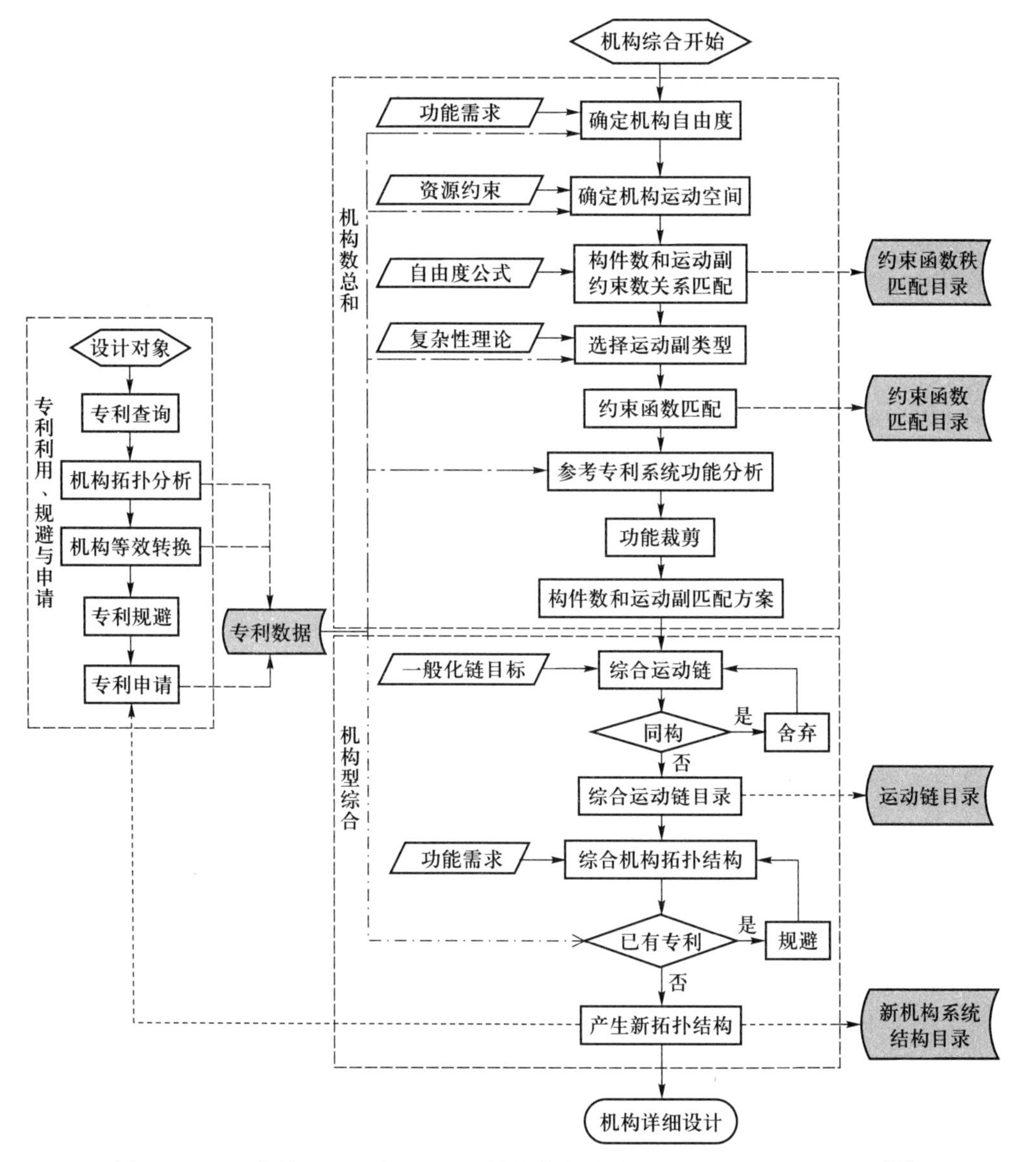

图 1.17　基于裁剪法和设计目录的机构综合专利利用与规避再创新过程模型[62]

1.3.1.3　可专利性判断准则

规避方案成功的检验标准是专利规避设计的导向标，目前规避方案检验标准多基于专利侵权的判断流程[65-68]，该标准只能保证不侵犯研究对象的权利范围，但不能保证不落入其他专利的保护范围，且无法保证是否符合专利的实质授权条件。

引入与侵权原则相契合的创新设计方法并不能减少侵权风险，李更[69]等提出

TRIZ 方法在原有产品内部进行裁剪、替换、重新利用有可能因触及核心技术而造成侵权,杨云霞[70]也注意到 TRIZ 应用中的专利侵权风险,陈明原[71]应用贝氏理论及模糊逻辑进行专利分类及 TRIZ 方法改善之研究,但未从专利策略角度建立专利性的评价体系。已有部分学者采用定量分析方法对规避设计方案的创造性进行分析与判断,如袁德[72]考虑到专利授权条件中创造性的模糊性,结合模糊数学进行创造性的定量评价体系研究,但在发明高度等参数的认定和选择上仍有提升改进空间。因此,规避目标专利的评估方法有待深化研究,结合面向创新设计模糊前端的专利检索分析策略,构建符合专利实质授权条件的评价体系,以确保专利规避成果的有效性。

1.3.2 专利技术约束的研究现状

专利技术作为一种可以公开获取的专利情报构成后续研究的基础及约束,后续研究不能侵犯现有专利技术已获取的保护范围,称之为现有技术约束。因此,专利规避设计的前提是要对现有技术进行检索与分析,进行专利情报研究。对现有技术约束进行专利情报研究,对于明确专利规避对象,减少侵权风险,确定规避目标,挖掘新的技术机会,制订规避策略,均十分必要。

目前,关于专利规避的现有技术约束方面的研究集中于以下两点:

1. 专利检索方面

根据不同的目的进行不同种类的专利检索。通常包含以下几类:

(1) 专利的有效性检索(也可以称为无效性检索)。

有效性检索是针对发明创造的技术方案对包括专利文献在内的全世界范围内的各种公开技术信息进行检索,寻找到可以进行新颖性和创造性对比的文件。如果是为了评价自己的研发成果,有效性检索可以判断其是否具有新颖性和创造性,从而能够申请到专利权;如果是为了评价他人的专利,有效性检索可以判定研究对象的专利权是否稳定,从而提供无效的依据,为进一步专利规避和研发策略提供帮助。

(2) 专利的现有技术状况检索。

当需要确定研发方向、分配研发资源时,要针对某一技术主题对所有可得的专利和非专利文献进行全面专利文献检索。检索的结果为可供参考的所属技术领域的相关专利文献,通常通过主题关键词和 IPC 号检索,挖掘的信息可以作为专利规避设计时确定研发方向及重点的参考。

(3) 获取其他信息的检索。

包括专利法律状态检索、同族专利检索、专利引文检索、专利相关人检索。这些检索方法分别服务于不同的检索目的。法律状态检索可确定研究对象是否属于法律保护范围;同族专利检索可确定对象专利在不同地域之间的布局情况以及研究的延续性;专利引文检索可借助技术的引用关系来分析技术发展脉络以及重要专利、核心专利;专利相关人检索可追踪某项技术在某个专利权人或者发明人那里的持续研发状态。这些不同角度的情报信息可用于分析企业的研发方向。

2. 专利分析方面

服务于企业不同的目的,与专利检索相配合,采用多种数据采集及分析方法。对于专利规避的目的来说,包含两个层次的需求:①确定最接近或最相关或最有价值的单一专利规避对象;②分析企业的专利战略布局,确定有价值专利组合获取研发信息,从中寻找专利技术机会。

现有研究中常采用聚类分析、权重分析、引用分析、关键元件分析等来选择确定某一个专利或一群专利作为规避对象。其中,Moon-Soo Kim 等[73]提出技术覆盖率的专利分析方法,Hyoungshick Kim 等[74]进行专利侵权诉讼的社会网络分析,Patel 等[75]用专利引用关系来说明创新市场的竞争,Tseng 等[76]识别绝大部分有价值的专利优先权网络并进行流程化研究进行专利分析;Suh 等[77]面向服务企业的研发策略构建了专利技术地图,将各种专利信息用图表形式直观的表达,用于分析关注专利各层面的知识,为研发提供有价值的方向。我国台湾学者也有大量基于专利信息获取研发情报的研究[78-79]。

基于现有技术的检索与分析虽然能够根据需求获取信息,但面向专利规避创新设计进行的检索分析仍存在以下两个缺点:

(1) 专利规避前端模糊,风险专利识别研究欠缺。

规避对象的选择依据是专利规避设计的重要前端,但现有专利规避设计针对规避对象定位研究较少,缺乏单一企业专利战略的深入分析,少有考虑规避对象与企业整体专利战略的关系,少有分析规避对象在规避企业的整体专利壁垒中的地位与作用,易造成规避对象与规避目的不匹配问题,导致规避意义不明晰。

(2) 专利规避对象种类、价值评估研究有待进一步加强。

专利有核心专利、竞争性专利、互补性专利、延伸性专利、支撑性专利及储备性专利作用的区分,因此不同规避专利在企业中具有不同地位及作用。同时,作为规避专利或专利群也存在因权利不稳定而无效的风险,因此企业进行专利价值及专利品质的评估以明确专利规避对象,凸显出重要作用,目前研究中对专利价值的评估有待进一步加强。

1.3.3 专利规避创新方法的研究现状

近年来,采用创新设计方法对规避对象进行技术突破已吸引了企业界与众多学者的关注,并开始运用发明问题解决理论(TRIZ)工具集成不同的创新设计方法进行专利规避。

1991 年,Ikovenko 博士[80]首次提出将 TRIZ 创新设计方法应用于专利规避设计之中。Chang 和 Chen[81]提出集成 TRIZ 冲突矩阵与概念设计,并应用于产品规避设计的过程模型。Hung 和 Hsu[82]提出了一种将 TRIZ 与现有专利技术集成的规避方法。Liu 等[83]从规避策略与需求分析,提出了一种基于 TRIZ 解决问题的专利集成创新设计过程模型。林美秀[84]运用 TRIZ 原理探讨专利开发,并应用实际案例实现专利规避。李鹏等[85]将 TRIZ 技术应用于专利规避设计中,但未进行深入的流程化设计。

此外,图论学、拓扑法、公理设计等被融入规避设计的过程中,用以加快专利回避突破口的定位。张祥唐等[86]引入绿色设计概念,并集成可拓方法与 TRIZ,对人体发电装置进行了创新设计。黄文仪[87]采用组件规避设计方法、等价交换方式技术手段等规避设计法与创新思维结合进行了专利回避设计。林明宪[88]应用元件权重评析法进行专利分析定位规避对象,应用 TRIZ 工具发现问题并解决问题,最后采用公理设计检验规避成果的有效性。徐业良等[89]提出将公理设计中的设计矩阵概念纳入专利元件分析以确定规避对象,寻找规避机会。彭馨仪[90]整合 TRIZ 与 DFMA(design for manufacturing and assembly)进行专利规避设计程序研究。Chen 等[91]从专利侵权原则出发,提出一种基于发明问题解决算法(ARIZ)的专利规避方法,是一种综合运用 TRIZ 方法解决复杂的专利规避设计问题的总流程,如图 1.18 所示,但因缺乏模糊前端的对象选择分析及后端的专利性评价,使规避设计流程尚有待改进之处。

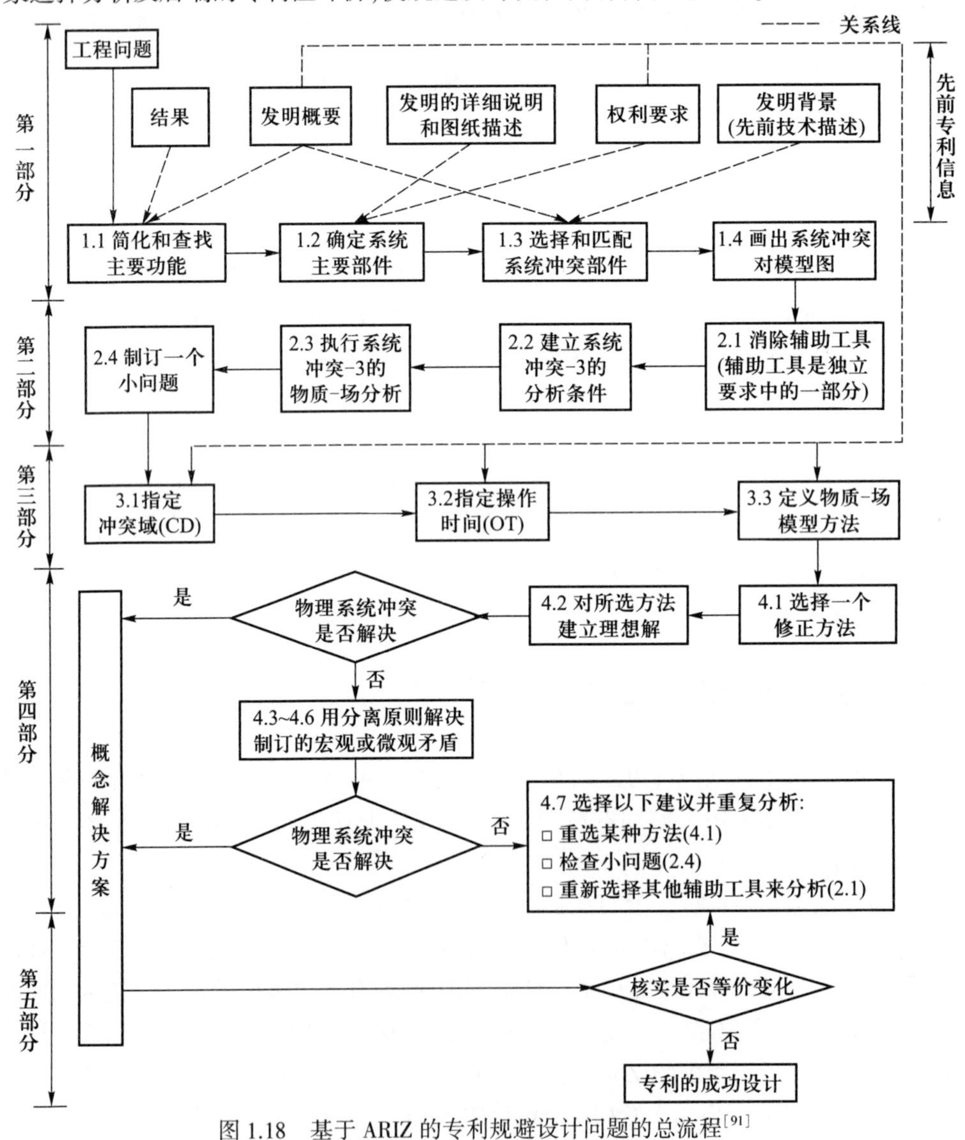

图 1.18　基于 ARIZ 的专利规避设计问题的总流程[91]

事实上,单纯面向单一专利进行规避已无法满足专利规避需求,而目前研究采用的各种创新设计方法多针对单一专利,多局限于某一技术细节,而少有从专利战略角度,从分析专利组合入手进行规避研究。专利群规避方面,戴国政与王保权[92]利用专利地图分析基础专利及关键专利确立规避目标。张祥唐等[86]利用专利技术矩阵与 TRIZ 方法结合,通过对关键部件的确定进行专利群的规避设计。江屏等[93]通过 IPC 聚类分析及成熟度结合确定待规避的专利群及专利规避目标。面向专利组合的规避研究,因缺乏专利组合及专利间的关系分析,对规避对象的专利地图识别的准确度有待提高。

因此,基于 TRIZ 的面向专利组合规避亟需深入研究。专利组合在企业或行业中具有重要的作用与地位。专利规避过程实质上是对专利问题不断提取与解决的过程,面向专利组合进行专利规避区域与问题识别尤为重要。应用 TRIZ 方法提取专利组合及专利的技术约束,选择针对性的规避方向及规避路径将成为研究的重点。

1.4 产品全流程专利规避设计基本方法

专利规避技术作为破解专利壁垒的有效武器,已得到了国内外学者的重视,成为创新设计等领域的研究热点,然而专利规避设计为多学科相互交叉,涉及法律学、管理学及工程设计学等多领域,虽已取得了丰硕的研究成果,但如前所述仍存在一些问题,并且缺乏针对产品全流程的专利规避创新设计的系统研究。

企业的健康发展受其自身技术研发战略、市场营销战略和专利战略的相互影响,而专利战略是专利规避的主要应用场合。例如,将专利规避技术融入企业专利战略之中,并将该战略融入企业技术研发战略与市场营销战略之中,形成一种具有专利战略导向的系统创新设计方法,将给传统的模糊前端—新产品开发—商业化三阶段带来不同程度的益处。本书所述的专利规避设计方法是一项受到专利技术约束与专利制度约束双重约束的较为全面的创新设计过程,具体研究内容如图 1.19 所示。

1. 系统创新过程的模糊前端阶段

确认技术机会、分析并制订创新策略的过程也是构建制度约束及技术约束的过程。一方面,基于 TRIZ 方法将专利法律语言转变成可进行创新设计的工程设计语言,建立基于功能分析的专利权利信息提取制度约束。另一方面,基于多维标度法进行企业间专利组合分析;基于专利战略、专利组合设计理论进行企业内专利组合分析;基于专利分析参数建立专利品质和专利价值评估模型;建立以专利品质和专利价值为坐标轴的波士顿矩阵来划分专利规避区域,确定专利规避对象,制订专利规避策略。通过专利检索、分析并制订专利规避策略,不但能避免重复研究,而且通过了解行业领先者所关注的技术问题,还能改善需求分析的盲目性。

2. 产品开发阶段

在进行概念设计时,基于 TRIZ 中不同分析和解决问题工具,确定其规避问题,

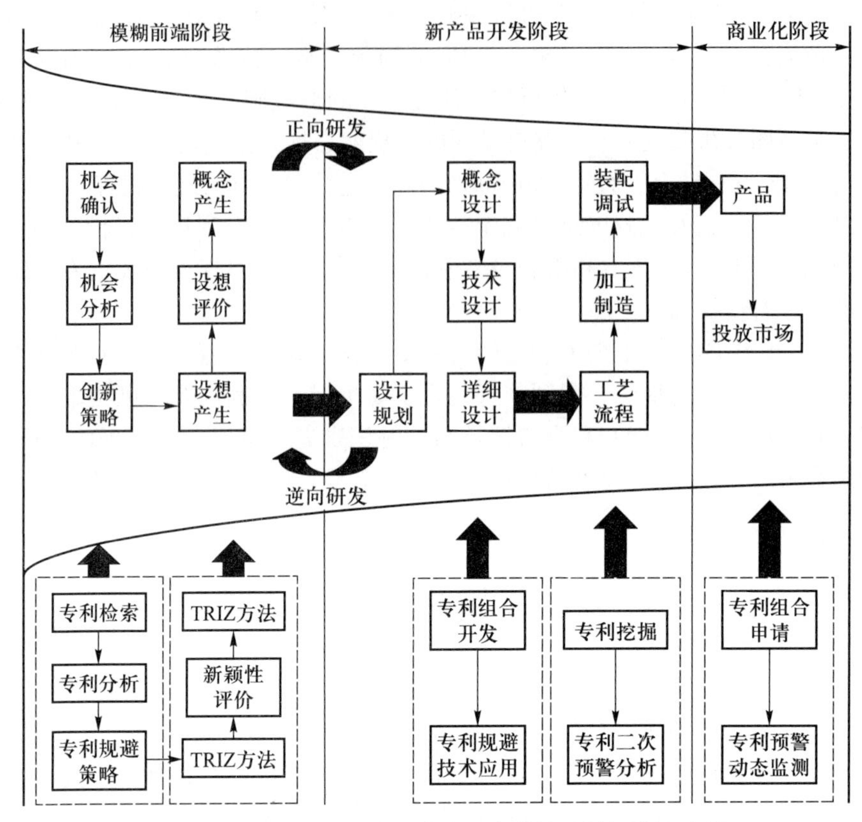

图 1.19　融合 TRIZ 的产品全流程专利规避创新设计过程

分配创新资源和力量，对照整体专利规避策略进行分层分类资源挖掘，为解决不同种类的规避问题寻找对应的规避路径，实质是研究专利规避技术约束突破方法。分别建立不同种类的专利组合规避设计具体流程，研究将专利战略分析、专利制度约束与创新设计方法相结合的方法。该研究能合理分配研发资源、节省成本，并使设计结果符合企业发展的专利战略。在工艺设计、加工制造以及装配调试阶段，可继续进行产品产业链上下游的专利挖掘，避免侵犯其他知识产权。

3. 产品评价保护阶段

从模糊前端的技术机会寻找到产品开发阶段的多种方案选择，从创想到具体设计再到形成产品，符合知识产权环境下的评价体系是最为重要的，它决定企业投资走向以及创新资源和资金的分配。尤其对企业评价后的知识产权保护，是保证企业创新成果有效且能够在市场上良性发展的关键。本书建立基于 TRIZ 理想解的专利性评价模型，为产品系统创新设计过程提供有效性约束。在产品进入市场之前，专利组合申请发挥重要的作用。由于一种产品需要对应很多技术点进行保护，因此梳理不同的技术点，可形成具有层层保护关系的权利要求，按类别需要申报发明专利、实用新型专利或者外观设计专利。

1.5 本章小结

本章对专利规避设计的相关概念及研究现状进行了介绍,阐释了专利规避设计的三个层次及其概念的发展。对现有研究的不足进行了分析,提出了完整的专利规避设计概念以及一套面向产品全流程的专利规避设计的新方法。该方法包括制度约束分析、技术约束分析、技术约束突破、制度约束评价四个过程阶段,其中技术约束突破阶段将 TRIZ 等创新工具与产品系统全过程有机融合,面向不同种类的专利组合进行分类分层的规避设计,突破了专利及其组合的制度与技术双重约束。融合 TRIZ 建立系统化与科学化的专利规避方法,十分有助于提升企业的技术创新设计能力,提高企业的市场竞争能力。

第2章　TRIZ基本原理

2.1　问题及问题解决

问题具有多样性,人们认识问题和分析问题存在很多困难,将问题抽象后归于有限的几类问题,可以方便人们识别问题性质,选择适当的资源和方法,最终高效地解决问题。学者们从不同侧面对问题的内容、分类、应用领域给出了不同的答案,但问题的解决是一个非线性过程,一个典型的存在反馈的问题求解过程如图2.1所示。该模型[94]经问题定义和概念设计产生原理解,如果评价解由于不合理被否定,则重新设计概念解,设计过程具有面向解的性质。

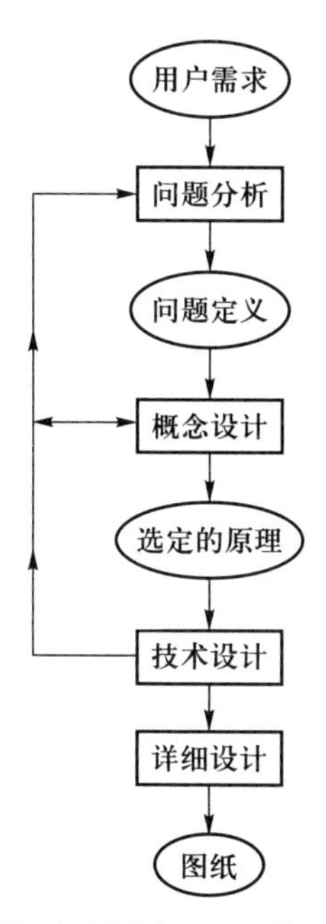

图2.1　描述型设计(问题求解)过程模型(French模型)[94]

在知识产权背景下,针对上述过程有三个问题需要重视:①要解决的问题以及解决方案是不是已经存在?②基于已存在问题及解决方案的技术机会求解过程,是否要重新定义技术问题,选择解决手段?③选定的原理解是否应当评价为可获取专利保护的技术方案?

产品全流程专利规避设计需要考虑这三个问题,相对应的问题解决过程包含以下几个步骤:①在“定义问题”“分析问题”阶段,通过专利检索将问题面向竞争企业的专利布局分为不同的问题类型,并正确提取权利范围信息;②在“产生可能解”的阶段,将问题类型对应不同的创新技法,实现多种不同类型和层次的解,具有不同的专利战略意义;③在“分析解”和“选择最好解”的阶段,引入知识产权评价体系,对不同的解给予不同的市场应用建议,最后以利于在“规划未来行动”方面具有符合知识产权竞争环境的相对优势。

在产品全流程专利规避设计问题的解决过程中,发明问题解决理论(TRIZ)是否能得到全面的应用?将 TRIZ 与这一过程相结合能够产生多大的效率和可行性,将在本章中得到揭示。

2.2 TRIZ 的体系结构

2.2.1 概况

TRIZ 是将俄文字母转换成拉丁字母(teorija rezhenija inzhenernyh zadach)缩写的词头,是由苏联专家 G. S. Altshuller 等自 1946 年开始分析世界各国高水平专利和创新案例,并在不断研究中提出的一套具有完整体系结构的发明问题解决理论。TRIZ 以辩证法、系统论和认识论为哲学指导,以自然科学、系统科学和思维科学的研究成果为根基和支柱,以技术系统进化法则为理论基础,包括了技术系统和技术过程、技术系统的进化方向、技术系统进化过程中产生的冲突、解决冲突所用的资源、物质-场及标准解等基本概念。由于 TRIZ 在创新概念设计过程中具有强大功能,在世界范围内的研究和应用得以迅速发展,俄罗斯、瑞典、日本、以色列、美国等都成立了 TRIZ 研究中心。随着 TRIZ 的普及和应用,TRIZ 作为创造性地解决产品设计及制造过程中问题的一个有效工具发挥出越来越重要的作用。如今,TRIZ 已经发展成为一套解决产品开发实际问题的成熟理论和方法体系,帮助众多企业创造出成千上万项重大发明。

2.2.2 TRIZ 体系

任何问题的解决过程都包含两部分:问题分析和问题解决。TRIZ 具有强大的问题分析与解决能力,经典 TRIZ 的体系结构[95]如图 2.2 所示。

TRIZ 的理论基础是技术系统进化模式。在分析大量高水平发明专利的基础上,提取出各行业反复适用的进化规律,并将这些规律进一步具体化为多条技术进化路线,这些蕴含在事物发展中的规律为问题发现及问题解决指明了方向,尤其在不同行业能够反复适用的特点可为本行业最大限度地利用外行业知识提供了方法;在技术系统进化的过程中,会出现不同的问题,TRIZ 中提供了分析工程问题所需的方法,包括冲突分析、功能分析、物质-场分析等,这些工具用于帮助发现及识别问题,并对问题进行转换,以利于冲破人们的固有思维;同时,还提供了相应的问题求解工具,包括技术冲突创新原理、物理冲突分离原理、科学原理知识库和发明问题标准解、效应知识库等,为面向复杂问题的求解提供了发明问题解决算法(ARIZ)。

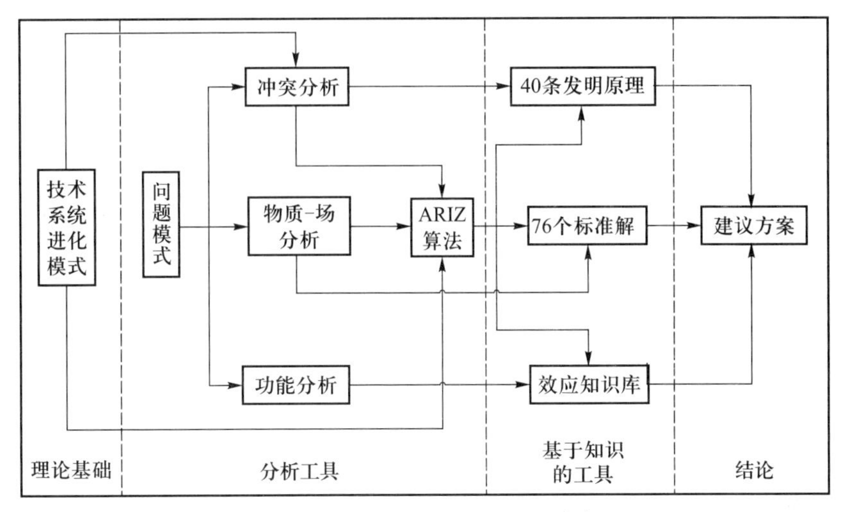

图 2.2　经典 TRIZ 的体系结构[95]

TRIZ 提供了一般问题及 TRIZ 通解,运用 TRIZ 方法的过程可描述为:企业研发人员确定了研发方向、定义了特定问题后,将其转变成为 TRIZ 中的一般问题,TRIZ 工具求解该一般问题所导向的方案经设计者结合本人的实际工作经验得到可行的构想,经评价后得到可行性方案,从而完成创新的全过程。

2.2.3　TRIZ 主要工具

1. 进化定律与进化路线

技术系统由相互联系的元件与操作组成,是以实现某种功能或作用的事物的集合。完成某功能的产品可以看作为完成该功能而由不同部分有机组合到一起的技术载体。与之相关的概念有子系统和超系统,前者为系统内更细化的、可以实现各种子项功能的组成部分;后者为系统外的系统或系统的组成部分,往往是指技术系统所隶属的外部环境。技术系统进化就是指实现系统功能的技术由低级向高级变化的过程。对基于某个核心技术的系统的进化过程的描述通常用 S 曲线和产品技术生命周期来表达;对技术系统进化规律的描述通常用进化定律(模式)和进化路线来表示。

TRIZ 创始人 G. S. Altshuller 及其他研究人员经过分析大量专利发现,不同领域中技术系统进化过程的规律是相同的。这些规律的总结就是技术系统进化定律及其进化路线,并发现了在一个工程领域中总结出的进化模式或定律及进化路线可在另一工程领域中反复实现。这种可传递性能预测尚未发生的技术发展及产品可能的结构状态,因此随技术发展将产生的新模式及路线加入到已有的系统中,可拓展更多的技术方案。如果掌握了这些规律,就能主动预测未来技术的发展趋势,今天可设计出明天的产品。常见的进化定律如图 2.3 所示：

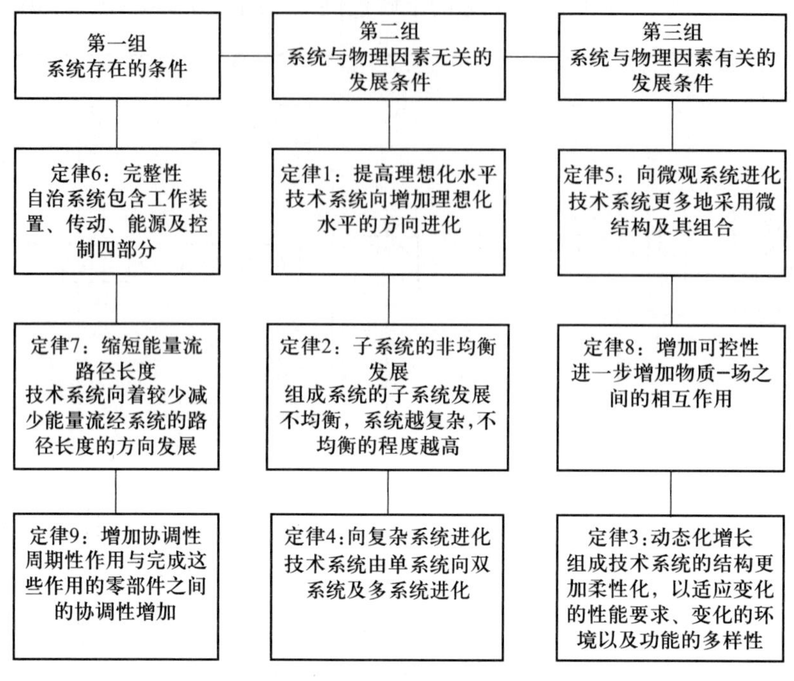

图 2.3　进化定律表

将系统进化定律分为三组,第一组为构建与系统存在的条件相关的定律,包括完整性定律、缩短能量流路经长度的定律以及增加协调性的定律。第二组为与物理因素无关的发展条件下的技术进化定律,包括增加理想化水平、子系统的非均衡发展以及向复杂系统传递三个定律。第三组为系统与物理因素有关的发展条件,相应的定律有向微观系统传递、增加可控性以及动态化增长三个定律。这些定律对技术发展的走向具有导向作用。技术进化定律提示了技术进化趋势,某个技术进化定律下的技术进化路线由技术沿着某一趋势进化的不同状态构成,表明了技术系统进化由低级向高级进化的过程,提供了技术预测的功能,如图 2.4 所示。

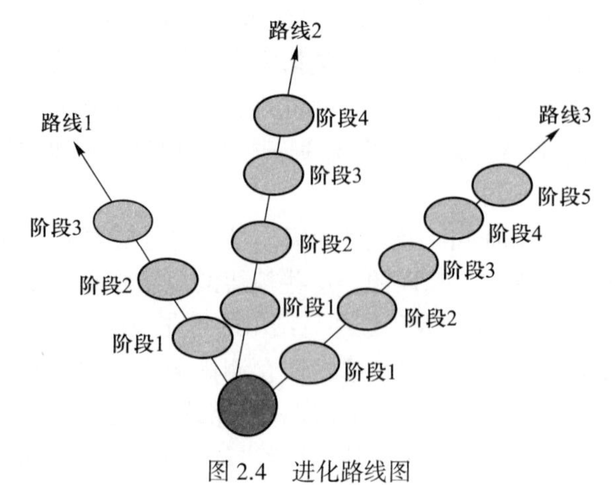

图 2.4　进化路线图

2. 冲突分析与 40 条发明原理

为完成所设定的功能,产品需要由多个具有相互关系的零部件组成。在对产品进行不断的改进设计时,常会遇到对某个零部件性能的改变,会影响到相关联的零部件的性能,使之出现负面的影响,这表明出现了冲突。

TRIZ 认为,发明问题的核心是解决冲突,未克服冲突的设计不是创新设计。产品进化过程是不断解决产品中冲突的过程,一个冲突解决后,产品进化过程处于停顿状态;之后的另一个冲突解决后,产品移到一个新的状态,从而推动产品向理想化方向进化。冲突包括技术冲突和物理冲突,如图 2.5 所示。

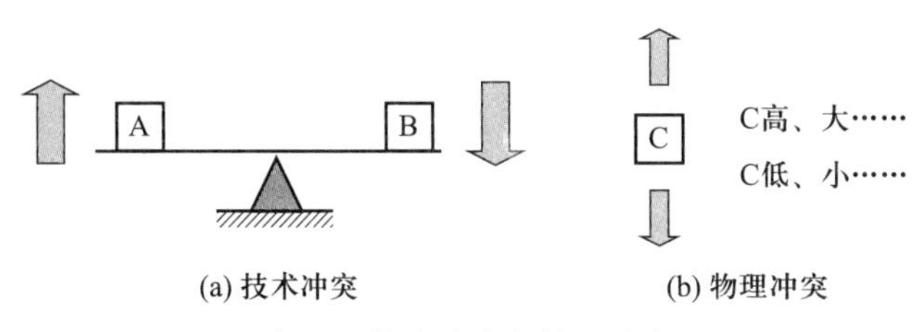

图 2.5 技术冲突与物理冲突

技术冲突是指一个作用同时导致有用及有害两种结果,也可指有用作用的引入或有害效应的消除导致一个或几个子系统或系统变坏。

物理冲突是指为了实现某种功能,一个子系统或元件要求应具有一种特性,但同时要求出现与该特性相反的特性。

对冲突进行分析并解决的目标是:既能改进系统中的一个零部件或性能,同时又能消除对系统或相邻零部件性能带来的负面影响。识别系统中的冲突问题是冲突分析,由参数描述的任一技术冲突均有创新解,Altshuller 通过对专利的研究、分析和总结,提炼出发明过程中具有普遍用途的 40 条原理和分离原理。用 40 条发明原理解决技术冲突,用分离原理解决物理冲突。

产品设计中的冲突是普遍存在的。在问题的定义和分析解决过程中,任何一个技术冲突都可用一种通用化、标准化的方法来描述。通过对 250 万件专利的详细研究,TRIZ 提出用 39 个通用工程参数来描述冲突。实际应用中,首先要把一组或多组冲突用 39 个工程参数来表示,如表 2.1 所示。利用该方法把实际工程设计中的冲突转化为一般的或标准的技术冲突。

表 2.1 39 个通用工程参数

序号	名称	序号	名称	序号	名称
1	运动物体的重量	6	静止物体的面积	11	应力或压力
2	静止物体的重量	7	运动物体的体积	12	形状
3	运动物体的长度	8	静止物体的体积	13	结构的稳定性
4	静止物体的长度	9	速度	14	强度
5	运动物体的面积	10	力	15	运动物体作用时间

续表

序号	名称	序号	名称	序号	名称
16	静止物体作用时间	24	信息损失	32	可制造性
17	温度	25	时间损失	33	可操作性
18	光照度	26	物质或事物的数量	34	可维修性
19	运动物体的能量	27	可靠性	35	适应性及多用性
20	静止物体的能量	28	测试精度	36	装置的复杂性
21	功率	29	制造精度	37	监控与测试的困难程度
22	能量损失	30	物体外部有害因素作用的敏感性	38	自动化程度
23	物质损失	31	物体产生的有害因素	39	生产率

由参数描述的任一技术冲突通过提炼出的 40 条原理来解决(如表 2.2 所示);标准工程参数与发明原理之间的选择关系用冲突矩阵表示,冲突矩阵是一个 40×40 的矩阵,其中第 1 行和第 1 列为顺序排列的标准工程参数序号,除第 1 行和第 1 列,其余 39 行和 39 列形成一个矩阵,其元素为一组数字或空,这组数字代表解决相应冲突的发明原理序号,冲突矩阵简表如表 2.3 所示。

表 2.2　40 条发明原理

序号	名称	序号	名称	序号	名称	序号	名称
1	分割	11	预补偿	21	紧急行动	31	多孔材料
2	分离	12	等势性	22	变有害为有益	32	改变颜色
3	局部质量	13	反向	23	反馈	33	同质性
4	不对称	14	曲面化	24	中介物	34	抛弃与修复
5	合并	15	动态化	25	自服务	35	参数变化
6	多用性	16	未达到或超过的作用	26	复制	36	状态变化
7	套装	17	维数变化	27	低成本、不耐用的物体代替昂贵、耐用的物体	37	热膨胀
8	质量补偿	18	振动	28	机械系统的替代	38	加速强氧化
9	预加反作用	19	周期性操作	29	气动和液压结构	39	惰性环境
10	预操作	20	有效作用的连续性	30	柔性壳体或薄膜	40	复合材料

利用冲突分析及发明原理解决问题的过程为:通过找到相互冲突的一对工程参

数,即在冲突矩阵中确定使产品某一方面质量提高(改善)及降低(恶化)的工程参数 A 和 B 的序号,之后依参数 A 和 B 的序号从第 1 列及第 1 行中选取所对应的序号,最后在两序号对应行与列的交叉处确定一特定矩阵元素,该元素所给出的数字为推荐采用的发明原理序号,之后找到已发现的规律中解决该冲突的发明原理,根据发明原理给予的启示进行问题求解,最后将发明原理产生的一般解转化为具体问题的特殊解。

表 2.3　冲突矩阵简表

	No. 1	No. 2	No. 3	No. 4	…	No. 39
No. 1			15,8,29,34			35,3,24,37
No. 2				10,1,29,35		1,28,15,35
No. 3	8,15,29,34					14,4,28,29
No. 4		35,28,40,29				30,14,7,26
⋮						
No. 39	35,26,24,37	28,27,15,3	18,4,28,38	30,7,14,26		

解决物理冲突的分离原理包括时间分离、空间分离、整体与部分的分离、条件的分离,当系统中出现物理冲突时,可利用四条分离原理解决,具体内容如下:

(1) 基于时间的分离原理:当冲突双方在某一时间段只出现一方时,时间分离条件具备,将冲突双方在不同的时间段分离以解决问题。

(2) 基于空间的分离原理:当冲突双方在某一空间只出现一方时,将冲突双方在不同的空间分离以降低问题解决难度。

(3) 基于整体和部分的分离原理:当冲突双方所在的子系统处于不同的维度时,将整体与部分在不同层次上进行分离。

(4) 基于条件的分离原理:当冲突双方在某一条件下只出现一方时,在该条件下的分离成为降低问题解决难度的突破口。

3. 功能分析与裁剪

功能是以完成任务为依据,系统的输入与输出之间的一般关系,是产品存在的目的。功能实现原理的通用性是 TRIZ 的重要发现,可以通过定义功能寻找其他领域或行业已经解决的同类问题。解的原理实际上就是实现了问题中需要实现的转换,如先加压再突然降压实现分离相互间有间隙物体的功能。TRIZ 中效应和标准解都是解决功能实现和改进的问题。根据对系统不同的作用,功能有主要功能、附加功能、潜在功能、辅助功能、外观功能等区分。功能分析的目的是从完成功能的角度而非技术的角度分析系统、子系统和部件。研究每一个功能是否标准,若非标准则进行裁剪。设计中的重要突破、成本或复杂程度的显著降低往往是功能分析与裁剪的结果。

TRIZ 中提供了功能模型的构建方法，建立功能模型首先要对产品进行功能分解，产品功能用动词+名词的形式表示，例如驱动油泵、支撑阀体。

功能分解开始于产品总功能的描述。将产品总的输入、输出描述为总功能，输入、输出由用户需求确定，如图 2.6 所示。

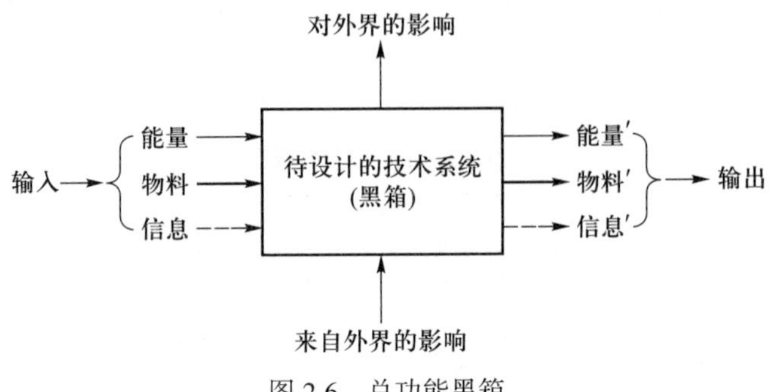

图 2.6　总功能黑箱

然后将总功能分解为复杂程度较低、较为简单的分功能或功能元，将保证产品功能实现的所有元件（名词）以及所有操作用流有机地组合起来，构成直观的图像。对元件与元件之间的作用关系进行功能分析，分析系统中各个元件之间的相互联系和相互作用，可确定系统的标准作用、不足作用、过剩作用和有害作用，用相应的连接符号表示，建立产品的功能模型，如图 2.7 所示。

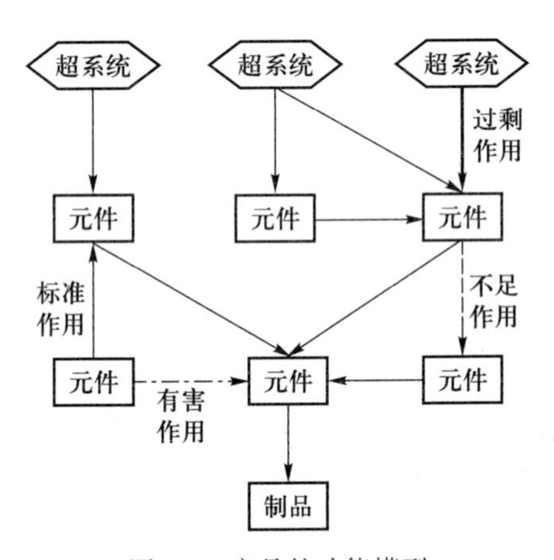

图 2.7　产品的功能模型

通过功能分解建立功能模型，有助于降低研究对象的复杂程度，获得对产品更好的理解，从而利于对产品功能元的结构进行重新求解。如果将各功能元解进行合理组合，就可得到多个系统原理解。功能元解的组合常用的方法是形态综合法。它是将系统的功能元列为纵坐标，各功能元的相应解列为横坐标，构成形态学矩阵，如表 2.4 所示。选取沿箭头路径所示的功能元的解可组合成如下两种原理解：

原理解 $A=S_{11}+S_{22}+\cdots+S_{n1}$；原理解 $B=S_{11}+S_{2j}+\cdots+S_{nm}$

最多可以组合出 N 种解 $N=n_1\times n_2\times\cdots\times n_i\times\cdots\times n_m$

表 2.4　形态学矩阵法

		1	2	…	J	…	M
1	F_1	S_{11}	S_{12}		S_{1j}		S_{1m}
2	F_2	S_{21}	S_{22}		S_{2j}		S_{2m}
⋮							
I	F_i	S_{i1}	S_{i2}		S_{ij}		S_{im}
N	F_n	S_{n1}	S_{n2}		S_{nj}		S_{nm}

裁剪(trimming)是在功能分析的基础上基于设计者更合理地利用资源、减少元件,从而达到相同功能性。例如裁剪路径:“复杂系统”⟶“消除非关键部件”⟶“消除非关键子系统”⟶“精简的系统”。系统元件删减与合并的目的是在具有相同功能的情况下将所需的系统元件减至最少。在不影响系统功能的情况下,系统元件删减与合并的好处包括节省材料成本、加工成本、组装成本及维修成本等。

4. 物质-场分析与 76 个标准解

物质-场模型分析是 TRIZ 中的一个重要的问题构造、描述和分析的工具。在使用物质-场模型分析和解决问题过程中,根据模型所描述的功能问题的类型来确定问题的性质,据此为设计人员提供解决问题的方向。同时,结合应用物质-场对系统功能分析的结果,进而参考 76 个标准解,为设计者产生创新思维创造条件。

Altshuller 认为,无论大系统、子系统,还是微观层次,均可用功能描述,所有的功能均可分解为两种物质和一种场(即由三元件组成)。在物质-场模型的定义中,物质是指某种物体或过程,可以是整个系统、子系统或单个的物体,甚至可以是环境。场是指完成某种功能所需的手法或手段,通常是一些能量形式,例如磁场、重力场、电能、热能、化学能、机械能、声能、光能等。将相互作用的三个元素进行有机组合可形成一个功能,可以用一个完整的物质-场的三角形来表示,如图 2.8 所示。其中,F 为场,S_1 及 S_2 分别为物质,S_2 为主动元件,起工具的作用,S_2 作用、操作或改变被动元件 S_1。其整体意义为:场 F 通过物质 S_2 作用于物质 S_1 并改变 S_1。这三个基本元件构成了对一个最小功能单元的描述,而对于三个基本元件的作用关系的考查,可将最小的功能单元区分为有效完整功能、不完整功能、非有效完整功能和有害功能四类作用关系,分别如图 2.8a～d 所示。

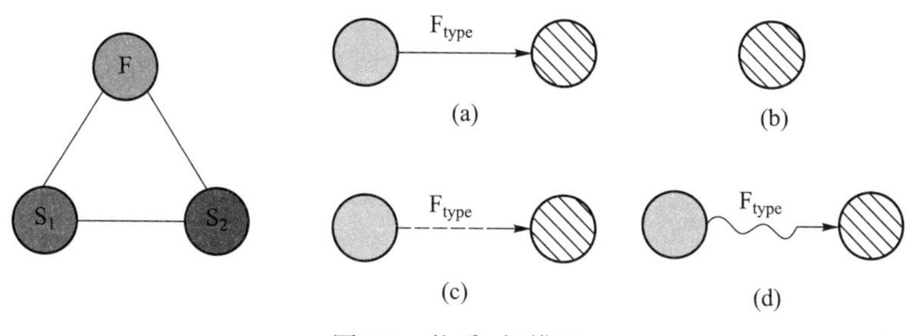

图 2.8　物质-场模型

76 个标准解被分解为五级，分类中解的顺序反映出技术系统的进化方向。使用这些工具必须先确定基于物质-场模型的标准问题类型，然后再对应选择一系列标准解，这些标准解会建议采用哪一种系统变换来消除存在的问题。第一级 No.1～13 代表物质-场的构建和拆解，是建立或完善物场模型的标准解系统；第二级 No.14～36 代表改进物质和场，是强化物场模型的标准解系统；第三级 No.37～42 代表系统转换，是向双、多、超系统或微观级协调进化的标准解系统；第四级 No.43～59 代表测量与检测的标准解系统；第五级 No.60～76 代表标准解应用策略准则。标准解的简单概括如表 2.5 所示。

表 2.5　76 个标准解

76 个标准解			
No.1 制造物质-场	No.13 关闭磁作用	No.25 制造初始物质-磁场	No.37 双系统和多系统的建立
No.2 内部型复杂物质-场	No.14 串联物质-场	No.26 制造物质-磁场	No.38 改进连接
No.3 外部型复杂物质-场	No.15 并联物质-场	No.27 磁液体	No.39 增加系统元素的差异
No.4 外部环境做添加物	No.16 增加场的可控性	No.28 多孔-毛细物质-磁场	No.40 方法回溯
No.5 外部环境物质-场	No.17 工具细化	No.29 复杂物质-磁场	No.41 相反性质
No.6 微小量规则	No.18 转变为毛细多孔物质	No.30 环境物质-磁场	No.42 转换到微观水平
No.7 极大值规则	No.19 动态化(柔性)	No.31 应用物理作用	No.43 替代测量
No.8 选择性极大值规则	No.20 场的结构化	No.32 物质-磁场动态化	No.44 复制
No.9 加入新物质去除有害作用	No.21 物质结构化	No.33 物质-磁场结构化	No.45 连续测量
No.10 改变已有物质去除有害作用	No.22 场-物质频率调整	No.34 物质-磁场中匹配节奏	No.46 产生可测量物质-场
No.11 切断有害作用	No.23 场-场频率调整	No.35 物质-电场	No.47 可测量物质-场复杂化
No.12 加入新场去除有害作用	No.24 匹配独立的节律	No.36 电流变悬浮液	No.48 环境中可测量物质-场

续表

76 个标准解			
No.49 环境添加物	No.56 环境可测的物质-磁场	No.63 大量附加物	No.70 两种物态
No.50 应用物理作用	No.57 与磁场有关的物理作用	No.64 使用已存在的场	No.71 场相间的相互作用
No.51 共振	No.58 可测量的双或多系统差异	No.65 环境中的场	No.72 自动转换
No.52 附加物的共振	No.59 进化路线	No.66 场资源的物质	No.73 增强输出场
No.53 可测的初始物质-磁场	No.60 间接方法	No.67 改变物态	No.74 物质分解
No.54 可测的物质-磁场	No.61 物质分离	No.68 第二态转换	No.75 粒子集成
No.55 复杂可测的物质-磁场	No.62 物质消散	No.69 物相转换时共存的现象	No.76 如何使用 No.74 和 No.75

5. 功能查找及效应知识库

效应知识库是 TRIZ 中最容易使用的一种工具。效应确定了产品的功能与实现该功能的科学原理之间的相关性,将物理、化学等科学原理与其工程应用有机结合在一起,从本质上解释了功能实现的科学依据。从专利知识库中提取效应构建的效应知识库涵盖了多学科领域的原理,包括物理、化学、几何等,对自然科学及工程领域中事物间纷繁复杂的关系实现了全面的描述。借助于这些通用的原理,把问题简化到最基本的要素,引导和帮助设计者利用它来解决某一特定技术领域的知识问题,可以大大加快创新进程。其使用过程通常为:选定一项系统要实现的适当功能,然后查找效应知识库,知识库会提供一些可选择方案以及相关案例来启发信息使用者,从而得到最终解。

6. ARIZ

发明问题解决算法(ARIZ)是针对非标准问题而提出的一套解决算法。如果设计问题属于标准问题,直接查找标准解法进行问题的求解;如果是非标准问题,则可以应用 ARIZ 进行解决。

ARIZ 的理论基础由以下三条原则构成:①ARIZ 确定和解决引起问题的技术冲突;②问题决策者突破惯性思维因素采用 ARIZ 来解决问题;③ ARIZ 不断获得广泛、最新的知识基础的支持。其解决问题的一般过程包括九步,如图 2.9 所示。在每一个步骤中,均包含有数量不等的多个子步骤。在一个具体的问题解决过程中,并不强制要求按顺序走完所有的九个步骤。当完成步骤 3 后,一般可尝试用标准解法解决新问题,如果得到解决则可直接跳到步骤 7,如果没有解决则进入步骤 4。

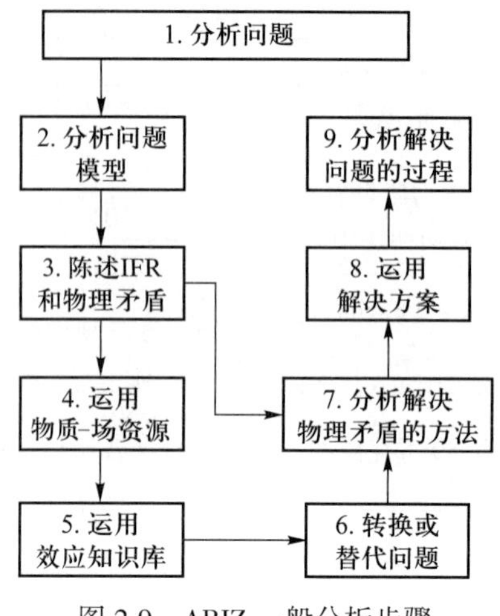

图 2.9　ARIZ 一般分析步骤

7. 资源及资源查找

TRIZ 中关于资源的研究是从 1982 年(Petrozavodsk TRIZ Conference in 1982)开始的,在该会议上,Vladimir Petrov 发表了关于技术系统"过剩"的概念。他认为:任何技术系统都具有超过其通常功能的能力,这种超出的能力可以被发现和利用,以使系统达到理想解。除此之外,确认未采用物质、场、信息等新的应用是可能的。1985 年,Altshuller 在 ARIZ 中引入了物质-场资源的概念。后来,该概念扩展到其他类型的资源,例如功能、信息、空间、时间、变化等。创造性地利用系统中的可用资源以增加系统的理想化水平,是发明问题解决的里程碑。通常资源可分为如下两类:一类是基于可获取的难易程度,分为内部资源 (系统主要零部件内部)、外部资源(包括从外部获得的资源及对系统很专用的资源)及由超系统得到的资源,或其他可得到的且廉价的资源(包括废料);另一类是基于可否直接应用,分为可直接应用的资源及导出资源(可直接应用资源的变换)。

2.3　TRIZ 应用于产品全流程专利规避创新设计的可行性

进行产品全流程专利规避创新设计在问题解决过程的三个重要阶段均需要进行问题分析与问题解决,找到 TRIZ 中的创新工具与专利制度、专利分析、专利评价之间的契合点,是将 TRIZ 应用于专利规避创新设计问题的关键。建立专利规避设计的主要工作任务与 TRIZ 方法之间的对应关系,如图 2.10 所示。具体解释如下:

首先,在模糊前端阶段,基于专利制度约束对专利的权利范围信息的正确提取以及构建专利地图,是实现专利规避、保证不侵权的核心,TRIZ 方法中的功能分析与功能模型在现有研究中通常是针对产品的,不能避免因对已有专利技术点权利信息的提取缺失而导致研究脱离知识产权轨道,最终导致侵权,因此将 TRIZ 中的功能

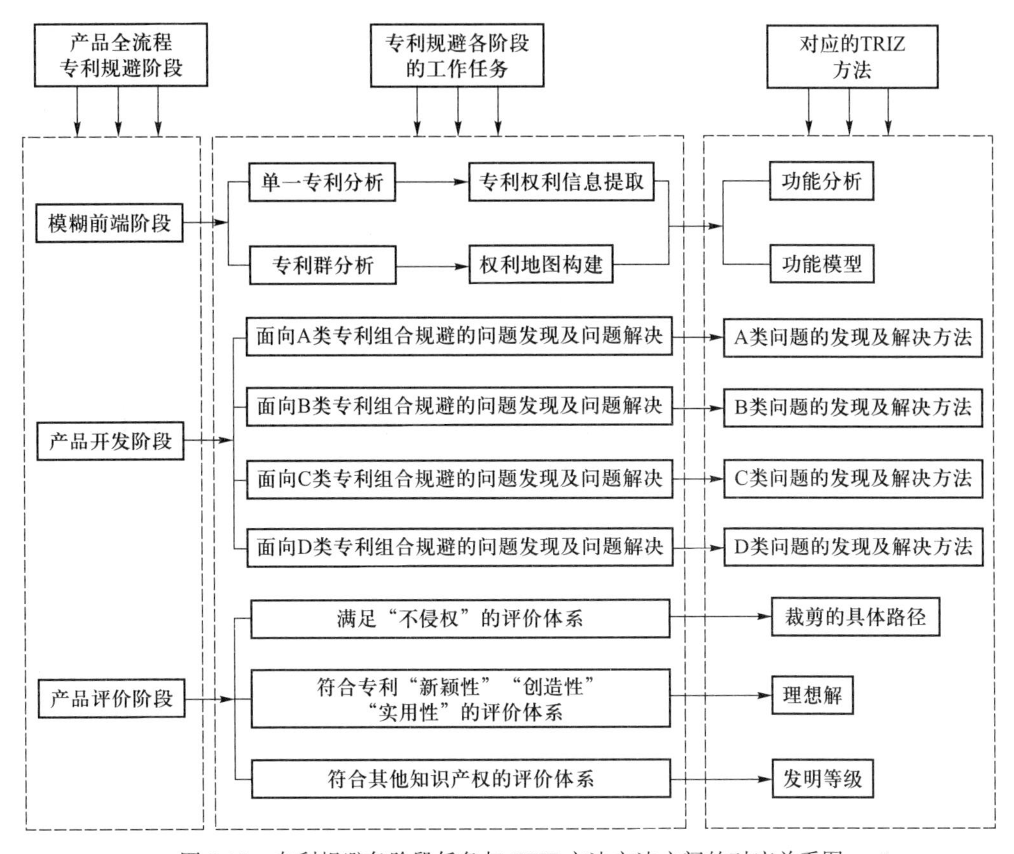

图 2.10　专利规避各阶段任务与 TRIZ 方法方法之间的对应关系图

分析、功能模型与专利分析结合起来,构建基于功能分析及功能模型的专利地图,是将 TRIZ 应用于产品全流程专利规避设计的第一步。

其次,在产品开发阶段,为了满足企业不同的需求,需要对不同种类的专利群进行分类、分层规避,不同的专利群有自己的固有特点。例如,解决同一个问题采取不同的技术手段而形成的一组专利构成的专利群在某个层面上具有相同的功能,彼此之间是竞争性的专利,对于已经拥有优势技术的企业开发竞争性的专利技术可以起到对核心产品的保护作用,对于未拥有优势技术的企业开发竞争性的专利技术可以参与市场竞争。因此,对不同的专利组合的特点进行分析,结合企业专利技术开发的不同目的,找到 TRIZ 中相对应的方法去分类规避,是将 TRIZ 应用于产品全流程专利规避设计的重点。

再次,在产品评价阶段,基于专利法律制度约束条件,面向机械产品专利创新性规避设计的制度约束应该具备低约束和高约束两个原则。其中,低约束原则是指形成的方案不侵犯他人的专利权,而高约束原则为创新成果应具备申请专利的条件。对产品进行法律意义上的制度性评判,缺乏一定的客观性,引入 TRIZ 中理想解、发明等级、成熟度预测等,建立将知识产权制度与创新设计领域相结合的专利评价体系,是将 TRIZ 应用于专利规避设计的关键。

考虑到 TRIZ 起源于专利分析,且 TRIZ 中具备了大量的分析工具,结合 TRIZ 的不同工具特征,将 TRIZ 分析工具与专利制度约束特征相结合,实现基于 TRIZ 工具的产品全流程的专利规避设计的可行性。下面几节将作具体介绍。

2.3.1 基于功能分析提取专利文献信息的可行性

对专利权利范围的判断一般在法律界发生,在法律界进行侵权判定时相关人员依据法律的规定对专利的权利范围进行判定,以区分专利要保护的技术方案与现有技术的界限。但是法律界的判断依据法律规则,工程设计人员无法直观、方便地提取,非工程设计语言像一堵墙隔开了设计结果与知识产权要求。因此,需要找到一种方法连接现有技术研究和专利分析,用于在模糊前端指导工程设计人员对现有技术进行研究。

事实上,专利文件记载的技术信息与功能表达也是分不开的,依据专利文件的法律特点和要求,独立权利要求中记载的是实现主要功能所必不可少的所有特征,应当是主要功能或者潜在功能;而从属权利要求中记载的是附加的功能或者进一步限定的技术特征,附加功能增加了产品实施例的多样性,进一步限定的技术特征改善了产品实施例的性能品质,因此从属权利要求相当于记载的是附加功能及辅助功能;同时,对产品新颖的外观可以申请法律的外观设计专利,相当于外观功能。

当前情况下,在工程技术研发领域,设计人员往往关注现有产品的实际结构、原理,并不考虑研究对象在法律意义上的实际保护范围。在工程设计领域,不论是新设计还是再设计,通常用功能分析及功能模型对产品进行表达,以进行设计研究。但对现有产品进行研究构建的功能模型存在模糊性,可以从下面这个例子中得到验证。

以构建指甲剪的功能模型[96]为例。一般情况下,创新设计中对现有指甲剪产品进行功能建模的结果如图 2.11 所示。

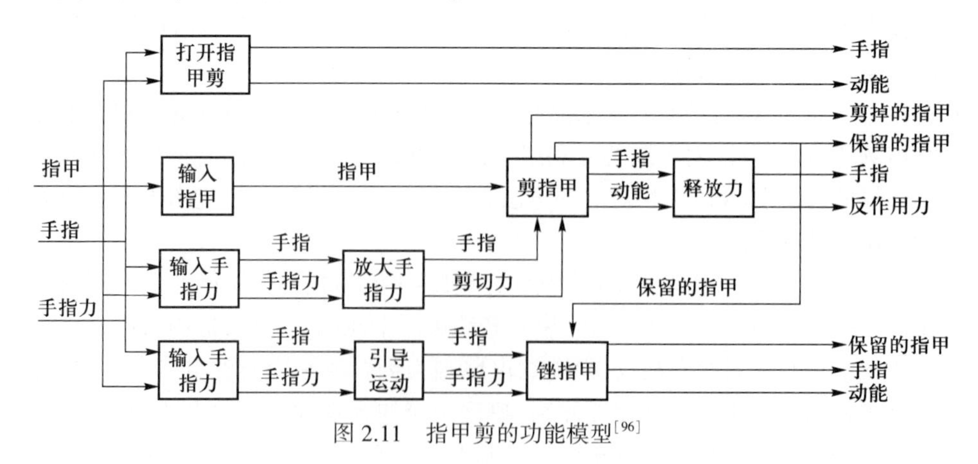

图 2.11　指甲剪的功能模型[96]

这个功能模型不能反映某个具体的现有专利技术的技术点,只反映了指甲剪修剪指甲的基本功能,以及完成该基本功能所需要的所有子功能及过程联系。事实上,对于指甲剪"剪掉指甲"这项基本功能本身就有很多缺点需要克服,有分功能或者子功能需要改善,同时还需要有更多的辅助功能以满足不同时间、不同场合、不同人群的要求。如图 2.12 所示,列举了一些基本的辅助功能或者效果更好的附加功能,如指甲收集防止飞溅、指甲剪定位防滑脱、折叠以方便携带、可拆卸刀头等。对于这些功能或者问题的改善所形成的专利技术方案,均无法从一个基本功能模型中反映出来,因此未进行专利分析情况下构建的功能模型缺乏研究针对性,研究起点准确性不够,研究对象模糊。

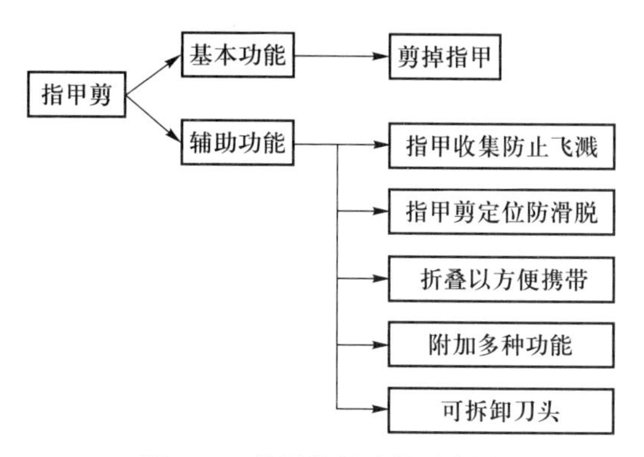

图 2.12　指甲剪的功能示意图

解决每个技术问题时,均会有多种不同的技术手段,形成不同的专利。例如,解决剪指甲时"防止指甲散乱飞溅"这个附加功能,我们选择如下两个专利技术方案进行对比分析。

【专利一】　专利申请号为 201210584083.4 的指甲剪专利[97],如图 2.13 所示。

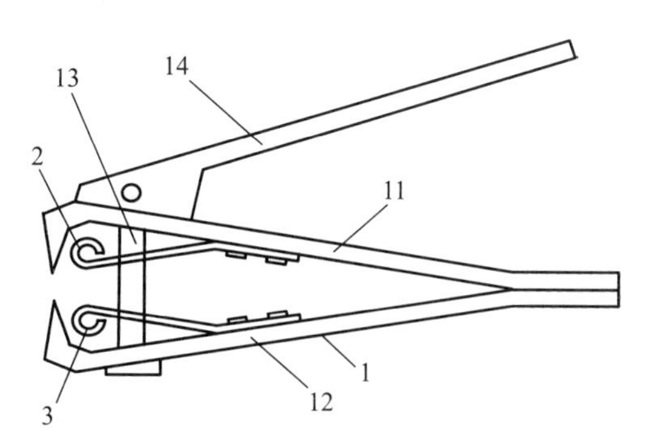

1— 指甲剪本体；2— 上压块；3— 下压块；11— 上刀；
12— 下刀；13— 铰轴；14— 压板

图 2.13　指甲刀专利图[97]

表示其技术方案的独立权利要求及第一项从属权利要求内容为:

(1) 一种指甲剪,其特征在于:包括指甲剪本体,所述指甲剪本体钳口内侧设有用于夹持指甲修剪部分的夹持部件,所述夹持部件随指甲剪本体钳口同步张开和闭合。

(2) 根据权利要求(1)所述的指甲剪,其特征在于:所述夹持部件包括固定于指甲剪本体上刀的上压块和固定于指甲剪本体下刀的下压块,且上压块与下压块二者中至少一个为可沿夹持力反向压缩的弹性结构。

【专利二】 专利申请号为200780001304.8的指甲剪专利[98],如图2.14所示。

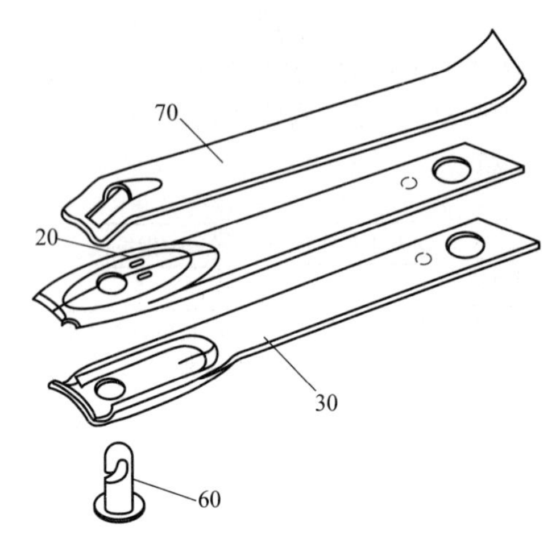

20—上刀刃部件;30—下刀刃部件;60—支撑轴;70—杠杆

图2.14 指甲刀专利[98]

其独立权利要求内容为:

一种指甲剪,包括:相互面对的上和下刀刃部件,在上述上和下刀刃部件的至少一个部件上形成勺子形状的内部凹部分;在所述凹部分的一端相互面对的切削刀刃;所述切削刀刃的支承轴孔;延伸到所述凹部分一侧的弹性部分,其在末端被接合,以固定所述上和下刀刃部件;以及定位于上刀刃部件之上的杠杆,经由支承轴连通所述上和下刀刃部件;所述凹部分的边缘和从其延伸的弹性部分位于相同的平面上,而没有任何高度差或者具有微小的偏差。

通过上述两个专利的实例可以看出,两种指甲剪在解决同一个问题时所采取的技术方案不同,传统对指甲剪构建的功能模型不能满足设计人员的精确分析。鉴于功能模型构建与专利记载的技术信息表达之间有契合性,且功能表达是连接这种契合性的纽带。在创新设计界,进行功能描述是研究产品或者系统的重要方法;在专利法律界,对专利技术的权利信息进行有效提取和表达是专利分析及专利侵权判定的基础。如将功能模型运用到专利信息提取中,既可解决专利信息提取不便于工程设计阅读的问题,亦可解决现有功能建模研究中对专利分析不足而容易失效的问题。

综上,建立以专利权利信息为对象的功能模型,将专利文献信息转换成可视的元件之间的作用关系和连接关系,以确定专利文献信息中的制度性约束条件具有可行性。

2.3.2 应用功能裁剪进行单一专利规避设计的可行性

"裁剪(trimming)"一词在 21 世纪大英汉词典中的译意为"整理、整顿、修饰、修剪",最早以产品技术进化路线形式出现在 TRIZ 的技术进化中,现在"裁剪"已成了一种对产品系统进行改进设计的系统化方法。TRIZ 中的裁剪方法是一种裁剪系统或超系统特定元件,并在剩余元件之间重新分配有用功能的分析方法。裁剪的实施建立在对最小功能单元的作用关系的细致分析基础之上,然后去除系统内某些元件,重新确定系统问题,利用系统内或超系统资源重新分配有用功能,最终解决问题以保证系统功能的实现。裁剪方法在分析解决系统问题时,充分利用了系统自身或超系统的资源,简化了系统结构,降低了系统成本。裁剪的有用功能分配规则[99]如表 2.6 所示。

表 2.6 裁剪的有用功能分配规则[99]

裁剪规则	规则内容	规则图示
规则 1	删除原来元件执行功能的作用物。当功能的被作用元件不被系统需要,将其删除,此时执行该功能的载体也随之删除	功能载体 —功能→ 目标元件
规则 2	删除原来元件执行的功能。若功能载体执行的有用功能系统不再需要,将其删除,这时功能载体作为功能发出者一并删除	功能载体 —功能→ 目标元件
规则 3	原来元件执行的功能由受作用元件自己执行。分析系统,若系统某有用功能可以由受作用目标元件自己执行,则删除原来功能载体元件	功能载体 —功能→ 目标元件
规则 4	原来元件执行的功能由其他元件或超系统执行。若系统有用功能可由系统其他元件执行,删除功能载体,其执行的有用功能由系统内其他元件执行	功能载体1 —功能→ 目标元件；功能载体2 —功能→ 目标元件
规则 5	找系统外新元件来取代目前功能提供者,新的功能提供者可以执行相同或更好的功能,并且提升功能实现效果或其他效益(如降低成本)	功能载体1 —功能→ 目标元件；新元件 —改善效果或有益→ 目标元件
规则 6	寻找新利基市场,则目前功能提供者可移除。而删除的功能当中,若是属于与目标元件相关的功能执行者,裁剪过后的系统需要包括目标元件相关的功能;反之,裁剪过后的系统可以不包含目标物的相关功能。	功能载体 —功能→ 目标元件；利基市场

避免专利侵权要依据专利侵权原则进行判断,保证创新方案不落入原专利的保护范围。为保证不触犯专利侵权原则,基于侵权判断原则的专利规避设计通常遵循以下三点:

(1) 删减必要部件,避免侵犯全面覆盖原则;

(2) 对构成要件进行实质性替换改变,避免侵犯等同原则;

(3) 综合分析权利要求书及说明书内容和审查档案,合理利用禁止反悔原则和贡献原则。

目前,法律界和实务界基于侵权判断原则的规避设计多依赖于经验,缺乏系统化的方法指导。如前所述,考虑到 TRIZ 中的功能剪裁是一种对现有专利方法进行删减、替换操作的创新方法,通过对产品功能模型分析,可对存在问题的功能元件进行删减;允许在删减系统某些部件的前提下,在功能模型上针对具体的功能元件进行替换等修剪工作,形成问题模型;允许为解决系统中存在的问题添加新部件,以完成产品系统的改进设计,后续利用 TRIZ 中的其他方法对修剪后的功能模型进行弥补,使其技术系统结构得到优化,从而实现规避设计,并为专利规避设计提供规范化路径。基于此,提出将 TRIZ 中的功能裁剪与专利侵权约束相结合,实现对产品功能和结构的重新架构,完成规避设计,获得具有操作意义的创新设计专利规避路径,这是具有可行性的。

2.3.3 应用 TRIZ 工具对专利群进行分类分层专利规避的可行性

在当前知识产权制度竞争背景下,企业的研发不能再孤立地仅从技术角度进行,而应当在符合专利战略的前提下,在研发的初始阶段就根据研发目的以及专利战略目的分配研发资源。这包括两部分的内容:一方面是对竞争对手现有的专利布局进行分析,以确定现有的专利组合状况,利于企业寻找机会和技术;另一方面是对企业自身的专利组合进行构建,以使创新成果符合企业的需要。

识别其他企业专利战略下的不同专利组合,是企业专利分析首先要进行的工作。专利组合有不同种类,在企业专利战略中的价值也不同。在产品系统内部,针对产品本身的性能改进和缺陷弥补可以形成专利组合,同时在系统内部也可以细化为针对新发现的问题而形成的专利技术方案以及针对旧有问题而形成的新技术方案两类。跳出产品系统本身,为增加产品新的生命力而附加更多的功能和寻找更多的应用场合可以形成专利组合,同时也可以细化为围绕产品价值增加而在产业链上做的创新性专利方案组合以及与更多产品集成拓展而形成的专利方案组合。

图 2.15 所示为基于企业核心技术的专利组合设计模型[100],围绕体现企业核心价值的技术方案申请的核心专利进行多方位的拓展,形成四个方向不同的专利组合。从图的左边开始逆时针观看,分为“更多细化改进的技术方案组成的专利组合”“相同功能不同解决方案的专利组合”“围绕产业化生命周期过程提供完整解决方案的专利组合”“在不同领域拓展应用的技术方案形成的专利组合”。

面向不同种类的专利组合进行专利规避,需要进行不同的问题发现及问题解

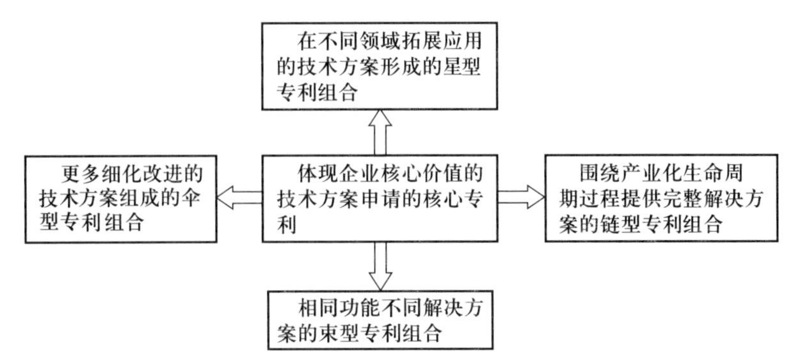

图 2.15　基于企业核心技术的专利组合设计模型[100]

决。TRIZ 中发现问题及解决问题的方法很多,根据不同工具的特点,匹配不同类型的问题发现及问题解决,同样针对上述列举的四类专利组合,寻找契合的工具来说明应用 TRIZ 工具对专利群进行分类分层专利规避设计的可行性。

针对某一产品,从不同角度解决问题所形成的多个专利构成的组合是针对某个产品系统的专利组合,对这类专利组合规避的实质是挖掘新的问题,绕开已有专利解决的问题的种类、层次、部位。发现问题的方法有很多,例如预期失效分析(anticipatory failure determination ,AFD)方法,该方法通过逆向提问在时间和空间上放大问题,发掘系统潜在的问题,以确定可能的失效点,即问题点,从而确定更多值得解决的问题。

针对某一个问题,有一类为解决该问题而形成的原理不同或者结构不同的技术方案形成的专利组合。针对该类专利组合,TRIZ 中有面向未来的功能进化定律及功能进化路线来预测解决同一个问题的不同原理;有遵循一个路线进行删减、修补、替换的裁剪路径方案;也有针对一个功能解决的效应查找路线。TRIZ 中的方法可以给予解决同一个问题的多种方案启迪。

针对有价值的核心专利方案,与其他技术方案组合在一起可形成具有更多适用场合的技术方案。针对一个核心专利进行拓展而形成的多个方案构成一类专利组合。针对该类专利组合进行专利规避的实质是受现有专利方案的启发,找到不同于现有技术的新集成方案,TRIZ 中的集成创新方法可以为形成更多集成创新方案提供思路。

针对一个有价值的产品,对其进行多方面的保护,包括其制作方法、工艺方法、外观设计、产业链上有价值的中间产品、生命末期回收阶段的有价值的技术方案等,这些从产品生命周期考虑的保护性方案形成一类专利组合。针对这样一类专利组合,规避的实质是在产业链上寻找有价值的技术方案,TRIZ 中的资源分析等工具可以形成多个研究思路。

TRIZ 分析问题及解决问题的工具与针对不同种类的专利组合进行有针对性的专利规避设计具有契合性。基于 TRIZ 解决问题的工具可形成不同种类的专利规避创新成果,使最后的创新成果能够在企业的知识产权战略中具有不同的使用价值及目的。因此,应用 TRIZ 工具对专利群进行分类分层专利规避,不但具有可行性,而且是非常有意义且重要的工作。

2.3.4 TRIZ 应用于创新成果创造性评价的可行性

TRIZ 中的理想解、五类发明等级与成熟度预测等均是从技术角度及哲学角度对发明创造性的高度及在整个行业中的位置进行评价，将其与知识产权制度相结合，用于评价专利实质授权条件，可建立符合知识产权制度的企业评价系统。

专利实质授权条件中最重要的评价因子是创造性，要求该技术从其发展的历史角度进行纵向比较，同时又与现有技术进行横向比较，要求产生突出的实质性变化特征，也即技术产生阶跃式变化特征才能具备创造性的专利性条件。

不同的规避设计方案所产生的阶跃式变化程度不同，而创造性的不同所导致的规避设计方案的发明高度也不同。考虑到 TRIZ 中的理想解可揭示技术纵向发展的终极高度，技术进化路线可对技术的纵向发展过程进行表示，技术成熟度预测可对规避设计方案所处的发展阶段和位置进行评估，故 TRIZ 理想解与创新技术的纵向评估有一定的契合之处。此外，TRIZ 中用所解决的冲突数目来表达发明的等级，可实现对创新方案的横向创新等级的评估。因此，TRIZ 中的成熟度预测和创新等级评价均可对规避方案的可专利性进行评估，从而实现对规避设计方案的提取。

2.4 本章小结

本章介绍了面向专利规避的问题定义、分类和问题解决的一般步骤，介绍了 TRIZ 体系结构及其主要工具。提出将功能分析及功能模型应用于专利规避设计的前端分析阶段；将功能裁剪应用于单一专利规避设计；将 TRIZ 工具中分析问题和解决问题的方法分类应用于不同种类的专利群规避；将 TRIZ 中理想解、发明等级等应用于专利规避创新成果的评价。由此提出将 TRIZ 全面应用于专利规避设计的可行性。

第3章　制度约束分析方法

3.1　引言

专利制度自诞生以来,对技术保护与创新起到了积极作用。专利技术直接应用于工程实践中,而作为技术保护载体的专利,却通过法律等制度约束性文件形式存在。因此,在对目标专利进行规避时,一方面需要通过解读目标专利的阅读制度约束,以对其专利进行深刻理解;另一方面需了解专利制度的侵权原则,以掌握怎样的变体是合法的规避路径;同时,需评价创新性设计方案是否具有专利性,从而获得专利保护。故对专利制度约束的提取方法进行研究十分必要。

发明问题解决理论(TRIZ)源自专利分析,其具有功能分析、剪裁、理想解等强大的分析问题与解决问题的工具,可应用于专利制度约束分析之中。本章在对专利的法律性制度的分析基础上,将法律语言描述的制度约束转变成创新设计可识别的工程设计语言,将TRIZ工具应用于专利权利地图构建、专利侵权制度约束、专利性评估等专利制度全约束之中,从而提出一种基于TRIZ分析工具的专利制度约束分析方法。

3.2　专利的制度约束及其提取策略

3.2.1　专利的制度约束

专利为法律赋予专利权人对某项授权专利技术享有一定期限的垄断权利的法律性文件,其所有专利创新成果必须以规范的法律文件——专利说明书进行呈现,以专利权利要求书声明其专利权的范围。作为法律性文件的专利文本,受到专利有效制度、专利撰写规则、专利文献特点、专利侵权原则以及侵权判断流程等专利制度条件的约束。

一个规避设计成功的技术方案,从较低的要求出发,需依据全面覆盖原则、等同原则、禁止反悔原则和贡献原则四项侵权判定原则不构成侵权;从较高的要求出发,仍需满足专利制度要求的新颖性、创造性、实用性。因此,在本质上,创新设计不仅需要与其他专利权利范围不同,而且需达到专利法规定的创新高度,才能获得专利权,才能获得知识产权保护。

进行专利规避设计需要建立规避的具体问题与专利制度约束条件的对应关系。首先,专利权利范围信息的正确提取是实现专利规避的核心,而专利权利范围信息的提取,又受专利撰写规则及专利文献特点的约束,需建立两者之间的联系。其次,形成的规避方案应不侵犯目标专利,因新的规避方案受专利侵权原则以及侵权判断流程的约束,需建立两者之间的关系。最后,形成的规避方案可否形成专利技术受专利有效制度及专利稳定性评价因子的约束,需建立两者之间的联系。因此,专利规避设计与专利制度约束之间的对应关系如图 3.1 所示。

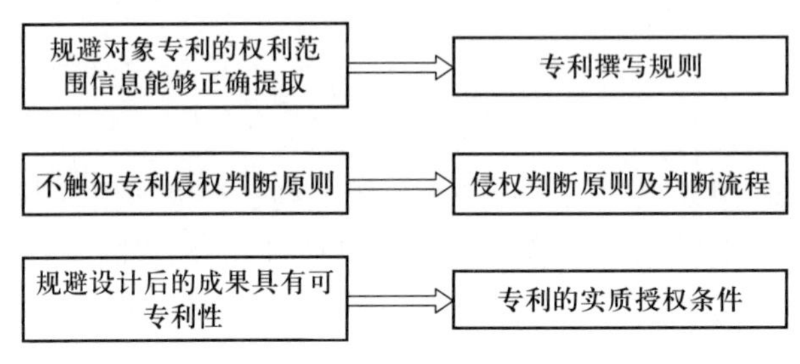

图 3.1　专利规避设计与专利制度约束

3.2.2　专利的制度约束提取策略

专利规避设计的制度约束应该具备低约束和高约束两个原则。其中,低约束原则是指形成的方案不侵犯他人的专利权,而高约束原则为创新成果应具备申请专利的条件。前述第 2 章分析了 TRIZ 工具应用于专利制度约束提取的可行性,将 TRIZ 分析工具与制度约束特征相结合,建立基于 TRIZ 工具的专利制度约束提取策略,对应的具体关系如图 3.2 所示,有以下三点规则:

【规则一】　TRIZ 中功能模型、功能分析等工具,在分析产品或系统结构等方面具有强大的功能,因此可以与专利撰写规则及专利文献特点相结合,提取专利权利范围信息。

【规则二】　TRIZ 中功能裁剪方法,可针对功能元件进行细致分析,实现对专利侵权原则的细致解读,提取不侵权设计规则。

【规则三】　TRIZ 中的发明等级与成熟度预测可用于评价专利实质授权条件,提取可专利性制度约束。

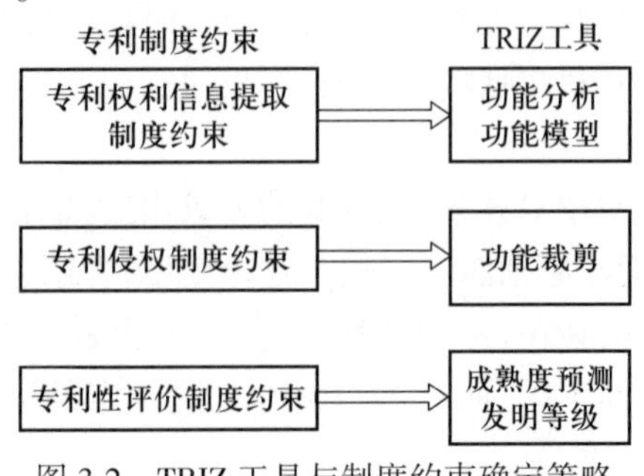

图 3.2　TRIZ 工具与制度约束确定策略

3.3 基于功能分析的专利权利信息提取

3.3.1 基于专利文件特点的专利信息阅读图

作为法律性文件的专利文本,需满足规范性法律文件对其形式上的要求方能通过审核,需满足专利制度要求的新颖性、创造性、实用性的实质性条件方能有效。虽然现阶段实用新型专利不经过法律的实质性审查,但一份有效的专利最终既要满足法律的实质性授权条件,又要满足法律的形式要件。忽略法律对于专利文件的要求,导致专利文件的信息提取错误或者不足,则创新成果无法绕开他人的专利权而失效。这也说明,对专利文件的正确解读对于专利规避的重要性。

3.3.1.1 专利保护范围的制度约束

实现专利规避,首先应结合专利法律文件的自身特点,正确解读专利文件中对专利保护范围的规定,这是专利规避策略制订的重要一步。根据《中华人民共和国专利法》、《中华人民共和国专利法实施细则》、北京市高级人民法院关于《专利侵权判定若干问题的意见(试行)》等法律文件,确定专利保护范围要注意两个方面。

1. 确定保护范围的解释对象

发明、实用新型专利权的保护范围要以其权利要求的内容为准,说明书及附图可以用于解释权利要求;权利要求书是划定专利权利范围的唯一依据,其包括独立权利要求和从属权利要求。独立权利要求的保护范围最宽,从属权利要求是在独立权利要求的基础上对某些技术特征的进一步限定或者附加的技术特征。因此,在确定专利保护范围时应以专利独立权利要求为准,在进行专利挖掘、面向新专利开发时,需要考虑从属权利要求的保护范围。

2. 确定保护范围的解释原则

一项权利要求所涵盖的信息是解决某个技术问题必须具备、缺一不可的技术特征集合,即必要技术特征集合。故需要以专利文件权利要求所记载的必要技术特征所组成的完整方案为准,解读每项必要技术特征信息。因此,确定保护范围的解释原则主要包括:一是对权利要求书的字面解释应严格,其专利权保护范围可以小于但不得超出文字所能涵盖的解释范围;二是在解释权利要求时,不应拘泥于权利要求书的文字,而是以权利要求所体现的技术创意为中心,全面考虑发明的目的、性质以及专利说明书和附图所透露的内容,把权利要求周围的一些技术要素也纳入专利保护的范围。

总之,正确解释专利权利范围的决定要素是站在所属技术领域普通技术人员的立场上进行的客观解释,而非专利权人的主观意愿。在专利范围中,对权项的解释可以判断发明的实质所在,从而判断出可作为专利规避设计的依据。

3.3.1.2 专利基本信息提取的制度约束

专利文件的基本撰写规则反过来也构成提取信息时的约束,形成专利信息提取的规则。专利申请文件包括专利说明书与专利权利要求书,两者是彼此独立又相互联系的申请文件。说明书旨在对发明或者实用新型的技术方案内容进行充分公开,为确定权利要求书中的保护范围提供一个基础;权利要求书以说明书为依据,以技术特征的形式简明地描述要求专利保护的范围。发生专利侵权纠纷时,判定发明或者实用新型专利权的保护范围是以权利要求的内容为准,说明书及附图只用来解释权利要求。

1. 专利权利要求书的撰写规则及解释规则

权利要求是进行权利范围判定的唯一依据。在提取权利要求的信息之前,有以下几点撰写方面的规定需要关注:

(1) 独立权利要求中具有解决该技术问题的全部必要技术特征。必要技术特征的整体构成了一个完整的技术方案,能够实现发明目的。

(2) 独立权利要求的撰写,要求在保证发明目的且具有实质性区别的前提下尽可能减少技术特征。从属权利要求的撰写要求添加附加技术特征,或进一步限定来加大与现有技术的区别。

(3) 独立权利要求区分前序部分和特征部分,划界所依据的对比文件是一篇最接近的现有技术文件,发明或者实用新型专利与其共同的特征写入前序部分,不同的区别技术特征写入特征部分。这样有助于人们理解对现有技术的贡献。

(4) 权利要求书中出现的功能性限定语言,要求各实施例具有该功能的共同点,且该共同点是与对比文件相较的区别点。

(5) 权利要求撰写通常包含开放式权利要求及封闭式权利要求两种类型,开放式的权利要求宜采用“包含”“包括”“主要由……组成”的表达方式,其解释为还可以含有该权利要求中没有述及的结构组成部分或方法步骤。封闭式的权利要求宜采用“由……组成”的表达方式,其一般解释为不含有该权利要求所述以外的结构组成部分或方法步骤。

基于以上几点,确定权利要求保护范围的解释规则如下:

【规则一】权利范围=权利要求的字面含义+等同特征。

【规则二】当独立权利要求中记载的技术特征字面含义存疑时,需从专利说明书、从属权利要求书中提取解释信息进行澄清解释。但仅记载于专利说明书及附图中,未记载在权利要求书中的技术方案,不能纳入专利权保护范围。

【规则三】如权利要求中存在功能性语言词汇,解释为说明书中实施例所对应的同一功能的相同结构或等同结构。

【规则四】吉普生式权利要求书的前序部分和特征部分的技术特征作为整体技术特征的一部分均要作为后续侵权判断中对专利权利要求解释的基础。前序部分是解决某个技术问题共有的技术特征,区别技术特征是专利相对于现有技术作出贡献的技术特征,是用来判断一个技术方案实际解决什么技术问题的依据,是整个专利方案中体现创造性的关键部分。

【规则五】封闭式权利要求其以特定措辞或者表达限定保护范围,包括权利要求中明确记载的技术特征及其等同物,解释时要仅限于明确记载的技术特征,排除其他组分、结构或者步骤。

2. 专利说明书的撰写规则及提取策略

《专利法》第二十六条第三款规定:"说明书应当对发明或者实用新型作出清楚、完整的说明,以所属技术领域的技术人员能够实现为准;必要的时候,应当有附图",即一份撰写合格的专利说明书其公开的技术内容应当满足"清楚""完整""能够实现"这三个基本条件。

专利说明书包括技术领域、背景技术、发明创造内容、实施例和附图。说明书中五个主要部分的关键点分述如下:

(1) 技术领域。专利名称是对技术主题的适度概括,IPC 号是对该专利的具体分类进行的提示,故技术领域部分需提取专利的名称及 IPC 分类号。

(2) 背景技术。在背景技术部分,申请人将与发明密切相关的现有技术,甚至是尚未公开的有关技术内容披露,以帮助公众理解发明的真正意图。实际撰写中要求申请人对引证的现有技术描述准确、客观。申请人有可能因为检索和估计不足对现有技术的水平认定过高或者过低,影响对权利要求保护范围的概括。故背景技术部分需提取申请人提供的现有技术背景,提取发明创造解决的根本问题及现有技术的缺陷,提取最相关的对比文件。

(3) 发明创造内容。在专利发明内容部分,说明书的撰写要求包括三个部分,分别是解决的技术问题、解决该问题的技术方案以及有益的效果。技术问题是与最接近的现有技术相比较,发明或者实用新型专利实际解决的问题;技术方案的撰写是与独立权利要求相适应,直接描述独立权利要求的所有必要技术特征,必要时才会对从属权利要求进行描述;有益效果部分是对技术特征必然产生的效果,一般会对应所有的权利要求进行分别阐释,用于评价实质性特点及进步。故该部分提取发明目的、技术方案和有益效果的概括。

(4) 实施例。该部分撰写要对所有的技术方案进行具体的说明,专利对象如果是产品,要对构成及配合关系作具体说明;专利对象如果是方法,要写明步骤及具体的参数和条件。当一个实施例足以支持权利要求所概括的技术方案时,该部分可只给出一个实施例;当权利要求覆盖的保护范围较宽,例如采用了一个上位概念对某技术特征进行概括时,则应当给出多个实施例,以支持要求保护的范围。如技术方案简单,与前述技术方案部分重复,则可以省略;此外,本领域公知技术可以省略。从实施例中提取不同实施例的技术方案要点,以帮助理解权利要求,重点提取未记录在权利要求书中的技术方案。

(5) 附图。对于发明专利申请,视具体的技术内容,申请人可以提交附图、也可以不提交附图。对实用新型专利,申请人必须提交附图。附图作为一种工程技术语言,对于机械领域的专利申请,作用尤其重要。选取最能体现发明创造性部分的附图作为制作专利摘要的说明。

此外,说明书摘要属于一种情报性文件,对于专利保护没有实质性影响,不具有任何法律约束力。不用提取重要信息。

3.3.1.3 构建专利信息阅读图

专利文献阅读是提取专利信息,构建专利权利地图,并创建企业专利情报库的重要一环。通过前述对专利撰写规则的叙述以及每部分对不同信息的提取，构建针对说明书、权利要求书以及重要信息检核表的三个信息记录卡，分别为说明书信息卡、专利文献阅读图、重要信息检核表。

如图 3.3 所示，构建说明书信息卡，包括四个部分：左上角为现有技术信息，右上角为区别技术特征及效果信息，左下角为便于理解的技术实施例，右下角为直观的附图。

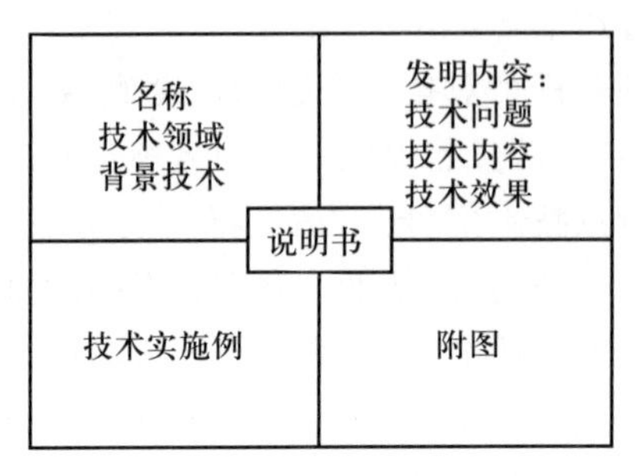

图 3.3　说明书信息卡

基于专利的基本信息记录卡，建立直观的专利文献阅读图，如图 3.4 所示。其步骤如下：

【步骤一】基于专利文件的背景技术部分，提取目标专利所解决的主要技术问题。

【步骤二】从独立权利要求书中提取解决主要技术问题所采用的技术方案，涵盖所有的必要技术特征 T。

【步骤三】从从属权利要求中提取辅助技术方案及特征 T。

【步骤四】从说明书技术效果及实施例中提取每项必要技术特征所对应的功效。由于贡献原则与禁止反悔原则会导致目标专利权利要求范围缩小，故将涉及此类限制的技术特征予以剔除。

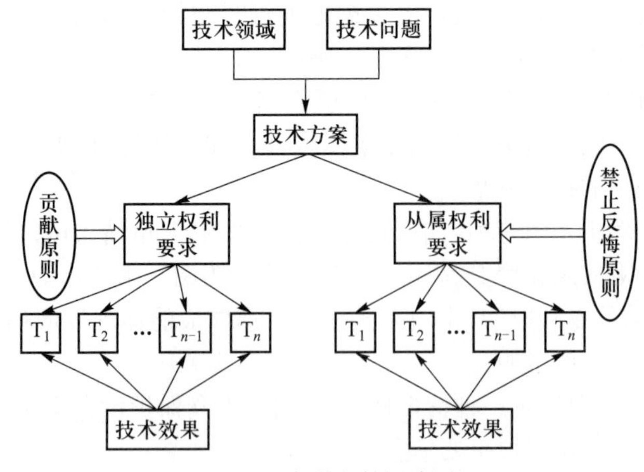

图 3.4　专利文献阅读图

为便于实现对第一层次的专利规避设计,需构建针对权利要求的重要信息检核表,如表 3.1 所示的 12 个问题是对独立权利要求及从属权利要求进行的全面检核。建立针对权利要求的信息检核表,可找到法律保护范围内的明显漏洞,实现第一层次的专利规避设计。

表 3.1　重要信息检核表

权利要求书检核情况	说明备注
1.独权中是否缺必要技术特征?	* * * * * *
2.是否写入了与发明目的无关的技术特征?	* * * * * *
3.要求保护的技术主题是否恰当?	* * * * * *
4.对技术特征的描述方式是否恰当?	* * * * * *
5.从属权利要求引用关系是否恰当,从而引起技术内容方面的矛盾?	* * * * * *
6.是否存在对技术特征多重限定而使保护范围不确定?	* * * * * *
7.是否不恰当的使用功能性语言或上位概念?	* * * * * *
8.是否使用不确定的词语使保护范围不清楚?	* * * * * *
9.独权中是否仅罗列各部件而缺少各部件间的配合关系?	* * * * * *
10.技术特征是否与所限定的技术主题不符?	* * * * * *
11.从属权利要求中引用的技术主题是否有误?	* * * * * *
12.是否忽略了对可以保护的技术主题的保护?	* * * * * *

3.3.2　基于功能分析的单一专利权利地图构建

3.3.2.1　权利要求的功能模型图

权利要求对技术特征的描述有其固有的特点,构建针对权利要求的功能模型图对我们简化问题难度具有重要作用。方法类专利通常离不开基础产品专利,在第 4 章与相应的基础产品专利形成的专利组合分析中会讨论到;没有形状、结构的产品专利或者仅涉及产品成分或者应用场合的专利可利用 3.3.1.3 节的信息阅读图提取信息。因具有具体形状、构造的产品专利最为常见,本节应用功能模型图对该类专利的权利要求进行构建。

具有具体形状、构造的产品专利撰写规则要求专利信息通常要描述三大层次和五大属性。其中,三大层次包含部件(system assembly,SA)、元件(system component,SC)和特征件(characteristic part,CP),而五大属性包括名称、连接关系、位置、材料和结构特征。

其中,部件为完成某个分功能由多个零件组成的一个集合;元件是将机械产品拆卸到最分散程度时仍保持自身完整性的最小机械构成,相当于零件;特征件是零件上尚需继续进行定义的独特技术特征,某些情况下特征件所提示的功能及相应的解决方案是专利具备创造性的关键,例如圆珠笔笔帽的特征件是固定于笔帽体的一侧用于夹在衣服兜上的长条笔夹,笔头的特征件是从笔杆上拧下来可更换笔芯的空心带孔圆锥体,来复枪枪管的特征件是一条条螺旋状的凹下去的沟槽和凸起的棱线构成的保证射击精确性的膛线。

在描述每一层次的机械构成时,会应用到不同的五种属性,每种属性对界定三大层次有不同的意义。提取三大层次与五种属性的信息,来确定一个专利的权利保护范围。不同层次上提取的属性信息有所区别,其中部件层重点提取连接关系和结构特征;元件层重点提取材料、连接关系和结构特征;特征件层重点提取结构和位置特征。对三个层次主要涉及的属性标注如表 3.2 所示。

表 3.2　三大层次与五种属性

属性 层次	名称	结构特征	材料	位置	连接关系
部件	●				★
元件	●	★	★		★
特征件	★	★		★	

注:★表示重要,●表示一般。

【步骤一】针对独立权利要求,应用 TRIZ 中的功能树分析方法,提取三大层次信息,尤其重视提取传统功能模型建立时经常忽略的特征件信息(CP_1、CP_2),如图 3.5 所示。

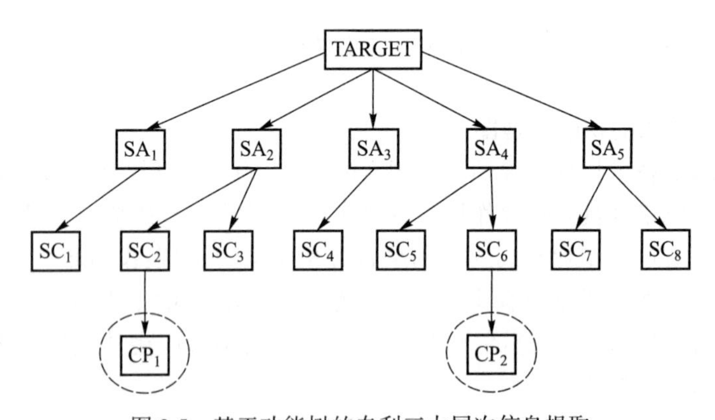

图 3.5　基于功能树的专利三大层次信息提取

【步骤二】建立针对权利要求的功能树,与三大层次相匹配,并从不同维度提取每一层的五大属性信息,其过程如图 3.6 所示。

【步骤三】建立考虑专利三大层次与五大属性信息的功能模型,判定部件、元件、特征件及相互间的连接关系或位置信息以及超系统(SS)与目标(TARGET)

等,涵盖权利要求中的全部必要技术特征,建立专利权利要求的功能模型图,如图 3.7 所示。

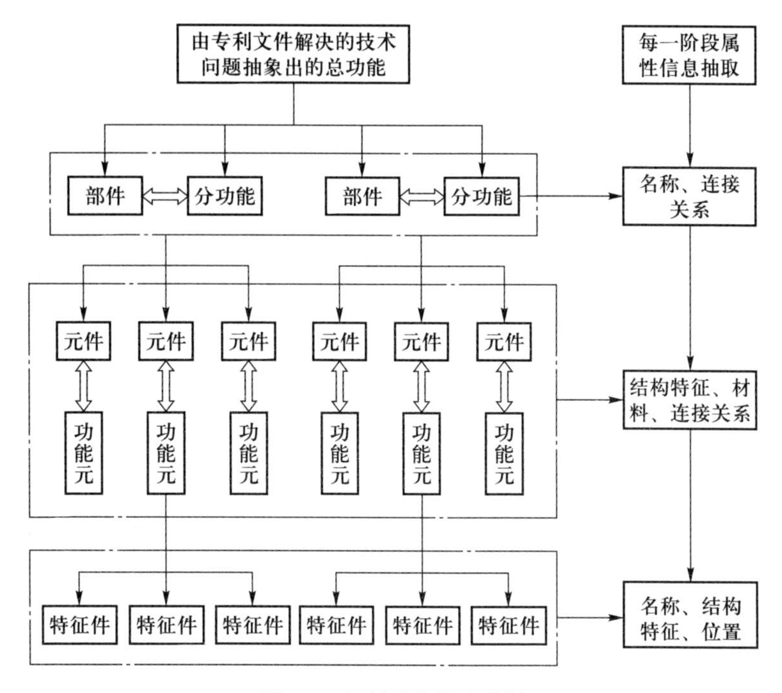

图 3.6 权利要求的功能树

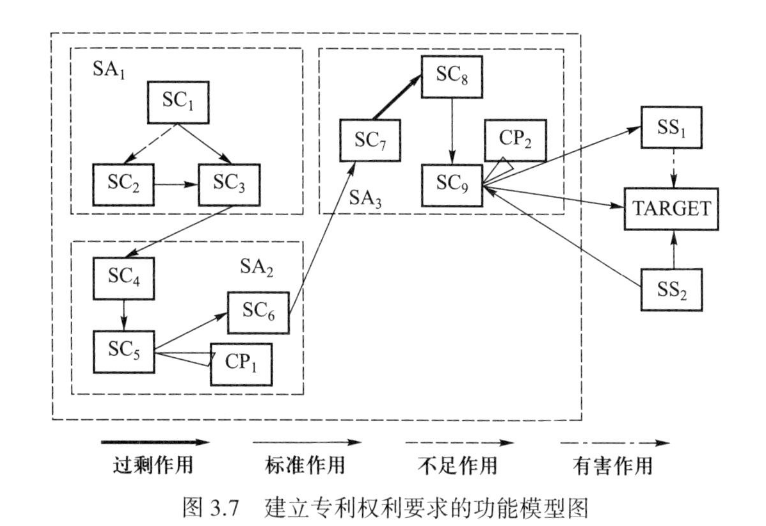

图 3.7 建立专利权利要求的功能模型图

3.3.2.2 权利地图绘制

基于功能分析的权利地图绘制实质是针对权利要求书的特点,在专利制度约束下,利用 TRIZ 工具的功能语言进行转换描述,正确界定规避对象的权利范围,对单一专利权利要求书建立权利地图。具体步骤为:

【步骤一】基于 3.3.1.3 节步骤建立专利文件的基本信息阅读卡,理清专利权利要求的结构层次,包括有几项独立权利要求、是否有分案申请、权利要求权项之间的引用和层次关系等。将其独立权利要求及从属权利要求列在基本权利要求框内,在权项分析框内,具体列明权项之间的相互关系。在独权技术特征基础上,区分哪些是以限制附加技术特征形成的具有较好技术效果的技术方案;属于限制的信息在指示流上标注"限";在独权技术方案的基础上,区分哪些是补充增加的技术特征形成的具有附加功能的技术方案;属于补充增加的技术特征在指示流上标注"增"。

【步骤二】确定每项权利要求的技术方案。基于 3.3.2.1 节建立权利要求结构图的步骤在"确定技术特征元件"的框架内提取每项权利要求的构成元件,包括部件、元件及特征件等关键信息。

【步骤三】在辅助框内,针对其他独立权利要求的权项信息建立单独的层次关系图,针对分案申请的独立权利要求权项建立单独的权项层次关系图,针对独立权利要求按照 3.3.2.1 节步骤建立功能模型图,最后形成针对一份专利权利要求书的完整的权利地图,如图 3.8 所示。其中,权利地图右下角框图内针对独立权利要求建立的 SA、SC、CP 三个层次的功能模型图是权利地图的关键部分,是进行功能裁剪及后续专利规避设计的基础。

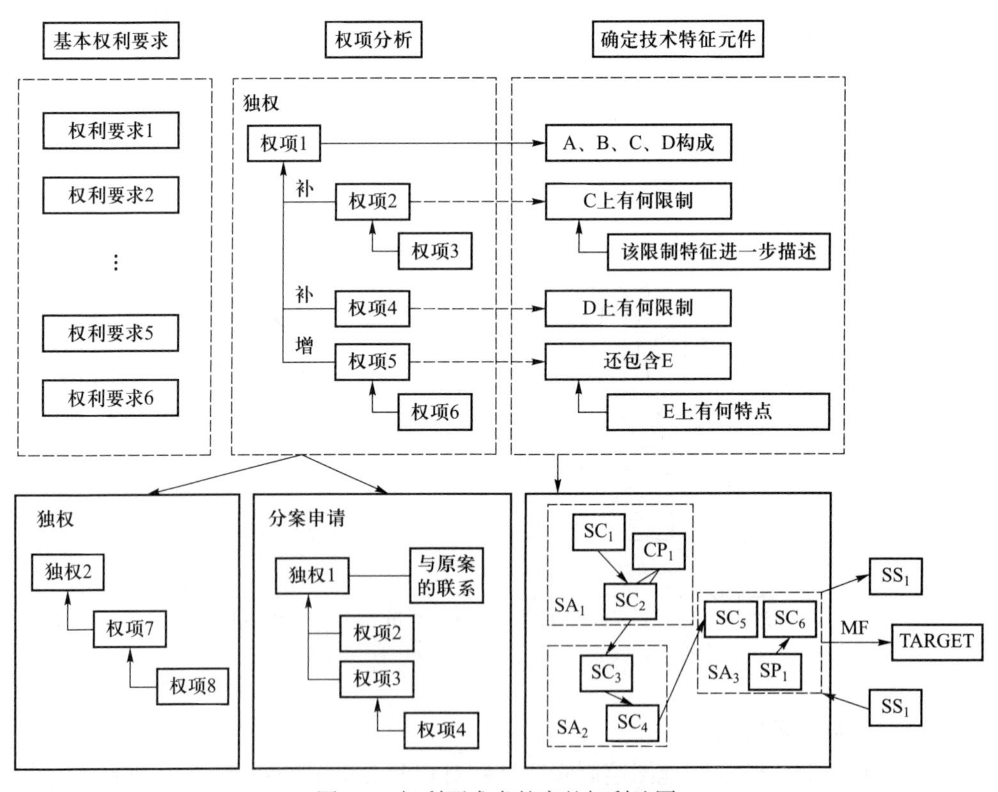

图 3.8 权利要求书的完整权利地图

3.4 专利低约束评价及规避路径

3.4.1 专利侵权原则制度约束

专利侵权判定原则及侵权判定流程是判定一个创新成果是否侵犯他人专利权的法律约束,笔者将之称为"低约束"原则。判定一个创新设计方案是否侵犯他人的专利权,需进行专利侵权判定,侵权判定流程如图 3.9 所示。

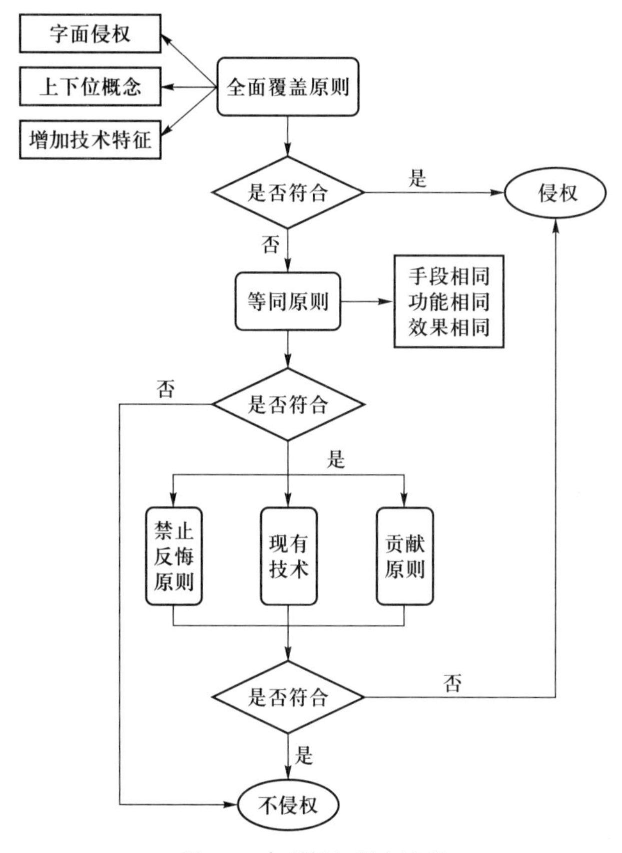

图 3.9 专利侵权判定流程

专利侵权判定首先适用全面覆盖原则,即判定技术方案完全落入目标专利的字面保护范围之内、是否为上下位概念、是否为增加技术特征,符合该特征即为侵权,如不符合则进行下一步判定。其次,进行等同原则判定,即判别技术方案与目标专利方案,某项技术特征与其对应的必要技术特征是否用基本相同的手段、实现基本相同的功能、具有基本相同的效果,若两者为等同特征则为侵权,否则进入下一步判定。再次,判定是否符合禁止反悔原则、现有技术和贡献原则,其中禁止反悔原则为专利权人在专利审查过程中为获得授权对国家知识产权局承诺放弃的技术特征,贡献原则是仅记载在说明书中未记载在权利要求书中的技术特征,视为权利人的放弃。如果符合这几项原则，说明有等同原则的例外，则不侵权；反之，就是不符合这三项判定原则，得出侵权结论。

根据上述的法律“低约束”原则，保证规避结果不侵权需遵循以下规则：

【规则一】专利侵权判定首先适用全面覆盖原则，其次适用等同原则，即要保证技术方案与规避目标专利方案相比，不能涵盖规避目标专利所有的技术特征，替换的技术特征与规避目标专利相应技术特征也不等同。

【规则二】禁止反悔原则和贡献原则是对等同原则的限制，即要保证专利权人在专利审查中为获得授权放弃的技术特征或者仅记载在说明书中未记载在权利要求书中的技术特征均不构成侵权的等同特征。

【规则三】侵权原则不仅适用于对整体技术方案的判断，而且适用于对涵盖部件、元件、特征件的每项必要技术特征的判断，要保证将相应的技术特征进行对比时，也要满足不触犯“低约束”原则。

因此，基于侵权原则建立具体的制度约束评价表，如表 3.3 所示。

表 3.3 基于侵权原则的制度约束评价表

标注内容	符号	代表含义
技术方案集	T_n	规避前必要技术特征集 T_n(T_1、T_2…T_{n-1}、T_n)
	T'_n	规避后必要技术特征集 T'_n(T'_1、T'_2…T'_n、T'_{n+1})
侵权法律原则	S_1	全面覆盖原则
	S_2	等同原则
	S_3	禁止反悔原则
	S_4	贡献原则
有效规避方案	M_1	T_n中删除一项以上
	M_2	T 与 T′相比实质不同，其技术手段、对应的功能和产生的效果全部或者任何一项实质不同
	M_3	T′中某项技术特征是 T 的说明书中为公众贡献的技术特征或审查档案中放弃的技术特征
无效但可组合使用的规避方案	K_1	T′与 T 相比为效果更好的现有技术或属地不同的专利技术
	K_2	T′在 T 之上增加的技术特征，比原始专利的相应技术特征好
	K_3	T′是 T 的下位概念
	K_4	T′与 T 的方法/功能/结果均等同
结论	Y	可行
	N	不可行

3.4.2　基于功能裁剪的专利规避路径

功能裁剪与突破专利侵权原则约束有契合之处，采用问题方式描述裁剪过程为：是否可以删除部件或（辅助）功能？是否可以删除必要的功能？是否一些部件的功能或部件本身可以被替代？是否有不需要的功能可以由其他功能排除？是否有操作部件可以由其他部件替换？是否有操作部件可以由已存资源所替代？是否系统可以取代功能本身？是否有大量可利用且能使用的资源？

裁剪针对功能操作意味着执行元件对目标元件的作用，同时存在有用和问题作用，问题作用包含过剩作用、不足作用及有害作用。3.3 节通过构建功能模型将具有构造的产品类专利技术方案细化为对应分功能或者子功能的部件层、对应功能元的元件层，甚至更进一步，根据专利文献的特点对元件上的特征件层也进行了界定。笔者为了更好地表示不同层面上裁剪动作后专利规避的可行性路径，对元件、部件及特征件功能单元分别进行了区分表示。部件功能单元、元件功能单元及特征件功能单元的具体表示图例如图 3.10 所示，其中实线箭头为有用作用，虚线箭头为有害作用。表示具体的规避路径时，从不同层面上突破专利规避原则建立针对功能单元的裁剪变体，其中叉号表示"删除"。

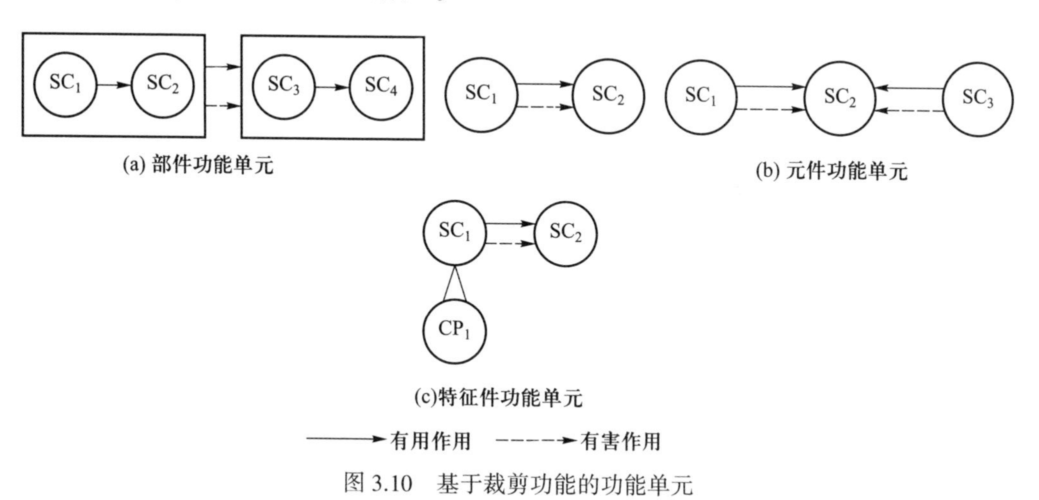

图 3.10　基于裁剪功能的功能单元

1. 突破全面覆盖原则的删除法路径

针对单个功能单元，为突破全面覆盖原则的删除法路径，建立了面向部件层、元件层及特征件层的具体规避路径。选择表 3.4 中所示的删除法路径，希望的规避结果是形成要素省略发明。

2. 突破等同原则的替换法路径

选择表 3.5 中所示的替换法路径，希望的规避结果是形成要素替代发明和要素关系改变的发明。

表 3.4　突破全面覆盖原则的删除法规避路径

规避路径	简单示意图	解释说明	规避路径	简单示意图	解释说明
A路径	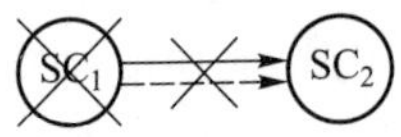 SC_1, SC_2	从系统中删除某个功能单元	C1路径	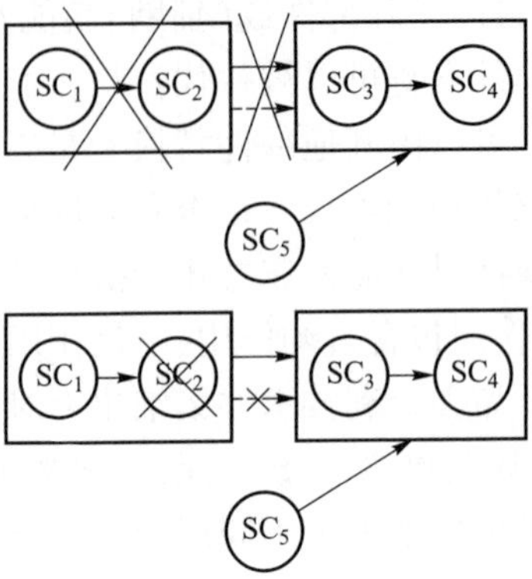 SC_1, SC_2, SC_3, SC_4, SC_5; SC_1, SC_2, SC_3, SC_4, SC_5	删除或删减部件,由系统内资源实现
B1路径	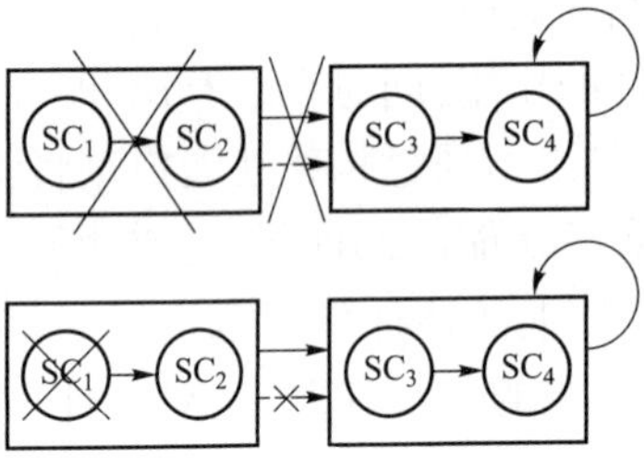 SC_1, SC_2, SC_3, SC_4; SC_1, SC_2, SC_3, SC_4	删除或删减部件,由目标部件自实现			
B2路径	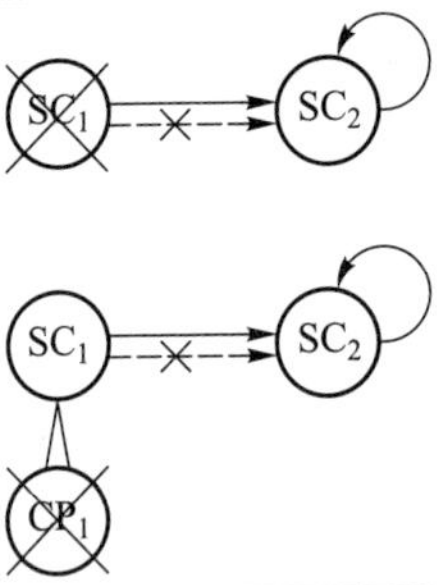 SC_1, SC_2; SC_1, SC_2, CP_1	删除或删减元件或元件上的特征件,由目标元件自实现	C2路径	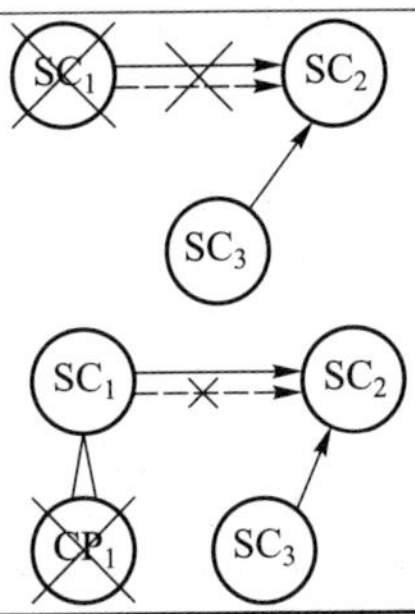 SC_1, SC_2, SC_3; SC_1, SC_2, CP_1, SC_3	删除或删减元件或元件上的特征件,由系统内资源实现

表 3.5　突破等同原则的替换法规避路径

规避路径	简单示意图	解释说明	规避路径	简单示意图	解释说明
D1路径	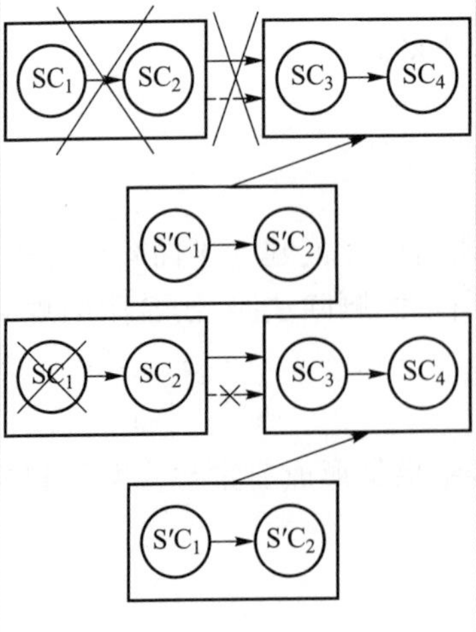 SC_1, SC_2, SC_3, SC_4, $S'C_1$, $S'C_2$; SC_1, SC_2, SC_3, SC_4, $S'C_1$, $S'C_2$	用新执行部件代替原执行部件或原部分执行部件	F路径	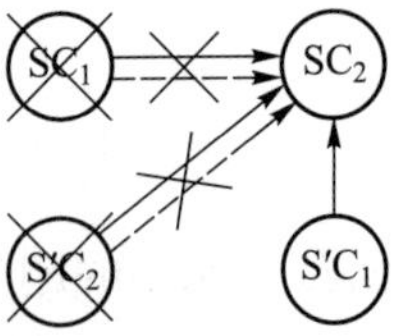 SC_1, SC_2, $S'C_2$, $S'C_1$	合并执行元件,形成新的替代执行元件作用于目标元件
			G路径	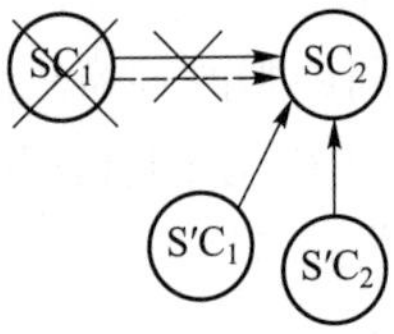 SC_1, SC_2, $S'C_1$, $S'C_2$	拆解执行元件成为非组合等同元件,共同作用于目标元件

续表

规避路径	简单示意图	解释说明	规避路径	简单示意图	解释说明
D2路径	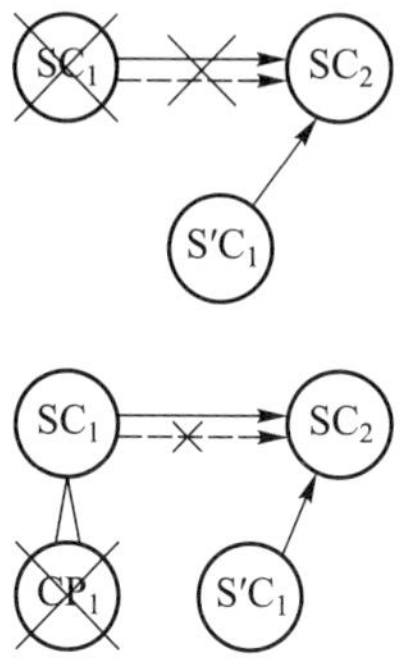 SC_1 SC_2 $S'C_1$ SC_1 SC_2 CP_1 $S'C_1$	用新执行元件代替原执行元件或原部分执行元件	H路径	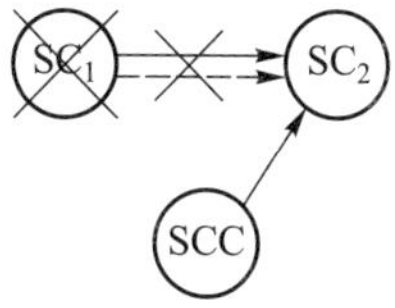 SC_1 SC_2 SCC	利用专利说明书元件SCC代替执行元件
			I路径	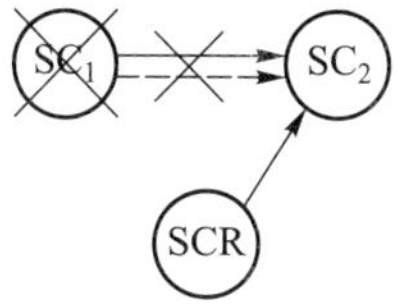 SC_1 SC_2 SCR	利用审核底档SCR中限制性解释的元件代替执行元件
E路径	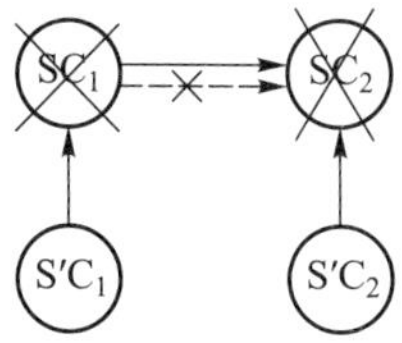 SC_1 SC_2 $S'C_1$ $S'C_2$	用新执行元件和新目标元件分别代替原执行元件和目标元件	J路径	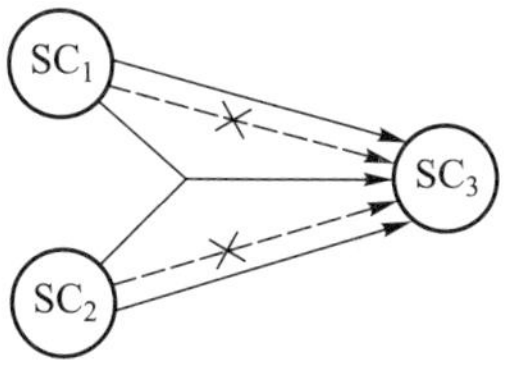 SC_1 SC_2 SC_3	合并原执行元件操作
K路径	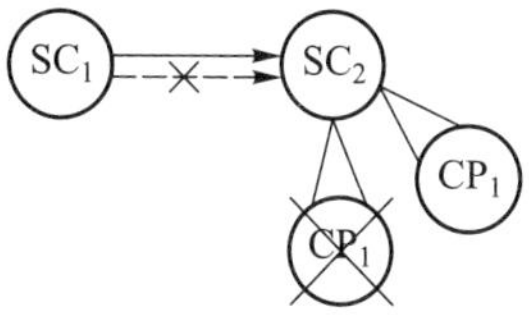 SC_1 SC_2 CP_1 CP_1	对特征件的改变有出人意料的技术效果	L路径	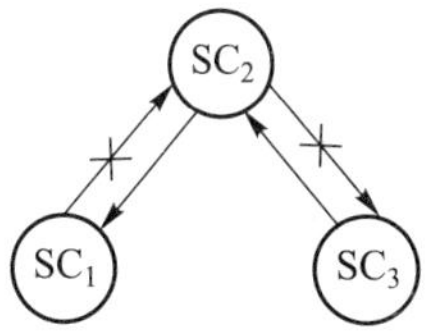 SC_2 SC_1 SC_3	采用作用关系相反的技术手段,不构成等同侵权

3. 突破全面覆盖原则的组合法路径

如表 3.6 所示,为突破全面覆盖原则,采用可与删除法或替换法中的路径相组合使用的路径,从而避免侵犯专利权。

此外根据侵权原则,针对方法专利及外观设计专利,仍有几条不便于用功能元件符号进行描述的路径,如表 3.7 所示。

表 3.6　突破全面覆盖原则的组合法规避路径

规避路径	简单示意图	解释说明	规避路径	简单示意图	解释说明
M路径	SC_1 —✕→ SC_2；$S'C_1$ → SC_1；$S'C_1$ → SC_2	对封闭式权项不删减而只增加执行元件	N路径	SC_1 —✕→ SC_2；SC_3 → SC_1；SC_3 → SC_2；路径? → SC_2	对开放式权项的功能单元只增加执行元件的路径，需与其他功能单元的任意规避路径相结合

表 3.7　其他专利规避路径

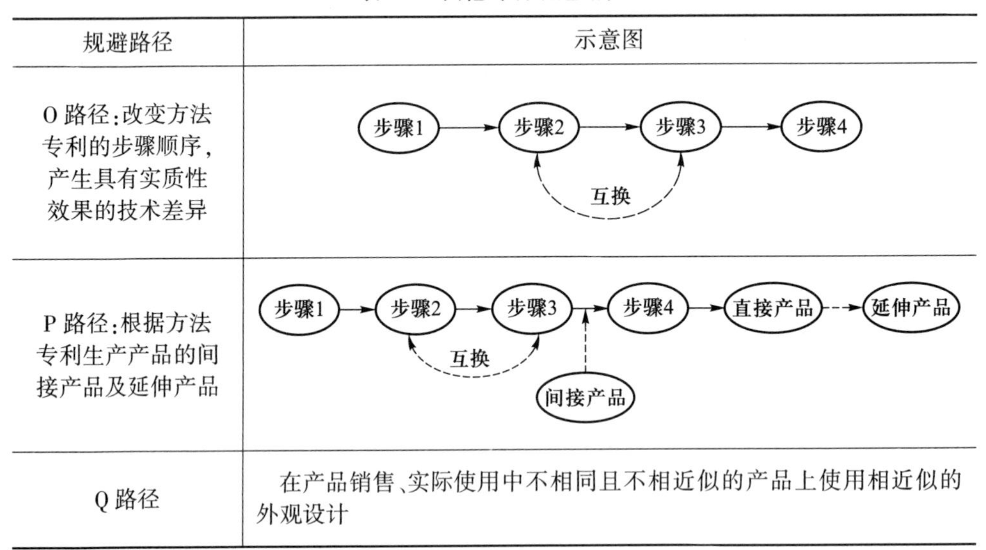

规避路径	示意图
O 路径：改变方法专利的步骤顺序，产生具有实质性效果的技术差异	步骤1 → 步骤2 → 步骤3 → 步骤4；步骤2 ↔ 步骤3 互换
P 路径：根据方法专利生产产品的间接产品及延伸产品	步骤1 → 步骤2 → 步骤3 → 步骤4 → 直接产品 ⇢ 延伸产品；步骤2 ↔ 步骤3 互换；间接产品 ⇢
Q 路径	在产品销售、实际使用中不相同且不相近似的产品上使用相近似的外观设计

上述将功能裁剪应用于提取专利规避的不侵权原则，将裁剪的方法与专利规避原则直接统一用于发现不同路径下的问题，对单一专利从不同层次上进行裁剪变形，转换问题，从而构成单一专利规避设计的变形路径。

3.4.3　不侵权路径的案例分析

专利制度约束是受法律及司法审判实践约束的规则，设计要满足不侵权的最低要求，经司法程序判决生效的司法文书能够验证满足最低不侵权要求的路径的正确性。本节选取最高人民法院知识产权审判案例指导的一些案例，对部分规避路径的有效性从制度约束角度进行说明，其他规避路径的有效性也可以从实际的案例指导中得到验证。

【案例一】申请再审人张建华与被申请人沈阳直连高层供暖技术有限公司、二审上诉人沈阳高联高层供暖联网技术有限公司侵犯实用新型专利权纠纷案（中华人民共和国最高人民法院民事判决书(2009)民提字第 83 号)。

涉案原型专利是名称为“高层建筑无水箱直连供暖的排气断流装置”的实用新型专利(专利号为 97230200.X),独立权利要求记载为:一种高层建筑无水箱直连供暖的排气断流装置。其特征在于:该装置的圆柱形上壳体和倒置的圆台下壳体相接,上壳体上边有方便可拆的呼吸室兼盖板;内设有环绕螺纹导向板的杯状水封罐,水封罐内悬置下呼吸管,下呼吸管上部与呼吸室兼盖板的呼吸室相通,呼吸室兼盖板的呼吸室上部接有上呼吸管,上呼吸管上不接活动的万向弯头,杯状水封罐的上部内衬有圆筒调节阀;上壳体上部的左进水管和右进水管分别与上壳体的上部呈切线相接,其出水管与下壳体下部同心相连。

原型专利的功能模型图如图 3.11 所示。选择规避路径 A1 及路径 D2 ,原型专利裁剪变形过程及裁剪后被控侵权的方案的功能模型图如图 3.12 及图 3.13 所示。

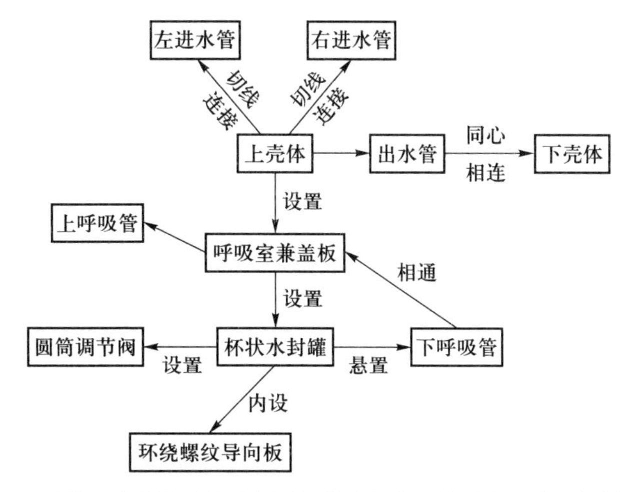

图 3.11 “高层建筑无水箱直连供暖的排气断流装置”专利的功能模型图

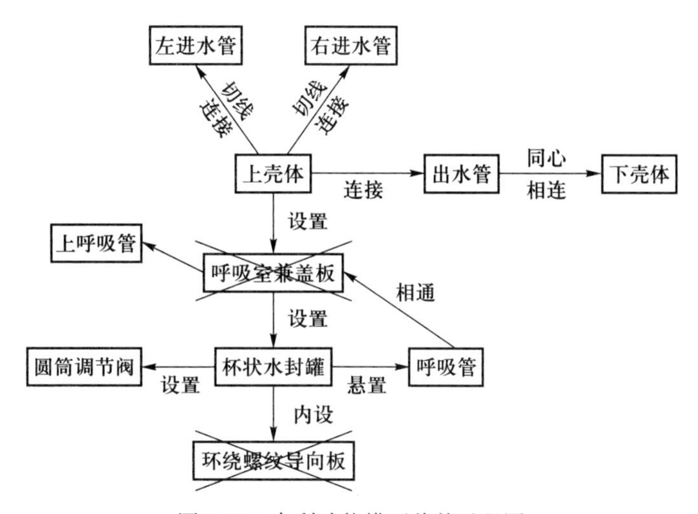

图 3.12 专利功能模型裁剪过程图

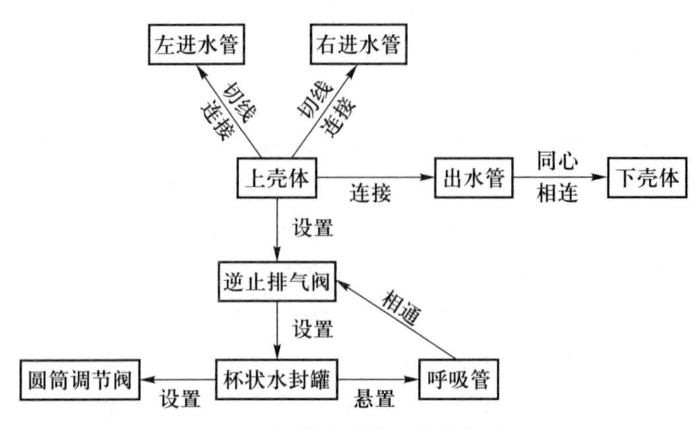

图 3.13　专利功能模型裁剪结果图

两者的区别如下：

区别一：被控侵权的技术方案缺少环绕螺纹导向板（缺少必要技术特征）。

区别二：被控侵权的技术方案中的呼吸装置为逆止排气阀，只能呼气不能吸气（不构成等同特征）。

结论："区别一"未侵犯全面覆盖原则，"区别二"未触犯等同原则。两个功能单元组合而成的技术方案应用了路径 A1 与路径 D2 的结合，虽不侵权但技术效果变劣，属于第一层次的专利规避设计方案。

【案例二】申请再审人沈其衡与被申请人上海盛懋交通设施工程有限公司侵犯实用新型专利纠纷案（中华人民共和国最高人民法院民事裁定书（2009）民申字第 239 号）。

涉案原型专利是名称为"汽车地桩锁"的实用新型专利（专利号为 00263355.8），专利权人沈其衡，涉案专利的权利要求 1 为：一种汽车地桩锁。其特征在于：它由底座（1）、芯轴（2）、活动桩（3）和锁具（4）构成，所述底座（1）固定在地面上，所述活动桩（3）通过芯轴（2）与底座（1）相连，活动桩设有供锁具插入的孔。

原型专利的功能模型图如图 3.14 所示。

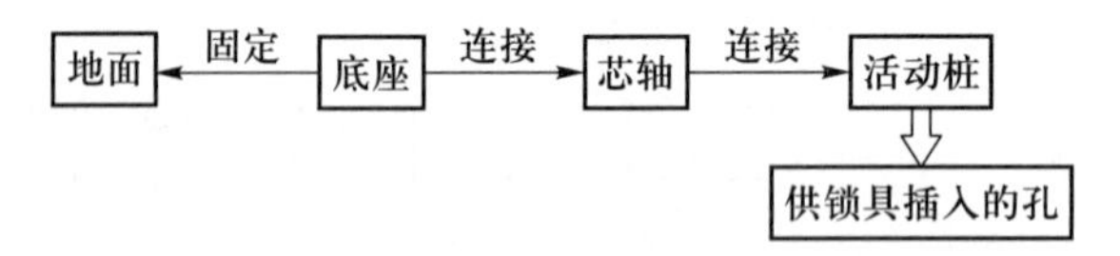

图 3.14　"汽车地桩锁"专利的功能模型图

被控侵权的产品是对原型专利的规避，选择规避路径 G，拆解原专利中某个元件"活动桩"，改变结果是：拆为两个一字形的活动杆，左活动杆的一端通过芯轴可转动地固定在底座上，右活动杆虽然没有直接连接在底座上，而是与左活动杆的另一端活动连接，但是转动右活动杆可将其完全纳入左活动杆的凹槽中，此时左右活动杆整体呈一字形，并可以芯轴为中心在底座上转动。

选择规避路径 I，查找原型专利在审查及行政诉讼中为保证专利权的有效性做出的解释档案，并用其代替某个执行元件。根据第 37 号行政判决以及第 8127 号决定中有关涉案专利新颖性、创造性的认定，专利权人解释：涉案专利与现有技术的区别在于，涉案专利的锁具在锁定时是整体插入到活动桩上的孔中，开启时整体从活动桩上的孔中拔出，不需要其他的紧固件将锁具与活动桩或者底座连接；而现有技术仅有锁舌插入锁板上设置的孔中，并且需要紧固件将车位锁固定。正是基于上述的区别，审查决定维持涉案专利权有效。被控侵权产品利用路径 I 对原型专利变形的结果是：利用审查底档中元件代替执行元件，采用“无论在开启还是锁定时，被控侵权产品的锁具始终固定在底座上”的技术方案。

通过上述两个路径的改变，裁剪过程及裁剪结果如图 3.15 及图 3.16 所示。

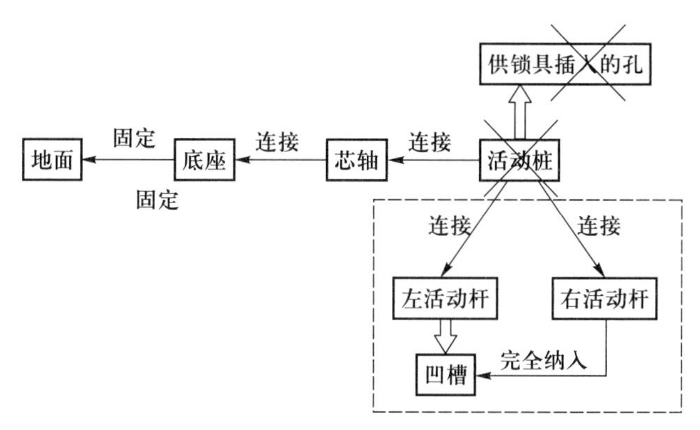

图 3.15　专利功能模型裁剪过程图

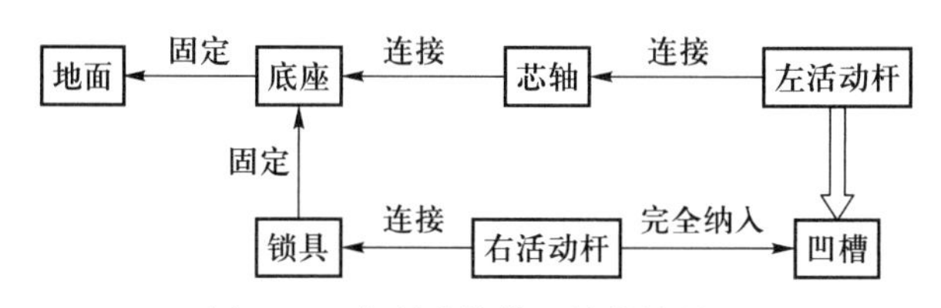

图 3.16　专利功能模型裁剪结果图

被控侵权产品与原型专利的区别为：

区别一：原型专利活动桩的具体结构是“一个呈一字形的零件”。被控侵权产品包括两个一字形的活动杆，左右活动杆整体呈一字形，并可以芯轴为中心在底座上转动。

区别二：原型专利的锁具活动桩上设有供锁具插入的孔，可将锁具从活动桩的孔中整体取出，而被控侵权产品的锁具无论在开启还是锁定时，始终固定在底座上。

经过法院审判，结论是：关于区别一，左、右活动杆为可活动地固定在底座上的一字形零件，该方案用近似相同的手段，实现基本相同的功能，是本领域普通技术人员不用付出创造性劳动就可以联想到的，不是规避路径 G 中所述的拆分为非组合等同元件，因此被法院判定触犯等同原则；区别二利用权利人在专利行政诉讼程序中对权利要求所做的限缩性解释技术方案，采用的是规避路径 I，被法院判定不触犯等同原则。两个功能单元的组合结论是不侵权，验证了专利制度约束的专利规避路径的可行性，属于第一层次专利规避设计方案。

【案例三】申请再审人河北鑫宇焊业有限公司与被申请人宜昌猴王焊丝有限公司侵害发明专利权纠纷案(中华人民共和国最高人民法院民事裁定书(2013)民申字第1201号)。

鑫宇焊接有限公司是名称为"高强度结构钢用气体保护焊丝"发明专利的独占许可使用权人。本案专利权利要求1为:一种高强度结构钢用气体保护焊丝。其特征在于,由下列质量分数的元素C:0.04~0.12、Mn:1.2~2.20、Si:0.40~0.90、Ti:0.03~0.20、V:0.03~0.06、B:0.002~0.006、S<0.025、P<0.025,余量为铁及其不可避免的杂质构成。其功能模型可以简化为图3.17所示。

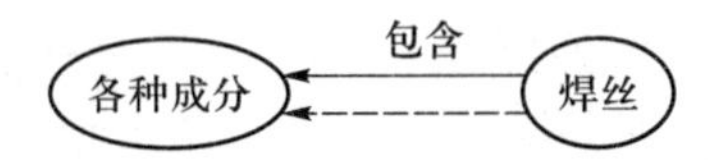

图3.17 "高强度结构钢用气体保护焊丝"的功能模型图

专利原型为封闭式权利要求书,选择规避路径M,针对封闭式权项在不删减任何技术特征的情况下增加执行元件而不侵权的特点。企业可以添加其他有利及有用的元件或者元素,如果有更好的技术效果或者能够克服原有的缺点,则可以获得第二层次的专利规避设计方案。

本案被控侵权的技术方案在原有的技术方案基础上只增加了镍(Ni)元素,含量为0.049,用功能图表示如图3.18所示。

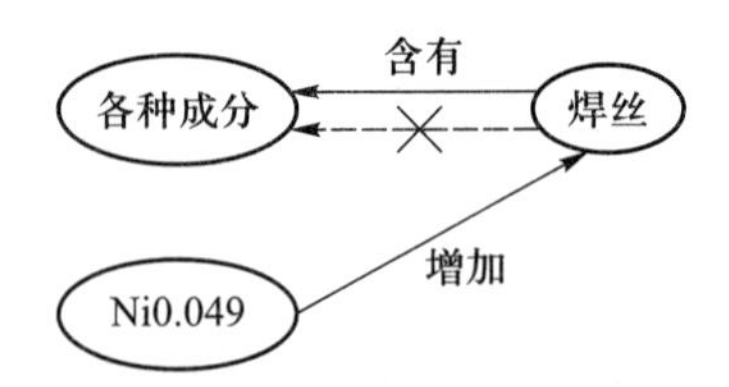

图3.18 专利裁剪后的功能模型图

最终法院判决:封闭式权利要求是一种特殊类型的权利要求,其以特定措辞或者表达限定了其保护范围仅包括权利要求中明确记载的技术特征及其等同物,排除了其他组分、结构或者步骤。因此,对于封闭式权利要求,如果被诉侵权产品除具备权利要求明确记载的技术特征之外,还具备其他特征,应当认定侵权产品未落入权利要求的保护范围。因此,被诉侵权产品未落入本案专利权的保护范围,验证了路径M的有效性。

【案例四】申请再审人北京市捷瑞特弹性阻尼体技术研究中心与被申请人北京金自天和缓冲技术有限公司、王菡夏侵犯实用新型专利纠纷案(中华人民共和国最高人民法院民事裁定书(2013)民申字第1146号)。

本案捷瑞特弹性阻尼体技术研究中心是名称为"快进慢出型弹性阻尼体缓冲器"的实用新型专利的权利人。本案专利权利要求1为:一种快进慢出型弹性阻尼体缓冲器,主要由套筒座、承接头、活塞,弹性阻尼体和密封装置组成。其特征在于:在承接头的内腔中装入弹性阻尼体将活塞与活塞杆相连接,装入承接头的内腔之中,将缸盖与承接头连接成一整体,沿活塞圆周部位设置单向限流装置,压缩行程时单向限流装置打开,回复行程时单向限流装置关闭,活塞外径与内腔之间留有间隙。该实用新型的目的在于提供一种受冲击载荷后,可迅速缓冲并能吸收大部分撞击能量,然后缓慢稳定回复,保护设备,有效降低噪声的一种快进慢出型弹性阻尼体缓冲器。

针对原型专利的区别技术特征,绘制“单向限流装置”的功能单元结构图,如图 3.19 所示。

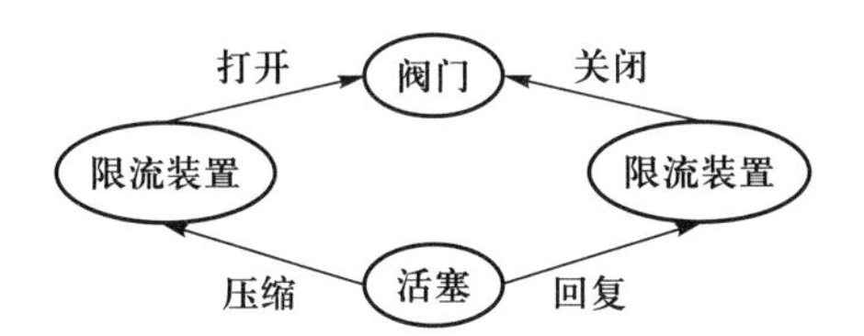

图 3.19　“快进慢出型弹性阻尼体缓冲器”的功能模型图

被控侵权产品设计选择规避路径 L,即针对原型专利的区别技术特征所对应的功能单元,采用作用关系相反的技术手段。

设计结果是:在单向限流装置上采取了压缩行程时关闭、回复行程时打开的安装方式,实现的是承撞头慢进快出的效果。裁剪过程及实现结果如图 3.20 及图 3.21所示。

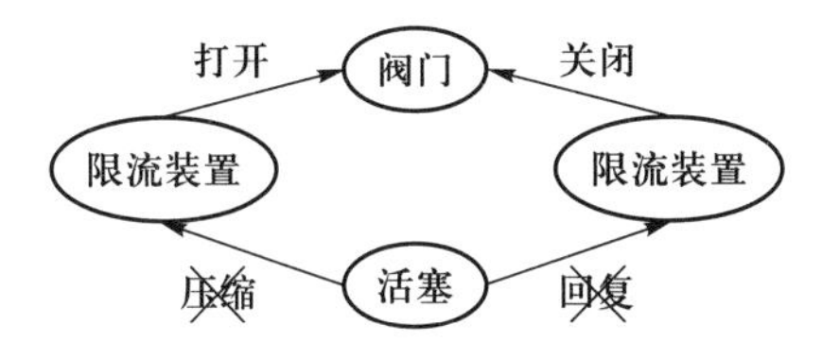

图 3.20　专利功能模型裁剪过程图

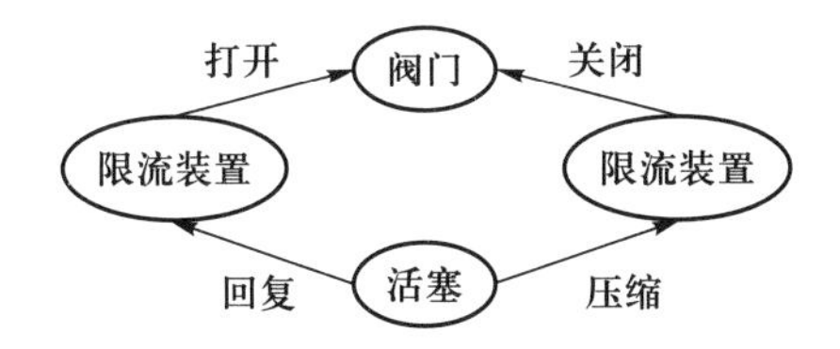

图 3.21　专利功能模型裁剪结果图

最终法院判决被诉侵权产品在单向限流装置的安装方式上与本案专利权利要求 1 限定的安装方式既不相同,也不等同,没有落入本案专利权保护范围。

【案例五】申请再审人浙江乐雪儿家居用品有限公司与被申请人陈顺弟、一审被告、二审上诉人何建华、第三人温士丹侵害发明专利权纠纷案(中华人民共和国最高人民法院民事裁定书(2013)民申字第 225 号)。

原型专利为:布塑热水袋的加工方法,布塑热水袋由袋体、袋口和袋塞所组成,所述的袋体……其特征在于:第一步:……;第二步:……;……第十步:将密封垫片和螺纹塞盖互相装配后旋入螺纹塞座中;第十一步:充气试压检验,向热水袋充入压缩空气,进行耐压试验;第十二步:包装。

对原型方法专利分析其优缺点之后,选择路径 O:改变方法专利的步骤顺序,产生具有实质性效果的技术差异。

被控侵权方案将步骤十和步骤十一互换,步骤十变成充气试压检验,向热水袋充入压缩空气进行耐压试验;步骤十一变成将密封垫片和螺纹塞盖互相装配后旋入螺纹塞座中。

按照原专利方案的步骤进行操作,在进行充分充气试压检验时,必须要从螺纹塞座中旋下螺纹塞盖后方能进行。与被诉侵权方法所采用的先试压检验后再装配螺纹塞盖的步骤相比,原专利操作步骤实质上是增加了充气试压检验的操作环节,导致操作时间延长,效率降低。而被控侵权方案将步骤十和十一调换后,产生了减少操作环节、节省时间、提高效率的技术效果。产生的技术效果差别是实质性的。最终,法院判决改变后的技术方案不构成侵权。

3.5 专利高约束评价及专利管理

3.5.1 研发成果专利评价与专利管理的必要性

在企业实际运作过程中对产品整个生命流程伴随着专利评价及专利管理。专利评价控制创新成果的有效性,专利管理推动创新成果的价值实现。

专利成果评价在产品研发过程中起到出口控制的作用。在研发初期确定研发方向后,对某个研发方向的现有技术进行进一步的专利检索,以避免走弯路;在研发过程中结合 TRIZ 挖掘出多个创新设想时,需要针对这些创新设想作进一步的新颖性评价,以明确哪些设想具备新颖性;对具备新颖性的设想进行进一步详细研发,或者对已经检索出的单一相似专利进行进一步的方案调整以实现规避设计;对最终的设计结果进行创造性等级评价,以决定用何种知识产权形式进行保护。

对不同层次成果的保护策略及专利布局属于专利管理工作的一部分。从以下一些问题中看出,两者对于产品全流程的规避设计具有重要的作用:

(1) 有些创新成果经规避设计后仍存在侵犯他人专利权的可能性,未经正确评价流向市场,不但不能给企业带来利润,反而造成侵权的巨大损失。

(2) 有些成果创新级别比较低,但是商业价值却很大,若不及时申请专利易使竞争对手通过反向工程或者研发获得,从而失去独占权利的可能性。

(3) 有些创新成果对企业重要性较低,企业通过专利保护这种形式耗费财力和人力,但是被其他企业抢先申请又会对自己造成影响。

(4) 有些创新成果能够在较长时间内保持领先,并且较长时间内不会出现替代性技术影响其技术的领先地位,具有较长的生命周期,如果申请专利会尽早地公开关键原理及技术点,加速其他企业的研究速度。

(5) 有些创新成果未申请合适的专利,未进行专利管理及布局,导致漏洞比较多,他人可以轻易规避,企业成果和价值无法有效实现。

通过专利评价与专利管理,最终实现保护技术创新成果、管控潜在专利风险、培育核心竞争优势的企业全流程专利规避设计的总目标。

3.5.2 研发成果的高约束评价方法

成果具有可专利性是成果有效性的保证,是成果可以推向市场的基本要求,我们称为评价的高约束。专利评价的高约束原则要求创新设计方案具备新颖性和创造性,具备可专利性。专利性评价是指评价创新成果是否具备获取专利的实质授权条件,即是否具备实用性、新颖性及创造性。规避设计方案满足较低的制度约束仅使创新方案不侵权,需要满足较高的制度约束才可使创新方案能够获得专利,从而获得第二层次及第三层次的设计方案。

3.5.2.1 专利新颖性评价

《专利法》对专利新颖性作出了明确规定:新颖性是指在申请日以前没有同样的发明创造或者实用新型在国内外出版物上公开发表过、在国内公开使用过或者以其他方式为公众所知,也没有同样的发明或者实用新型由他人向国家知识产权局提出过申请。基于此,提出了新颖性的审查原则,如表 3.8 所示。

表 3.8 专利新颖性审查原则

序号	审查原则	具体内容
1	单独对比	将被审查的发明或者实用新型各项权利要求的技术方案与每一项现有技术或者申请日前的现有技术或抵触申请的专利文件中相关的技术内容单独比较;不得将其与几项现有技术或者抵触申请专利文件中披露的技术内容的组合,或者与一份对比文件中的多项技术方案所披露的技术内容的组合进行对比
2	对比文件全文比较	将被审查的发明或者实用新型各项权利要求的技术方案与作为现有技术或者抵触申请的对比文件全文(权利要求书和说明书)中的任一技术内容单独进行对比
3	同样的发明或者实用新型	技术领域相同,客观上实际解决的技术问题相同,技术方案和预期效果实质上相同,则认定两者为同样的发明或者实用新型。不具备新颖性的几种情况:区别仅仅是惯用手段(手段相同,所起的作用相同)的直接置换;区别仅在于采用上位概念来代替下位技术手段;区别仅在于其中所采用的以数值或以连续变化数值范围限定的技术特征

基于规避方案的功能模型,进行新颖性评价。以某项分功能 T_1 为例来说明,设该分功能可分解为 A 和 B 两个功能元,每个功能元有相应的等同词 A′和 B′。依据不同专利数据库的要求,构筑(A * m or A′ * n) and(B * p or B′ * q)布尔逻辑检索式。其中,“ * ”表示截词符,m、n、p、q 代表指定数量的不同字符,在检索英文文献

中经常使用,例如,automo * 表示 automotive 或 automobile,但 automa * 4 表示 automation,而不是 automatically。进行专利检索,检索现有技术中与解决分功能及功能元的技术问题相关的技术方案,构建整个方案的新颖性检索策略表,如表 3.9 所示。最后,完整方案的检索式为各项分功能检索式的"与"关系,即"and"关系。依据专利新颖性审查原则,以检索结果为对比文件对设计结果的新颖性进行检核,从而实现对规避方案的新颖性评价。

表 3.9　新颖性检索策略表

解决的主要技术问题		是什么?	布尔逻辑检索式
分功能 T_1	A	等同词(A′)	(A * m or A′ * n)and(B * p or B′ * q)
	B	等同词(B′)	
分功能 T_2	C	等同词(C′)	(C * m or C′ * n)and(D * p or D′ * q)

3.5.2.2　专利创造性评价

发明专利的创造性必须有突出的实质性特点和显著的进步。所谓突出的实质性特点,就是从该技术领域的技术发展的历史纵向上看,本发明与已有技术相比,具有使该领域技术产生突出的实质性变化的特点。所谓的突出的实质性变化是指发明产生的变化不是技术正常发展的那种一般变化,而是产生突变,形成阶跃式变化。因此,这种变化不是表面和形式上的简单变化,发明须具有技术实质内容的变化,使得原有技术从正常发展轨道阶跃到新的发展轨道,使技术达到一个新的高度,从而改变技术发展的一般进程,如图 3.22 所示。

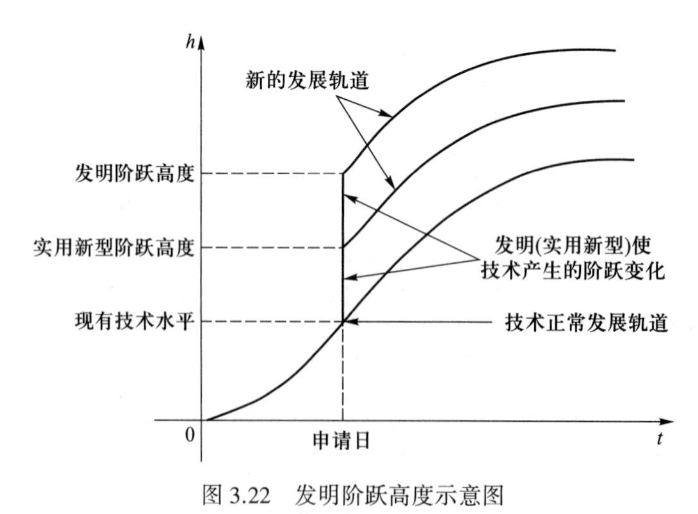

图 3.22　发明阶跃高度示意图

事实上,一项技术的发展正是由这些阶跃所组成,如图 3.23 所示。

实质性特点要求发明具有"非显而易见性",发明人主观上必须付出创造性劳动,而不是所属技术领域普通技术人员按现有技术进行叠加或组合或平移所能得到

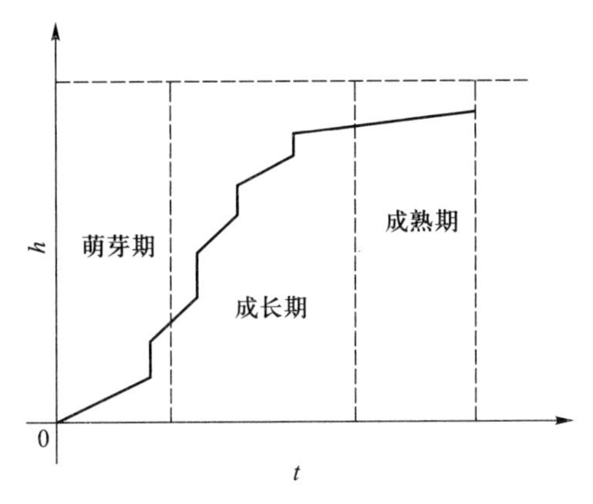

图 3.23　技术发展图

的,也不是通过逻辑分析、推理和例行试验的必然结果。

所谓的“显著进步”,是指发明与最接近的现有技术相比具有足够的长进,这种进步表现在或克服现有技术的不足和缺点,或具有明显的技术效果。

从法律角度看,创造性的判断过程有三个步骤:

(1) 检索到最接近的现有技术;

(2) 与最接近的现有技术相比具有哪些区别技术特征;

(3) 该区别技术特征是否是非显而易见的,且具有明显的技术效果。

该法律判断过程比较明确清晰,但创造性是一个模糊的概念,“非显而易见性”和“明显的技术效果”这些概念具有一定的模糊性,难以进行具体评价。评价创造性,应该从技术角度尝试定量衡量。考虑到模糊数学通过引入隶属函数的概念,用[0,1]区间的一个数来度量对象对某个模糊概念的符合程度,为研究这种具有模糊状态的事物提供了有力的数学工具。因此,本节采用模糊数学的方法,结合专利制度约束条件,构建创造性的定量评价体系。

1. 模糊数学相关理论

1) 查理公式

设有限论域 $U=\{a_1,a_2,\cdots,a_n\}$,其模糊子集为 A,则 A 表示如下:

$$A=\frac{\mu A(a_1)}{a_1}+\frac{\mu A(a_2)}{a_2}+\cdots+\frac{\mu A(a_i)}{a_i}+\cdots+\frac{\mu A(a_n)}{a_n} \tag{3.1}$$

式中,$\mu A(a_i)$是 a_i对 A 的隶属函数,$i=1,2,3,\cdots,n$,$0\leqslant\mu A(a_i)\leqslant1$。

进行模糊判定,需确立隶属函数。

2) 隶属函数的选择基础

基于专利创造性评价定义,创造性应该有无创造性、有创造性和中间过渡三种状态。创造性因技术突变存在阶跃式变化。基于卡夫曼的《模糊子集引论》中的隶属函数,结合专利创造性评价标准,选用如下两种类型隶属函数,其函数图形如图 3.24所示,函数表达式如式(3.2)和式(3.3)所示,由此可实现对专利创造性进行评价。

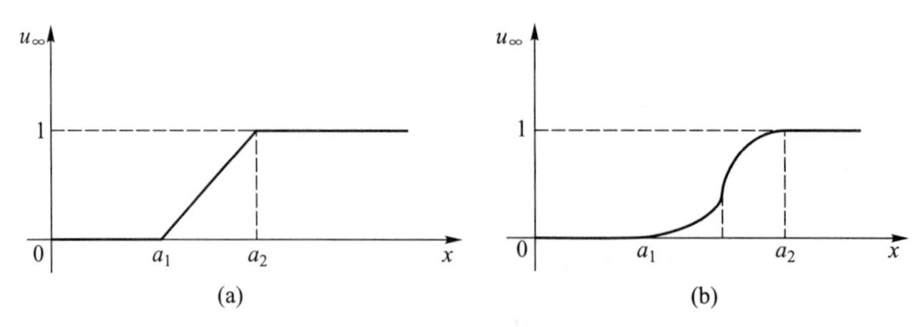

图 3.24 隶属函数图形

$$\mu(x)=\begin{cases}0 & (0\leqslant x\leqslant a_1)\\ \dfrac{x-a_1}{a_2-a_1} & (a_1\leqslant x\leqslant a_2)\\ 1 & (a_2\leqslant x)\end{cases} \tag{3.2}$$

$$\mu(x)=\begin{cases}0 & (0\leqslant x\leqslant a_1)\\ \dfrac{1}{2}+\dfrac{1}{2}\sin\dfrac{\pi}{a_2-a_1}\left(x-\dfrac{a_1+a_2}{2}\right) & (a_1\leqslant x\leqslant a_2)\\ 1 & (a_2\leqslant x)\end{cases} \tag{3.3}$$

2. 专利制度约束要素条件 X_i 的确定和取值范围

1）专利制度约束要素条件 X_i 的确定

根据实质审查的实践，约束要素条件 X_i 可确定为 X_1 发明性质、X_2 发明高度、X_3 技术效果三个。

2）专利制度约束要素条件 X_i 的取值范围

根据各种技术领域中的实际情况，确定 X_i 的取值范围。得到拟定的隶属函数式(3.2)的 X_i 取值范围，如表 3.10~3.12 所示。

表 3.10 X_1 的取值

发明性质	开拓性发明	方法发明	转用发明	要素关系改变发明
X_1	$a_2\leqslant X_1$	$a_1+0.7(a_2-a_1)\leqslant X_1<a_2$	$a_1+0.7(a_2-a_1)\leqslant X_1<a_2$	$a_1+0.6(a_2-a_1)\leqslant X_1<a_1+0.8(a_2-a_1)$
发明性质	要素组合发明	要素替代发明	要素选择发明	要素省略发明
X_1	$a_1\leqslant X_1<a_1+0.7(a_2-a_1)$	$a_1\leqslant X_1<a_1+0.6(a_2-a_1)$	$a_1\leqslant X_1<a_1+0.5(a_2-a_1)$	$a_1\leqslant X_1<a_1+0.5(a_2-a_1)$

表 3.11 X_2 的取值

文献量	0 篇	一篇		多篇	
覆盖程度	0	全部	部分	全部	部分
X_2	$a_2\leqslant X_2$	$0\leqslant X_2\leqslant a_1$	$a_1+0.6(a_2-a_1)\leqslant X_2\leqslant a_1+0.8(a_2-a_1)$	$0\leqslant X_2\leqslant a_1$	$a_1<X_2\leqslant a_1+\frac{1}{n}0.8(a_2-a_1)$ $(n\geqslant 2)$

表 3.12　X_3的取值

技术效果	无任何效果	可完成任务	一定改进效果	明显的效果	意想不到的效果
X_3	$0 \leqslant X_3 \leqslant a_1$	$a_1 \leqslant X_3 \leqslant a_1 + 0.2(a_2 - a_1)$	$a_1 + 0.2(a_2 - a_1) \leqslant X_3 \leqslant a_1 + 0.6(a_2 - a_1)$	$a_1 + 0.6(a_2 - a_1) \leqslant X_3 < a_2$	$a_2 \leqslant X_3$

表 3.10 中,“转用发明”是指将某一技术领域的现有技术转用到其他技术领域中的发明。评价仅相对于同一领域进行,因此将转用发明归为新技术方法,与方法发明的模糊度范围选择等同。

表 3.11 中,对于 X_2的取值范围,可分为以下几种情况:

(1) 当检索到 0 篇,表示为新发明、开拓性发明,发明高度极高,则 X_2取值范围为 $a_2 \leqslant X_2$。

(2) 当检索到一篇,若技术、方法等完全相符,表示毫无创造高度,属于抄袭等,则 X_2取值范围为 $0 \leqslant X_2 \leqslant a_1$。

(3) 当检索到一篇,若技术、方法等仅部分相同,而其他完全属于本人新型发明,则 X_2取值范围为 $a_1 + 0.6(a_2 - a_1) \leqslant X_2 \leqslant a_1 + 0.8(a_2 - a_1)$。

(4) 当检索到不止一篇文献,且在所检索文献中完全覆盖申请者所申请的技术、方法等,那么表示没有发明高度,则 X_2取值范围为 $0 \leqslant X_2 \leqslant a_1$。

(5) 当检索到不止一篇文献,而在所检索文献中仅有部分覆盖申请者所申请的技术、方法等,则将最接近申请者所申请技术的文献列为近似文献。与近似文献对比,不同于近似文献的部分重新用来检索,以此往复。若检索到的相关文献较多,则所申请技术的发明高度随之减小,表明获得创新性或突破性技术的概率也越小,如图 3.25 所示。

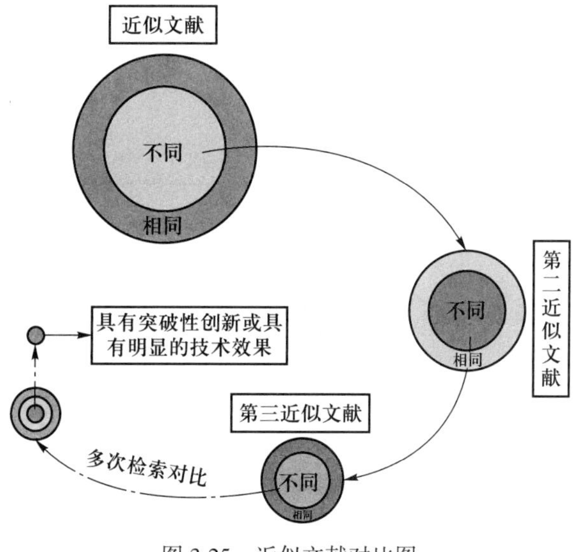

图 3.25　近似文献对比图

3. 基于成熟度预测的隶属函数常数的选择

定义与隶属函数的隶属度最贴近的一个集合 A，再根据技术领域的实际情况确定 m 值，集合 A 如下所示：

$$\mu A(x)=\begin{cases}1 & 当\ \mu A(x)>m\ 时\\0 & 当\ \mu A(x)\leqslant m\ 时\end{cases}\tag{3.4}$$

式中，m 值可根据具体领域来确定，其原则是旧的技术领域选用值要偏小，新的技术领域选用值要偏大。考虑技术领域的具体情况，确定式(3.2)隶属函数中 a_1 和 a_2。原则上，新的技术领域应选择较小的 Δa，使阶跃曲线斜率较大；旧的技术领域应选较大的 Δa，使得阶跃曲线斜率较小。

影响 m 值的因素与技术领域及技术成熟度相关，技术越成熟，m 值越小；技术越不成熟，m 值越大。笔者将 TRIZ 方法中的技术成熟度预测方法应用于 m 值的选择上，给出 m 值的取值范围，再结合行业内的经验，由行业评价者在范围内给出具体数值，使得创造性的评价较为客观。

技术成熟度预测步骤分为检索专利数据、筛选专利数据、专利分级和分类、专利汇总统计和生成曲线图，最后形成的技术成熟度预测曲线图如图 3.26 所示，随着时间的变化，分别表示为发明数量的变化曲线图、发明等级变化的曲线图以及弥补缺陷的专利(SCP)数量变化的曲线图。

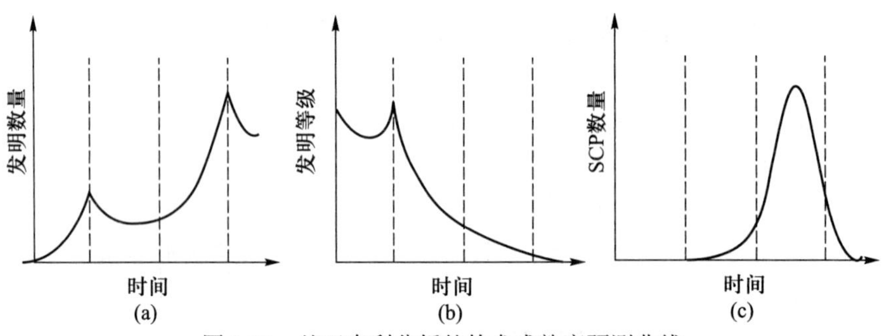

图 3.26 基于专利分析的技术成熟度预测曲线

根据技术成熟度组合判据判断技术的成熟度，如图 3.27 所示。

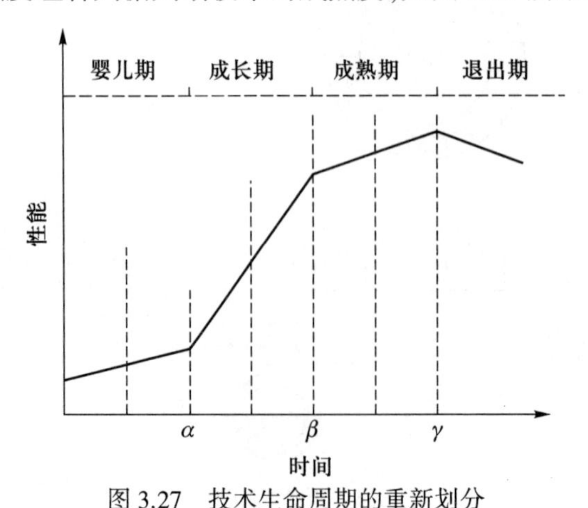

图 3.27 技术生命周期的重新划分

根据技术成熟度预测曲线,给出成熟度 m 的取值范围,如表 3.13 所示。

表 3.13　技术成熟度预测取值范围

技术生命周期	婴儿期	成长期	成熟期	退出期
m 取值范围	$0.9 \leqslant m < 1$	$0.6 \leqslant m < 0.9$	$0.3 \leqslant m < 0.6$	$0 < m < 0.3$

4. 创造性属性判断表的建立

根据法律制度约束定义,给出发明性质 X_1、发明高度 X_2、技术效果 X_3 三个要素的隶属度,建立判定创造性属性的集合基准,并对每项集合的创造性属性作出判断基准,如表 3.14 所示。

表 3.14　创造性属性判据基准表

要素	隶属度							
发明性质 X_1	1	1	1	1	0	0	0	0
发明高度 X_2	1	1	0	0	1	0	1	0
技术效果 X_3	1	0	1	0	1	1	0	0
创造性属性	有	有	有	无	有	有	无	无

表 3.14 中各集合的实际含义如下:

(1) {1,1,1}:开拓性发明,具有足够的发明高度,取得意想不到的效果。

(2) {1,1,0}:开拓性发明,或具有突出创新的方法性,或为转用性发明,具有足够的发明高度,可以完成其发明任务。

(3) {1,0,1}:有突出创新的方法性或转用性发明,发明高度不足,但具有明显的效果。

(4) {1,0,0}:为要素关系改变性或选择性、替代发明,发明高度不足,效果一般,仅可以完成其任务。

(5) {0,1,1}:为要素选择发明、省略发明或替代发明,具有足够的发明高度,可产生明显的效果。

(6) {0,0,1}:为要素选择发明、省略发明或替代发明,发明高度不足,但有相对明显的效果。

(7) {0,1,0}:为要素省略或选择性发明,有一定的发明高度,效果一般。

(8) {0,0,0}:组合、选择或省略发明,无发明高度,无明显效果。

5. 模糊度的判定

进行模糊度判定的具体步骤如下:

(1) 根据文献检索结果及对独立权利要求的分析,查表选用要素 X_i 的值,根据隶属函数,求各隶属度。即

$$\begin{cases} X_1 \rightarrow \mu A(x_1) = a \\ X_2 \rightarrow \mu A(x_2) = b \\ X_3 \rightarrow \mu A(x_3) = c \end{cases} \tag{3.5}$$

(2) 根据各隶属度，求出模糊子集

$$E = \{X_1, X_2, X_3\} \tag{3.6}$$

$$A = \frac{a}{X_1} + \frac{b}{X_2} + \frac{c}{X_3} \tag{3.7}$$

依据式(3.3)，求出与 A 最贴近的集合。

(3) 查表 3.14，判定 A 的创造性属性。

(4) 求模糊度：

(a) 求绝对汉明距离：

$$d(A,A) = \sum_{i=1}^{n} |\mu A(X_i) - \mu A(X_i)| \tag{3.8}$$

(b) 求相对汉明距离：

$$\delta(A,A) = \frac{1}{3} d(A,A) \tag{3.9}$$

(c) 汉明模糊度：

$$\gamma(A) = 2\delta(A,A) \tag{3.10}$$

(d) 将汉明模糊度 $\gamma(A)$ 与模糊度额定值 P 比较：若 $\gamma(A) < P$，则判定为有创造性；若 $\gamma(A) \geqslant P$，则判定为没有创造性。

(5) 求创造性的量化数值。

设 Q_i 为各要素权重值，经过对表 3.14 的分析，我们赋予各要素权重值 Q_i 分别为发明属性 $Q_1 = 30\%$ ，发明高度 $Q_2 = 30\%$，技术效果 $Q_3 = 40\%$，则创造性的量化数值可由式(3.11)计算

$$C = [X_1 \quad X_2 \quad X_3] \begin{bmatrix} Q_1 & 0 & 0 \\ 0 & Q_2 & 0 \\ 0 & 0 & Q_3 \end{bmatrix} \begin{bmatrix} a \\ b \\ c \end{bmatrix} \times 100 \tag{3.11}$$

3.5.2.3 确定创造性的发明等级

TRIZ 中的发明等级将设计成果分为五级，1 级到 5 级的创新级别逐级增加。其中，第一级别(Level 1)是设计人员通过经验即可解决的通常设计问题或对已有系统的简单改进；第二级别(Level 2)采用行业中已有的方法即可完成，通过解决一个技术冲突对已有系统进行少量的改进；第三级别(Level 3)用本行业以外已有的方法解决设计过程中的冲突，对已有系统有根本性的改进；第四级别(Level 4)采用全新的原理完成已有系统基本功能的新解；第五级别(Level 5)以罕见的科学原理导致一种新系统的发明。依据创造性的量化数值，查取百分制创新等级评判范围，如表 3.15 所示，可得其发明等级。

表 3.15 百分制创新等级评判范围

等级	1 级	2 级	3 级	4 级	5 级
C 取值范围	0~32	32~77	77~95	95~99	大于等于 100

以一个简单例子来验证创造性等级判定准确与否。以飞机发明为例，其发明性质、发明高度、技术效果均较高，则得到一个模糊子集{1,1,1}，其各要素隶属度分别为 1、1、1，按照创新分数计算公式计算，为 100 分，则创新等级为 5 级，为最高级别创新。

3.5.3 企业知识产权成果管理

除了专利之外，不同级别的成果会分别作为商业秘密、企业内部知识、可公开的知识等分别加以管理和使用。成果分级评价可以最大效用地实现知识及成果的保护。保证创新成果的有效，也是专利规避真正实现的重要要求。

对创新成果进行分级管理的目的是集中有限资源进行有效的保护，对不同创新成果，处理的方式和方法不尽相同。分级管理就是要考虑创新成果的最佳保护形式，确定是否申请专利。如果选择用专利方式保护后，要进一步判断专利申请类型、申请时机、地域以及专利组合数量和方法，尤其要对优秀专利、核心专利以及其组合进行布局设计，以实现对创新成果的最大保护，建立企业在市场竞争中的有利地位。

申请专利虽然能够给企业带来一定期限的垄断权利，但是并不是所有的成果都适宜申请专利。综合考虑创新成果的等级以及各种知识产权保护类型的特点，作出正确的选择，否则反而会造成负面的影响。

创新成果常见的三种保护方式是专利保护、商业秘密和防御性公开。这三种类型的创新方案具有不同的功能和特点。通过对比，企业根据需要制订适合自己的判断流程。

1. 专利保护

专利保护是一种国家公权力的保护，专利权人享有在一定期限内对获权专利排他性的实施权以及包括转让、许可等相关的附属权利。专利权是垄断权利，可以阻止他人的非授权使用。作为垄断权利的一种平衡，专利制度要求专利权人必须完全公开自己的技术。公开的程度必须是本领域的普通技术人员无需付出创造性的劳动就可以参照专利的说明书实施，如果阅读完专利说明书仍然无法完全实施，则普通公众可以主张该专利权无效。专利这种保护形式的优点是可以通过法律主张他人对自己享有垄断权的技术构成侵害，并主张损害赔偿；缺点是申请、维持专利权的成本以及主张侵权、诉讼的成本均比较高。

2. 商业秘密

商业秘密是指不为公众所知悉、能为权利人带来经济利益、具有实用性并经权利人采取保密措施的技术信息和经营信息，例如可口可乐公司饮料的秘密配方。采取商业秘密形式进行保护的优点是可以不通过技术公开这种形式来换取垄断权以及先进性,可以通过企业自己的保密措施来延缓技术为世人所知,并保持一定的先进性;缺点是如果同样的技术被其他企业或者个人开发出来并申请专利,就会阻断商业秘密所有者的使用范围,对企业的损失是不可估量的。有些成果虽然能够对原有的产品系统或性能构成重大的突破,但是竞争对手较容易通过研发获得,或者通过反向工程破译获得技术细节。属于这种情况的,不能通过商业秘密形式保护,否则生命周期短暂,且难以阻止他人的持续研发。

3. 防御性公开

近年来一些大公司采取"防御性公开"的方法来对抗专利保护的一些缺点。例如,微软每年都要公开大量的可申请专利的技术或者放弃对某些已授权专利的效力维持。其主要原因是,对某些非企业核心技术或者企业并不想花大量费用维持的技术进行公开,表面看可以供大家免费使用,但实际上是企业采取的一种策略,它阻止了其他企业就这些技术申请专利而妨碍自己的发展,那些将"防御性公开"的技术作为研发重点的企业也因为技术的公开失去了抢先申请专利而垄断技术的先机。因此,"防御性公开"也成为企业对自己的成果进行保护的一种方式。三种保护形式的特点对比如表 3.16 所示。

表 3.16　创新成果不同保护方式对比

类型	公开方式	保护方式	资源投入	举证难度
专利保护	按照法律规定的撰写要求对技术进行详细公开	享有法定保护年限和法定保护地域,享有排他权、独占权	需要专利工程师与技术人员的配合、申请、代理、维持费用比较高	除部分专利的保护对象较难举证之外,发现及举证侵权均相对容易
商业秘密	由专门人员对技术进行内部保存,不公开	不受时间和地点限制,与泄密时间、地点有关	专门人员负责保密措施、保密协定等,人员和保密措施投入大	认定侵权的难度非常大
防御性公开	企业自行确定公开内容、方式、时机,不受限制	成为社会公知,可阻止该技术被申请专利,不享有独占权、排他权	没有成本,防御性措施	不涉及侵权

不同级别的发明等级可以采用不同的知识产权保护方式。在选择时首先是筛选出需要商业秘密保护的创新成果,其次是精选出用于专利申请的技术成果,最后再考虑防御性公开的方式。具体的选择和筛选步骤如图 3.28 所示。

【步骤一】判断创新成果是否属于突破性创新。所谓突破性创新,是指该技术实现了现阶段所没有采用的原理和方法,能够带来较大的改变的创新成果。一般情况下,在较长时间内会保持领先,不会出现替代性技术影响该技术的领先地位。对于

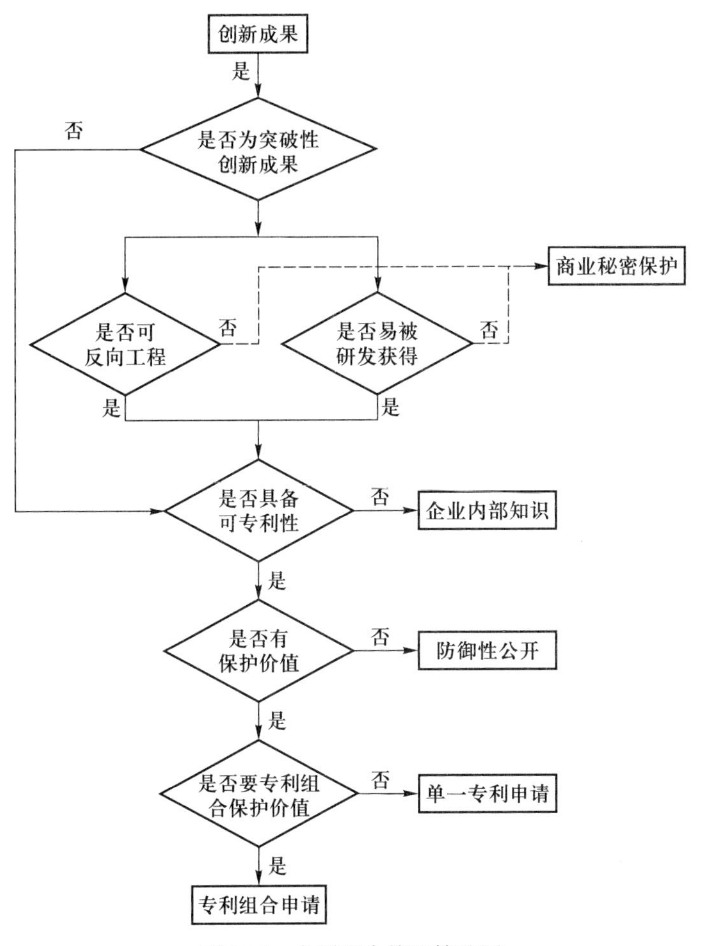

图3.28 专利组合管理筛选图

这种情况，企业当然不希望早日公开，而希望能够以商业秘密的形式保护。如果答案为“是”，则进入步骤二；如果答案为“否”，则进入步骤三。

【步骤二】判断创新成果是否可反向，工程是否易被研发获得。如果答案为“是”则进入步骤三；如果答案为“否”，则选择商业秘密保护。

【步骤三】判断那些排除用商业秘密形式保护的创新成果是否具备可专利性。如果答案为“是”，则进行步骤四；如果答案为“否”，则考虑将其作为企业的内部知识。

【步骤四】评价具备可专利性的创新成果是否具有保护价值。是否具有保护价值的判断因企业而定，企业结合自己的产品及未来发展综合判断。如果对企业来说价值比较小，则可以选择进行防御性公开，防止其他企业就该项技术申请专利；如果有保护价值，则转到步骤五。

【步骤五】判断是否要进行专利组合保护，如果答案为“否”，则进行单一专利申请；如果答案为“是”，则要进行专利组合申请。专利组合的种类详见第4章，企业应当对创新方案进行有目的的组合保护。

3.6 本章小结

本章对专利制度中影响专利规避成功的约束进行了分析,构建了专利信息阅读图及单一专利的权利地图,基于专利制度“低约束”从多层次提取了专利规避路径,最后提出了创新成果的专利性评价及专利管理的方法。制度约束分析是进行专利分析及专利规避设计的基础,也是保证设计成功的关键。

第4章 技术约束分析方法

4.1 引言

实现专利有效规避需明确规避对象,确定现有技术中的目标专利及目标专利组合。取得规避对象目标专利需从专利检索、专利分析、专利评估等方面入手,使专利规避研究的前端明晰。本章对行业内的企业进行分析,确定相关行业内的龙头领军企业及对比企业,采用专利的多维度分析、树形分析、聚类分析、离散相关数据分析等分析方法,基于不同专利组合数据关系提取不同专利组合类型,建立企业内专利组合的四维主维度图和次维度图,最后对提取的专利及专利组合进行品质与价值评估,确定专利组合的技术约束,制订相应的规避策略。

4.2 产品与专利组合的关系

产品投入市场,往往并不是对单一专利进行保护,而是将不同的专利群组合起来进行保护,甚至有些成熟的产品是由成千上万个专利进行保护,例如一款手机产品其背后有很多专利进行技术点保护支承。在专利制度约束下,一个产品或一个系统往往承载很多项专利,其技术系统的整体演进实质上是由承载一组专利的技术系统进化到承载另一组专利的技术系统,如图4.1所示。

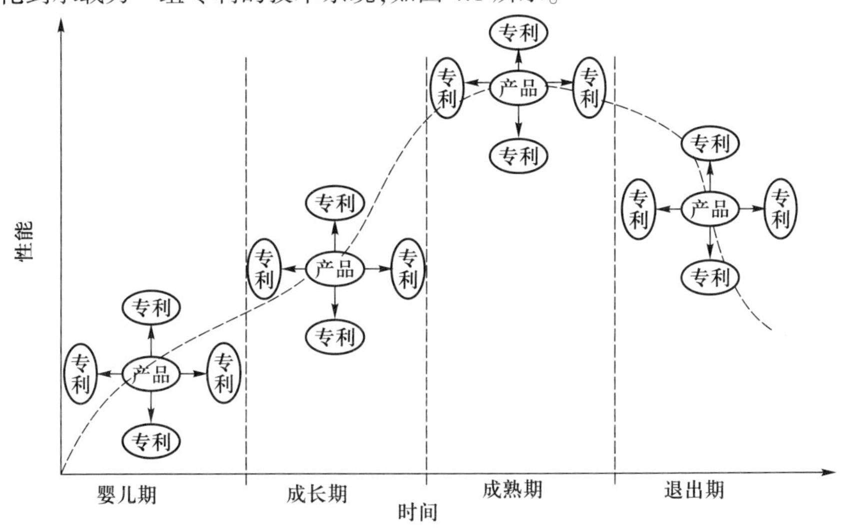

图4.1 专利制度下的技术系统整体演进过程模型

这些庞大的专利数据之间是什么关系？在保护该产品的过程中起到什么作用？解答这些问题需要明确一个产品背后的专利布局，对竞争产品的专利群及专利布局的分析能够正确地把控对手产品的技术状态，是寻找技术机会、发掘自身技术潜力、定位技术优势、分配未来研发力量的关键。

4.3 专利规避对象的检索

4.3.1 专利检索目标

目前，多数先进国家与地区均建立了专利网络查询系统，如美国专利商标局United States Patent and Trademark Office，USPTO）网站、欧洲专利局（European Patent Office，EPO）网站、日本特许厅（Japan Patent Office，JPO）网站、中国国家专利商标局网站等，这些专利检索网站的相关查询系统中涵盖了专利名称、专利号码、专利分类号、专利所有人（发明人）姓名、专利发明人地址、IPC 分类号等关键检索项。通过专利检索网站可以得到大部分的专利资讯，通过布尔逻辑运算可直接输入关键检索词命令或设置关键词检索策略，从而获得相关专利资料。

专利检索与分析对于搜集专利情报、避免重复研究具有重要的作用。现有技术研究中，一般选择现有技术整体作为检索域，通过设计检索式进行情报的搜集，但是囿于专利检索中存在一些主观与客观影响因素，专利检索结果存在一定的不足。通常采用查全率和查准率来表征专利检索结果的准确性，其表达式如下：

$$查全率=\frac{检索出的相关信息量}{系统中的相关信息总量}\times 100\%$$

$$查准率=\frac{检索出的准确信息量}{检索出的信息总量}\times 100\%$$

其中，影响专利检索的客观因素主要来自专利检索系统。专利检索系统主要包括专利数据库和专利检索软件。专利数据库数据是否经过深度加工、可否满足检索要求，数据收集范围及数据量是否全面，均为影响专利查全率的主要因素。专利检索软件的检索界面、检索入口及功能是否符合检索要求，均会影响专利的查准率。影响专利检索的主观因素主要来自检索者的检索能力。检索者运用专利检索系统及掌握检索技能的能力，如检索目的是否明确、线索是否清晰、种类选择是否正确、系统使用是否恰当、是否准确运用检索技术等，均为影响专利查全率与查准率的因素。单纯从现有技术入手进行检索，考虑到影响专利检索的客观因素和主观因素，难以实现较好的专利查全率和查准率，主要体现在：一方面，实现对所有的现有技术专利检索是不切实际的；另一方面，穷尽对现有技术方案的分析极为困难。目前，专利检索多以整体的现有技术为检索范围，集中针对某一技术来定位目标专利、挖掘技术机会，而少有针对某个产品的重点专利申请人（龙头企业）进行检索并进行深入分析。

针对行业内的竞争产品进行技术机会挖掘并进行专利规避设计的专利检索有

以下两点优势:

(1) 从点入手,针对一个竞争产品的专利布局进行检索分析,因具备整体认识而避免全面检索分析的无效。事实上,龙头企业一般具有行业领先地位,其市场的认可度已提示其产品的竞争地位,对其产品背后支撑的专利核心技术进行深入剖析,可以全面认识本行业中领先产品或者基础产品几乎全部的技术问题。以龙头企业为参照系,可更清楚地看到某产品所承载的专利战略布局,从而可更清晰地找到其技术发展脉络,还原出专利技术的竞争点。因此,只有对一个竞争企业的专利战略完整了解,才能作出正确的预警分析,才能避免对单一专利的盲目规避而缺失整体认识,才能避免对全面检索的结果失真而缺乏分析的针对性。

(2) 从面验证,挖掘出的技术机会成果可以再通过整体技术领域的检索来调整最终的技术方案以及成果的管理等问题,从而避免因前期检索范围的缩小而导致窥豹一斑,无法使成果有效。

因此,本章将行业重点专利申请人(龙头企业)及其对比企业作为专利检索目标,分析其专利布局、专利组合特点、技术发展趋势,进而确定规避目标的技术约束。

4.3.2 专利检索策略

专利检索是专利规避设计的起点,如上节所述。本节为满足专利检索目标,针对一个产品系统进行专利组合分析,特制订了如下专利检索策略:

【步骤一】确定龙头企业。

选定某领域的产品,检索国内各企业专利数据,基于二维欧氏空间企业分布图和专利活动与专利质量企业分布图(见 4.4 节),选定本领域的龙头企业以及对比企业。

【步骤二】确定研究数据域。

首先,对龙头企业及其选定产品系统的数据进行专利检索。将龙头企业及对比企业的名称作为检索项,在“智慧芽”检索网站进行检索,得到其所有专利数据;其次,将选定产品名称及主功能关键词作为另一个检索项,在龙头企业的所有专利数据库里二次检索,得到龙头企业内选定产品系统的专利数据。

【步骤三】数据筛选。

在选定产品系统的专利数据里,有“发明专利申请公布”(以“A”标记)、“发明专利授权公告”(以“B”标记)、“外观设计专利授权公告”(以“S”标记)、“实用新型专利授权公告”(以“U”标记)、“附有检索报告的国际申请说明书”(以“A_1”标记)的区分,可实现数据的初步筛选。

【步骤四】数据清洗,确定第一数据域。

考虑到因同样的发明,可同时申请发明专利和实用新型专利,实用新型先获得授权,待发明申请获得授权时要放弃实用新型专利。故依据“一件发明只能获得一项专利”的原则进行数据清洗,去掉重复数据,保留不同的专利数据。将“去重”之后的专利数据作为专利规避研究的第一数据域。

【步骤五】确定第二数据域。

在龙头企业的所有专利数据里筛选选定产品之外的其他产品专利，筛选的数据结果标定为专利规避分析的第二数据域。

【步骤六】确定第三数据域。

针对对比企业进行专利检索，在导出的所有专利数据里筛选选定产品在该对比企业的核心专利群。将对比企业的数据作为第三数据域。

【步骤七】确定第四数据域。

将选定产品系统主功能构成的关键词作为检索词在“智慧芽”专利检索软件中检索相关的专利数据，将能检索到的所有相关专利数据作为第四数据域，是后续进行专利性评价的数据域基础。

4.3.3 专利分析策略

专利分析有很多策略，包括维度分析、聚类分析、分析树分析及离散相关数据分析。维度分析通过生成几个变量获得大部分关键信息，可生动描述并有助于理解相互关系，因此将维度分析用于比较企业间数据关系以及企业内不同专利组合间数据关系；聚类分析可有效表达同属关系，是不同项之间具有相似性的依据，可实现直接分组；分析树能够很好地表现包含关系，用来描述数据分支之间的重要差异，可形成唯一的分组或允许有多个小组提供有用的分级信息，并表示多种路线。

基于此，本节针对龙头企业或者竞争企业选定产品系统的专利进行分析，采用多种分析技术进行组合实现，其分析路线如图 4.2 所示。具体步骤如下：

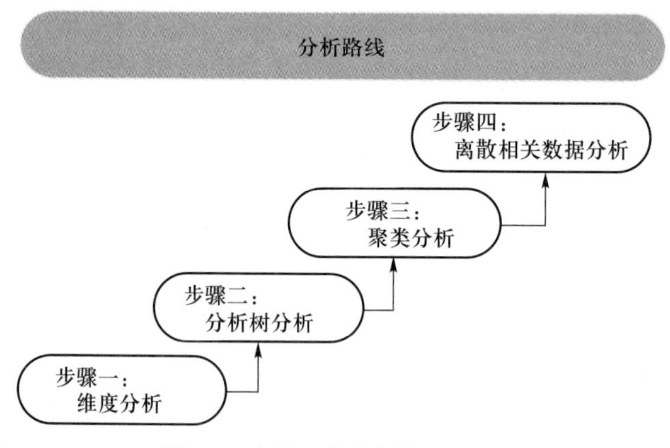

图 4.2　专利组合分析策略路线图

【步骤一】进行维度分析。

分析企业间数据关系以确定竞争企业及对比企业，分析企业内数据关系以确定不同的专利数据关系，构建企业内整体的专利组合主维度图和次维度图。

【步骤二】进行分析树分析。

针对对象企业某个产品系统整体的技术方案，按照不同维度所解决的问题构建整体产品系统的结构功能树,识别伞型专利组合。

【步骤三】进行聚类分析。

用聚类分析来搜索属于解决同一个问题的效果相同或相近的方案,建立不同问题分支的解决方案集,识别束型专利组合。

【步骤四】进行离散相关数据分析。

针对星型和链型专利组合数据关系,进行重点检索词的编制,检索离散数据,分析整体数据在星型和链型组合下的布局情况。

4.4 基于准计量多维标度法的企业间专利组合分析

研究对象企业及对比企业的选择,可以根据企业的自身情况进行选择,然后进行下一步的分析。对于庞大的竞争企业群体及数量众多的专利来说,也可以借助一些数据分析策略对企业之间的专利技术实力进行对比。对企业间专利分析的相关研究非常多,本书介绍一种通过绘制二维欧式空间企业分布图以及 RPA-RPQ 空间企业分布图来确定龙头企业及对比企业的方法。

实现不同企业间专利数据项的关系的可视化表示有助于理清其数据关系。考虑到每一个专利均为多参数数据,且企业针对某一产品又有众多专利,只能将这些专利数据在多维空间上进行可视化表示,而多维空间又不便于直观显示,因此需要对投影在多维空间上的专利数据进行降维处理,在低维空间中给出其标度或位置。多维标度(MDS)法是一种将多维空间的研究对象(样本或变量)简化到低维空间进行定位、分析和归类,同时又保留对象间原始关系的数据分析方法[101]。因此,本节引入 MDS 法对专利数据进行分析。

4.4.1 准计量多维标度法

1. 准计量性一维标度法原理

定义 ρ_{ji} 为表征 n 个对象中第 i 个与第 j 个相似性的值,ρ_{ji} 与 ρ_{ij} 可为不同值。设定相似矩阵 $\boldsymbol{P}=(\rho_{ij})_{n\times n}$,准计量性一维标度问题实为在实坐标中找寻 n 个点 x_1, $x_2,\cdots,x_n$,使 $(x_i-x_j)^2$ 能表征由 $\boldsymbol{P}$ 反映的相似性。

对于 $\boldsymbol{P}=(\rho_{ij})_{n\times n}$,求 $x_1,x_2,\cdots,x_n$,其满足如下关系式:

$$\sum_{i=1}^{n} x_i = 0 \tag{4.1}$$

$$\sum_{i=1}^{n} x_i^2 = 1 \tag{4.2}$$

同时,$x_1,x_2,\cdots,x_n$ 使得下式中 Q 达到最大值:

$$Q = -\sum_{i\neq j} \rho_{ij}(x_i - x_j)^2 \tag{4.3}$$

Q 为 $x_1,x_2,\cdots,x_n$ 的二次型,进一步将 Q 整理为二次型的规范式,令 $\rho_{ij}=1$,则

$$
\begin{aligned}
Q &= -\sum_{i=1}^{n} \sum_{j \neq i} \rho_{ij}(x_i - x_j)^2 \\
&= -\sum_{i=1}^{n} \sum_{j=1}^{n} \rho_{ij}(x_i - x_j)^2 \\
&= -\sum_{i,j=1}^{n} \rho_{ij}(x_i^2 + x_j^2 - 2x_i x_j) \\
&= \sum_{i=1}^{n} \left\{ -\left[\sum_{j=1}^{n} (\rho_{ij} + \rho_{ji}) \right] \right\} x_i^2 + 2\sum_{i,j=1}^{n} \rho_{ij} x_i x_j
\end{aligned} \tag{4.4}
$$

令

$$
a_{ii} = \rho_{ij} + \rho_{ji}, \quad i \neq j, \quad i,j = 1,2,\cdots,n \tag{4.5}
$$

则有

$$
Q = x'Ax \tag{4.6}
$$

式中

$$
\boldsymbol{A} = (a_{ij}), \boldsymbol{x} = \begin{bmatrix} x_1 \\ \vdots \\ x_n \end{bmatrix} \tag{4.7}
$$

因此,在式(4.3)和式(4.4)条件下求 Q 的最大值,实质为求解由矩阵 $\boldsymbol{A}$ 生成的二次型的最大值,进而归结为求解 $\boldsymbol{A}$ 的特征向量的问题,即

$$
\boldsymbol{Ax} = \lambda \boldsymbol{x} \tag{4.8}
$$

式(4.7)中的矩阵 $\boldsymbol{A}$ 为对称阵,根据对称阵特性,有

$$
\max_{\boldsymbol{x}'\boldsymbol{x}} \boldsymbol{x}'\boldsymbol{Ax} = \lambda_1 \tag{4.9}
$$

λ_1为 $\boldsymbol{A}$ 的最大特征值,式(4.9)的解为 λ_1所对应的特征向量,令 $\boldsymbol{x}^* = (x_1^*, x_2^*, \cdots, x_n^*)$为该特征向量的 n 个坐标,一维标度问题得以解决。

实际计算中,常取适当常数 $C<0$ 对 ρ_{ij}作加常数变换,使所有的 $\rho_{ij}<0$,并用加常数变换后的ρ_{ij}代替原来的 ρ_{ij},以保证 $\boldsymbol{A}$ 的非负定性,因此其特征值皆为非负。因 $|C|$ 过大会影响计算速度,通常取

$$
C = -\max_{i,j} \rho_{ij} \tag{4.10}
$$

2. 准计量性多维标度法

在构建由标度点形成的空间时,常期望在能充分反映原始(非)相似性度量数据的同时,能够在多维度下对研究对象进行多角度分析研究,即多维空间标度问题。而相应数学问题的实质就是要寻求如下所示的一个 $n \times p$ 阶矩阵:

$$
\boldsymbol{X} = \begin{bmatrix} x_{11} & \cdots & x_{1p} \\ \vdots & & \vdots \\ x_{n1} & \cdots & x_{np} \end{bmatrix} = \begin{bmatrix} \boldsymbol{x}'_{(1)} \\ \vdots \\ \boldsymbol{x}'_{(n)} \end{bmatrix} = [\boldsymbol{x}_1 \quad \boldsymbol{x}_2 \quad \cdots \quad \boldsymbol{x}_p] \tag{4.11}
$$

式中,行向量 $\boldsymbol{x}'_{(i)}$ 表示第 i 个标度点的坐标($i=1,2,\cdots,n$);列向量 $\boldsymbol{x}_k$表示 n 个标度点的第 k 个坐标($k=1,2,\cdots,p$)。

类比一维情形,要求矩阵 $\boldsymbol{X}$ 中元素满足如下条件:

$$\bar{x}_k = \frac{1}{n}\sum_{i=1}^{n} x_{ik} = 0, \quad k = 1,2,\cdots,3 \tag{4.12}$$

同时,要求 $\boldsymbol{X}$ 中各列正规直交,即

$$\boldsymbol{x}'_k \boldsymbol{x}_l = 1 \tag{4.13}$$

任意两标度点在 P 维空间中的距离的平方为

$$d_{ij}^2 = \sum_{k=1}^{p} (x_{ik} - x_{jk})^2 = \|\boldsymbol{x}_{(i)} - \boldsymbol{x}_{(j)}\|^2, \quad i,j = 1,2,\cdots,n \tag{4.14}$$

为使所构建多维标度空间中标度点间距离与原相似性度量 P_{ij} 空间中距离尽可能接近,在式(4.13)和式(4.14)条件下,使 Q 取得最大值,Q 表达式如下:

$$\begin{aligned} Q &= -\sum_{i\neq j}\sum_{i\neq j}\rho_{ij} d_{ij}^2 \\ &= -\sum_{i\neq j}\sum_{i\neq j}\rho_{ij}\sum_{k=1}^{p}(x_{ik} - x_{jk})^2 \\ &= -\sum_{k=1}^{p}\sum_{i\neq j}\sum_{i\neq j}\rho_{ij}(x_{ik} - x_{jk})^2 \\ &= \sum_{k=1}^{p}\boldsymbol{x}'_k \boldsymbol{A}\boldsymbol{x}_k \end{aligned} \tag{4.15}$$

与一维情形类似,使 Q 达到极值的 p 个向量,即所需要求解的 $\boldsymbol{x}_k(k=1,2,\cdots,p)$,亦即 A 的前 p 个最大特征值所对应的正交特征向量。由这些特征向量所构成的 $n\times p$ 阶矩阵 $\boldsymbol{X}=(x_1,x_2,\cdots,x_p)$ 的各行向量即为 n 个点在 P 维空间中的坐标。

3. 准计量性多维标度法的具体实现步骤

【步骤一】分析实际问题,确定研究对象的相似性度量;

【步骤二】必要时对原始的相似性度量加常数变换,使变换后矩阵非负定,并仍以 ρ_{ij} 表示;

【步骤三】根据 ρ_{ij} 构造对称矩阵 $\boldsymbol{A}$;

【步骤四】求矩阵 $\boldsymbol{A}$ 的特征值及所对应正交特征向量组,选取前 p 个最大特征值所对应的特征向量 $\boldsymbol{\xi}_1,\boldsymbol{\xi}_2,\cdots,\boldsymbol{\xi}_p$;

【步骤五】取 $\boldsymbol{x}_k=\boldsymbol{\xi}_k(k=1,2,\cdots,p)$,构造 P 维空间,矩阵 $\boldsymbol{X}=(\boldsymbol{x}_1,\boldsymbol{x}_2,\cdots,\boldsymbol{x}_p)$ 的 n 个行向量即为所求各对象点在 P 维空间中的标度;

【步骤六】根据对象点的空间分布情况,分析对象点标度的实际含义。

4.4.2 基于准计量多维标度法的企业专利分析步骤

【步骤一】企业专利数据检索。

基于专利检索数据库,根据技术领域设置检索关键词,进行专利数据检索;对所得到专利数据进行降噪处理,排除不相干专利干扰;进一步对专利进行归类,如去除实用新型专利与发明专利的重复专利等,并识别专利规避目标企业,作为分析的 n 个样本企业。

【步骤二】定义企业专利参数变量。

针对专利分析样本企业,定义参数变量,以便从不同角度表征各企业的专利活动及专利质量。

(1) 相对专利活动 RPA:企业专利申请量与样本企业平均专利申请量之比,即

$$\mathrm{RPA}_i=\frac{A_i}{\frac{1}{n}\sum_{i=1}^{n}A_i} \tag{4.16}$$

式中,RPA_i为第 i 家样本企业相对专利活动;A_i为第 i 家企业专利申请量。

(2) 专利授权率 GP:企业已授权专利量与企业申请专利量之比,即

$$\mathrm{GP}_i=\frac{G_i}{A_i} \tag{4.17}$$

式中,GP_i为第 i 家样本企业专利授权率;G_i为第 i 家样本企业已授权专利量。

(3) 有效专利率 VP:企业有效专利量与企业专利申请量之比,即

$$\mathrm{VP}_i=\frac{V_i}{A_i} \tag{4.18}$$

式中,VP_i为第 i 家样本企业有效专利率;V_i为第 i 家样本企业有效专利量。

(4) 技术范围 TR:企业所申请专利中专利 IPC 分类号小种类可用于表征企业所申请专利涉及的技术领域范围。

(5) 同族专利平均被引用率 PFCR:企业所申请专利的同族专利被引用专利量与同组专利数量之比,即

$$\mathrm{PFCR}_i=\frac{\mathrm{PFC}_i}{\mathrm{PF}_i} \tag{4.19}$$

式中,PFCR_i为第 i 家样本企业同族专利平均被引用率;PFC_i为第 i 家样本企业所申请专利的同族专利被引用专利量;PF_i为第 i 家企业所申请专利的同组专利量。

(6) 专利平均引证频率 CR:企业所申请专利中所引用专利之和与企业专利申请量之比,即

$$\mathrm{CR}_i=\frac{C_i}{A_i} \tag{4.20}$$

式中,CR_i为第 i 家样本企业专利平均引用率;C_i为第 i 家样本企业申请专利中所引用专利之和。

(7) 平均专利质量 PQ:企业专利授权率与专利平均引证频率之差,即

$$\mathrm{PQ}_i=\mathrm{GP}_i-\mathrm{CR}_i \tag{4.21}$$

式中,PQ_i为第 i 家样本企业平均专利质量。

(8) 专利强度 PS:企业平均专利质量与专利申请量之积,即

$$\mathrm{PS}_i=\mathrm{PQ}_j\times A_i \tag{4.22}$$

式中,PS_i为第 i 家企业专利强度。

(9) 技术增长潜力率 DGR:企业前 k 年专利申请量与后 k 年专利申请量之差除以 k,即

$$\mathrm{DGR}_i = \frac{\sum_{j=1}^{k} A_j - \sum_{j=k+1}^{2k} A_j}{k} \tag{4.23}$$

式中,DGR_i 为第 i 家企业技术增长潜力率;A_j 为第 i 家企业第 j 年专利申请量,当前时间为第一年。

【步骤三】构建相似关系矩阵。

基于专利参数变量定义,对步骤一得到的样本企业专利数据进行分析,将样本企业专利组合参数化,获得的企业专利参数值如表 4.1 所示,并进一步建立相似关系矩阵,见式(4.24)。

表 4.1 企业专利参数值

样本企业编号	RPA	GP	VP	TR	PFCR	CR	PQ	PS	DGR
S_1	RPA_1	GP_1	VP_1	TR_1	$PFCR_1$	CR_1	PQ_1	PS_1	DGR_1
S_2	RPA_2	GP_2	VP_2	TR_2	$PFCR_2$	CR_2	PQ_2	PS_2	DGR_2
⋮					⋮				⋮
S_i	RPA_i	GP_i	VP_i	TR_i	$PFCR_i$	CR_i	PQ_i	PS_i	DGR_i
⋮					⋮				⋮
S_n	RPA_n	GP_n	VP_n	TR_n	$PFCR_n$	CR_n	PQ_n	PS_n	DGR_n

$$\begin{bmatrix} \rho_{11} & \rho_{12} & & \cdots & & & \rho_{1n} \\ \rho_{12} & \rho_{22} & \rho_{23} & & \cdots & & \rho_{2n} \\ \vdots & & & \vdots & & & \vdots \\ \rho_{i1} & \rho_{i2} & \cdots & \rho_{ii} & \rho_{i(i+1)} & \cdots & \rho_{in} \\ \vdots & & & \vdots & & & \vdots \\ \rho_{n1} & \rho_{n2} & & \cdots & & & \rho_{nn} \end{bmatrix} \tag{4.24}$$

表 4.1 中,n 家样本企业的专利参数数据可组成一个 $n \times n$ 阶矩阵 $\boldsymbol{W}$。

$$\boldsymbol{W} = (w_{ij}) \tag{4.25}$$

取

$$\rho_{ij} = \sum_{a=1}^{n} w_{ai} w_{aj}, \quad i \neq j \tag{4.26}$$

$$\rho_{ij} = - \sum_{i \neq j} \rho_{ij} \tag{4.27}$$

令矩阵 $\boldsymbol{P} = (\rho_{ij})$,$\boldsymbol{P}$ 为 $n \times n$ 阶对称矩阵。

【步骤四】求解矩阵 $\boldsymbol{P}$ 的特征值和特征向量。

为便于直观分析,采用二维标度法,用 MATLAB 软件可计算出矩阵 $\boldsymbol{P}$ 的最大和次大特征值所对应的特征向量 $\boldsymbol{\zeta}_1$ 和 $\boldsymbol{\zeta}_2$。以两特征向量为坐标轴构造二维欧式空间,

将 n 个样本企业再现于该二维欧氏空间,如图 4.3 所示。

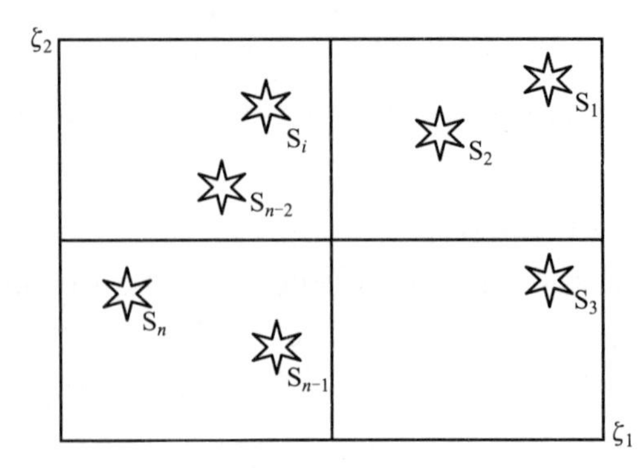

图 4.3 基于准计量性标度法的二维欧式空间企业分布图

【步骤五】分析二维欧氏空间中企业分布节点横纵坐标意义。

如图 4.4 所示,横坐标为相对专利活动 RPA,纵坐标为相对专利质量 RPQ。根据企业在此二维空间中的位置表征企业的专利策略,其中专利质量定义如下:

$$RPQ_i = \frac{GP_i + VP_i + PFCR_i - CR_i}{\frac{1}{n}\sum_{i=1}^{n}(GP_i + VP_i + PFCR_i - CR_i)} \tag{4.28}$$

将表 4.1 中各企业专利参数值依次代入式(4.16)及式(4.27),求得 n 家样本企业在此二维空间的位置分布,如图 4.4 所示。

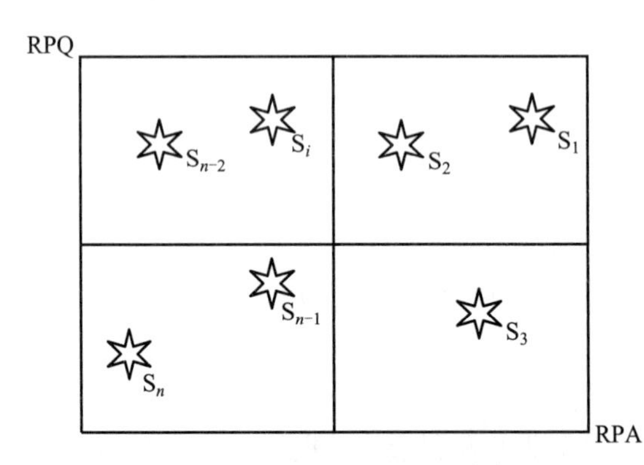

图 4.4 RPA-RPQ 空间企业分布图

对比分析图 4.3 和图 4.4,位于分布图右上角矩形区域内的企业 S_1 和 S_2,其相对专利活动较强,相对专利质量较高,认为是该领域的龙头企业,在专利规避过程中应着重加以关注。位于分布图左上角的企业 S_i 和 S_{n-2},其相对专利活动较弱,但相对专利质量较高,由此可知,这些企业申请或授权的专利数量较少,但其专利质量较高,因此其技术潜力较高,在专利规避过程中也应加以关注。位于分布图左下角矩形区域的企业 S_{n-1} 和 S_n,其专利活动较弱,专利质量较低,因此在专利规避过程中,这些企业的关注价值较低。位于分布图右下角的企业 S_3,其专利活动较强,而专利质量较低,在专利规避分析过程中,此类型企业的关注价值亦较低。

综上所述,在专利规避策略中,应着重规避位于分布图右上角矩形区域的企业 S_1 和 S_2。

4.5 基于四维图的企业内专利组合分析

分析出重点研究企业及对比企业后,分析企业内部的专利组合,以区分不同种类的专利规避对象,同时定位单一规避专利在专利组合中的位置和作用,从而确定专利规避对象。本文以选定的机械产品系统为例,通过建立针对一个产品系统的主维度图和次维度图,以四种不同种类专利组合数据关系提取企业的一个产品系统的各种专利组合。

4.5.1 专利组合类型及其数据关系

不同的专利对产品的保护起到的作用不同,将起到同一类作用的专利划分为一类专利群,或称专利组合。专利组合指某企业或机构所拥有的具有某种关联数据关系的专利集合。

数据之间的关系可以按照相关关系特点分为包含关系、同属关系和混合关系。同属关系具有关联性,会有部分重合,表示数据中的共同事件(拥有共同的关键词);包含关系是指一些数据完全包含在另一些数据中;混合关系则兼备包含关系与同属关系的属性。数据关系类型如图 4.5 所示。

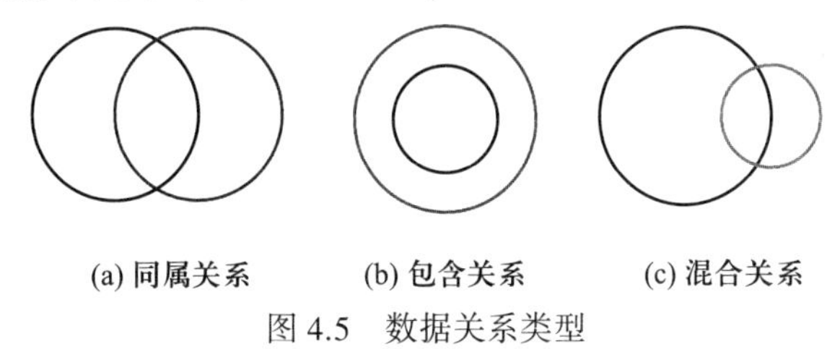

(a) 同属关系　(b) 包含关系　(c) 混合关系

图 4.5　数据关系类型

根据不同的专利保护作用,通常将专利组合分为伞型、束型、链型和星型四类。

1. 伞型专利组合

伞型专利组合以某一产品系统保护为目标,由产品系统中不同问题模块的解决方案构建多个专利,形成互补关系的专利组合。伞型专利组合中的专利相互之间是互补性的关系,互补性专利在企业中发挥的作用是对自身的核心和基本方案实现多角度、全方位的有效保护。具体而言,一个产品系统由实现不同分功能的多个部件构成,各部件下的专利解决了多个不同的技术问题,不同技术问题解决方案的专利构成伞型专利组合,共同成为支撑产品系统的专利技术壁垒。互补性专利是伞型专利组合的特征之一,其中专利间的互补数据关系如图 4.6 所示, A 为某产品专利,B 为 A 的互补专利,将 A 专利与 B 专利组合使用形成的产品比使用 A 专利技术形成的产品具有更好的技术效果。同理,C 和 D 为 A、B 的互补性专利,可以各自技术优势与原专利系统进行组合使用。

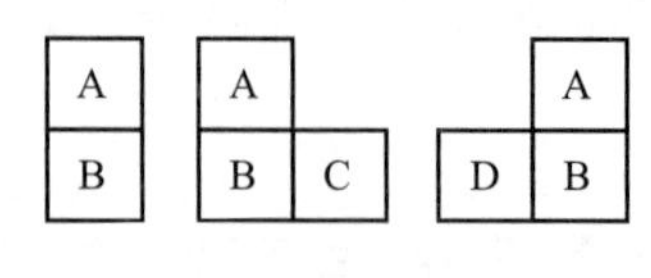

图 4.6　伞型专利组合

2. 束型专利组合

束型专利组合中专利间的关系为同属关系，各专利间具备竞争性。从产品系统的总体和部件不同维度出发，束型专利包括 B 型组合和 C 型组合。其中，B 型组合围绕核心专利总功能，由解决同一问题而采用不同原理的专利组成，构成竞争性的束型专利组合；而针对核心专利的关键部件或元件或特征件，提出不同结构方案而形成的专利组合为 C 型组合，如图 4.7 所示。竞争性专利在企业中发挥的作用是能够实现对某项技术的专利规避或者储备前瞻性专利。

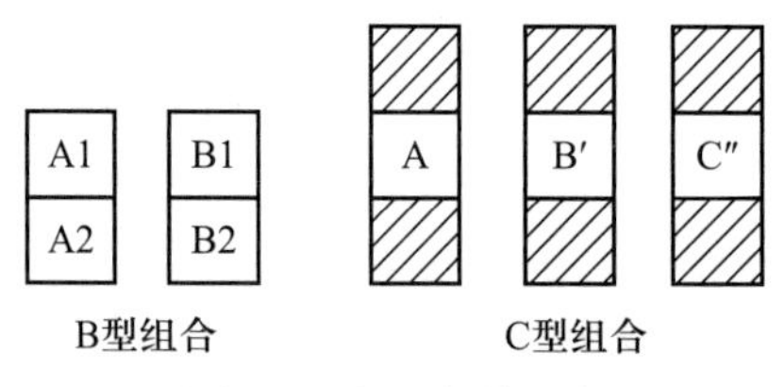

图 4.7　束型专利组合

3. 链型专利组合

链型专利组合成员为对核心或基本专利方案起到配套与支撑作用的相关技术专利。链型专利组合的上下游技术专利在技术控制作用上相互依赖，可拓展产业链影响，减少终端产品受他人专利制约的情况，其专利间数据关系构成 D 型组合，如图 4.8 所示。链型专利组合中的成员为延伸性专利，增加了企业对产业链的影响力。

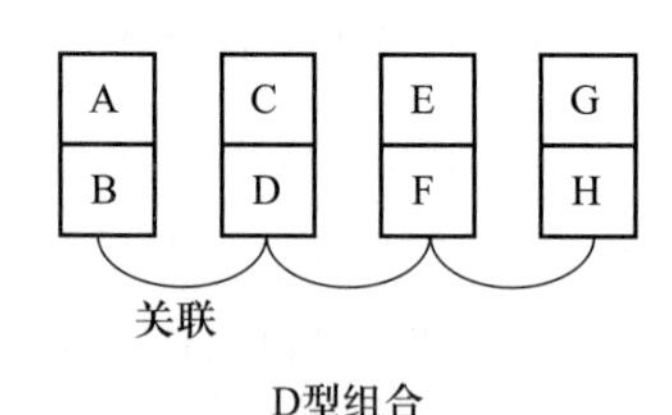

图 4.8　链型专利组合

选择表征链型专利组合内不同特点的详细信息，进一步揭示链型专利组合的数据关系，如图 4.9 所示。链型专利组合内有五大类专利：与产品系统本身相关的专利挖掘，包括零件组、机构、设备及产品（Ⅰ）；与产品制造相关的专利挖掘，包括制作方法及工艺设计、制造设备及测试设备（Ⅱ）；与产业链相关的产品附属品挖掘，包括原物料、中间物及末端产品（Ⅲ）；与产品销售相关的专利挖掘，包括包装及外观设计，运输、存储及销售方式（Ⅳ）；与产品维修及回收相关的专利挖掘，包括运输、存储、维修及特殊部件回收等数据关系(Ⅴ)。

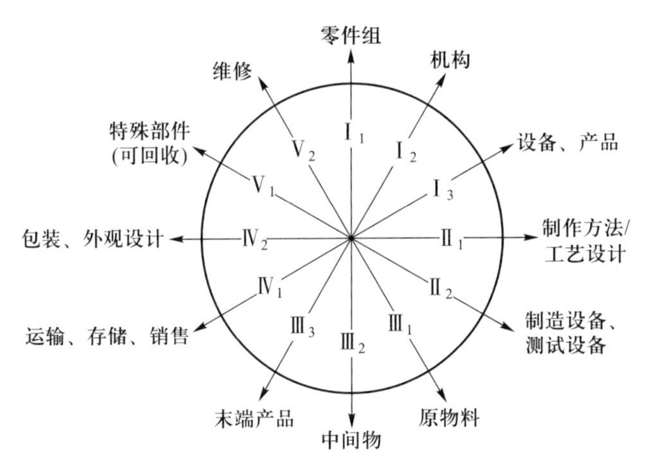

图 4.9　链型专利组合具体路线图

4. 星型专利组合

星型专利组合中专利间的技术关联为向其他应用领域扩展而衍生出的各种变形方案,组合内专利属于延伸性专利,可使企业对技术控制领域得以延伸,扩大其技术影响力。

星型专利组合专利间数据关系包括 E 型组合、F 型组合和 G 型组合。其中,E 型组合为将核心技术与其他领域的技术方案相集成而形成的系列新集成方案专利的组合;F 型组合为将核心技术应用到新领域形成系列新方案的专利组合;G 型组合为因删剪元件而形成出人意料技术效果的专利技术方案而形成的组合。星型专利组合如图 4.10 所示。

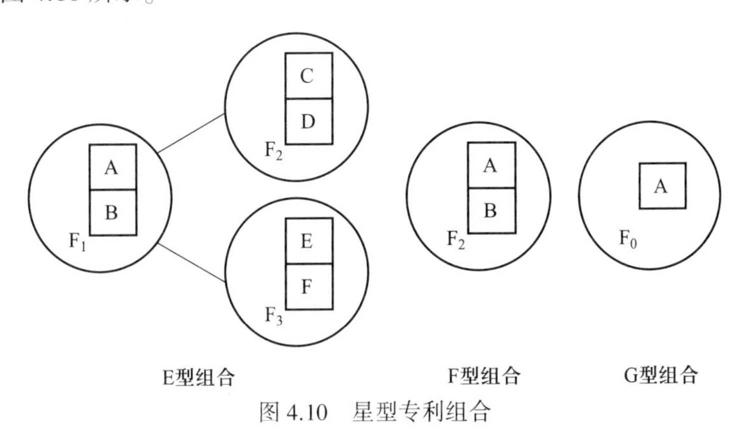

图 4.10　星型专利组合

对于机械产品专利而言,F 型及 G 型专利组合比较少见。其中,E 型专利组合的数据关系进一步分为与相似功能系统、异类功能系统及相反功能系统相集成的各类集成方案。

4.5.2 产品专利主维度图的建立

为了分析一个产品系统的专利布局，识别其背后的四类专利组合，并直观反映为专利布局图，本书特介绍一种构建专利主维度图和专利次维度图的方法来分析机械产品专利组合。其主要过程为：首先，根据产品系统内的专利解决的问题所处的总功能、分功能、子功能、功能元等不同维度，构建该产品专利的四维主维度图，将处于主维度图上的专利组合区分为伞型和束型专利组合。其次，考虑到链型专利组合多为对核心或基本专利方案起支撑与配套作用，星型专利组合多为向其他应用领域扩展而衍生出的各种变形方案，两种专利组合一定程度上超出了产品系统本身在四个维度的基本功能层上的变化，故将两者放到次维度图中，建立该产品专利的次维度图，将处于次维度图上的专利组合区分为星型和链型专利组合。本节介绍产品专利主维度图的构建。

依据具有形状构造的产品的特征，专利主维度图上共划分出四个维度，分别为：针对核心产品专利主功能实现的原始创意层（核心专利层）、针对分功能实现的部件变化层、针对子功能实现的元件变化层、针对功能元实现的特征件变化层。

伞型专利组合以某一产品系统已经解决的专利技术问题为目标，不同维度上均可以挖掘出新的问题，而针对新问题形成的专利方案可以构成原专利的互补性专利，故伞型专利组合可以位于不同的维度，并能够根据部件变化层已经解决的问题数量把部件分为不同的扇形区域。

考虑到束型专利组合包含 B 型组合和 C 型组合，其分别为从产品系统总体和不同维度出发对系统作出的不同部位的改进所形成的竞争性方案，故束型专利组合可分布于专利主维图的四个维度区域。

因此，对检索到的专利数据进行分析，依据专利组合关系，识别出伞型、束型专利组合类型，绘制出专利组合的主维度图。其具体的构建过程如下：

【步骤一】标定核心专利层。

筛选第一数据域的最早专利，提取对象企业选定产品系统的最早专利，尤其是发明专利，将数据结果标定在专利组合主维度图的核心专利层。

【步骤二】识别伞型专利组合

伞型专利组合中各专利为面向不同问题模块提出的专利技术方案。对前引专利具备依赖性，因此可以利用分析树对其关系进行提取。

以最早专利群所对应的产品系统为依据，建立总功能的输入输出模型，如图 4.11所示，以及产品系统的部件构成图如图 4.12 所示。

图 4.11 总功能的输入输出模型

在第一数据域下筛选汇总每个部件模块下的专利。假设其有 A、B、C 三个部件

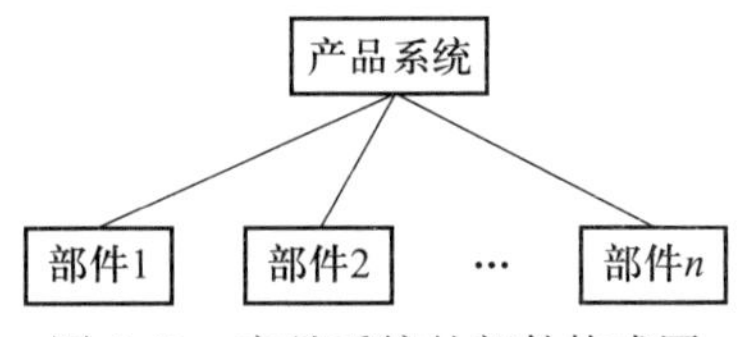

图 4.12　产品系统的部件构成图

组成,检索各个部件下的专利,得到不同部件下的专利群{A} = { A_1、A_2、···、A_n},{B} = { B_1、B_2、···、B_n},{C} = { C_1、C_2、···、C_n}。

针对各专利部件中的专利所解决的具体问题进行分析,确定已有解决方案的问题模块,并建立针对每个部件内的专利集合的专利-问题对应。以产品系统中部件 A 为例,设部件 A 中涉及的专利群为 A_n,则其对应的技术问题集为 T_n,表明部件 A 下存在 T_n 个已发现的系统问题。每个部件形成的问题集合表示为:{T_A} = { A-T_1、A-T_2、···、A-T_n},{T_B} = { B-T_1、B-T_2、···、B-T_n},{T_C} = { C-T_1、C-T_2、···、C-T_n}。由此,得到该产品系统的伞型专利组合,如图 4.13 所示。

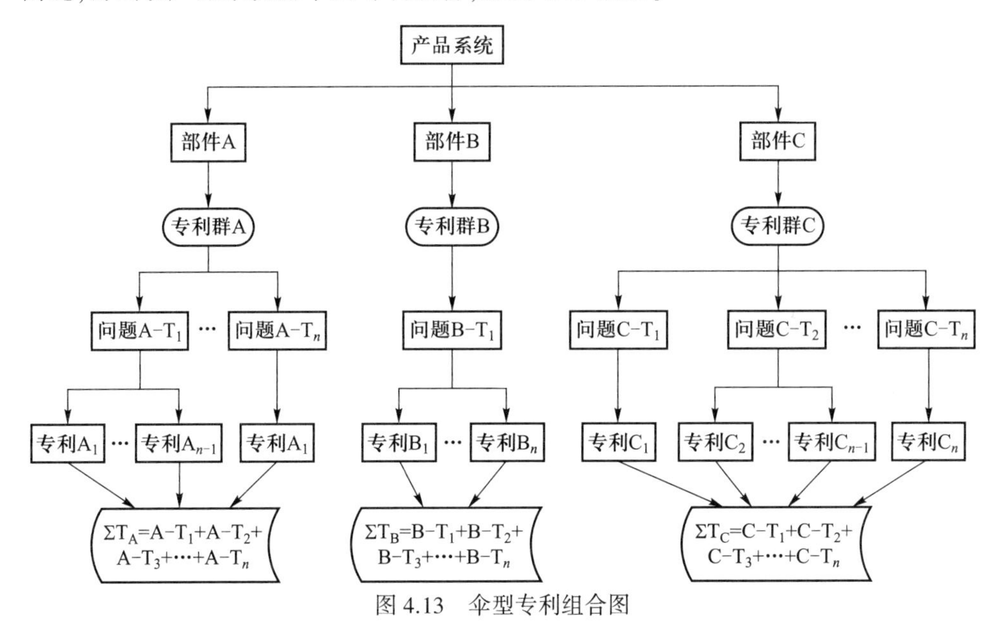

图 4.13　伞型专利组合图

【步骤三】识别束型专利组合。

针对每个问题模块,识别解决相同问题的不同方案的束型专利组合。设其包含 A、B、C 三个部件,建立其问题模块与专利解决手段模块及解决方案的维度之间的对应关系,其中问题的解决手段用 W 来表示,维度用 D 来表示,处于部件层的维度用 SA 表示,处于元件层的维度用 SC 表示,处于特征件层的维度用 CP 表示。部件 A 内 T_1 问题模块下专利 A_1 的解决方案及所处的维度表示为 T_1-W_1(A_1)-D。建立基于聚类分析的束型专利组合识别表,如表 4.2 所示。

【步骤四】绘制主维度图。

以一个具备{A、B、C、D}四个部件构成的产品系统为例,说明主维度图的构建过程。

表 4.2　基于聚类分析的束型专利组合识别表

部件	问题(T)	手段 $W_1(P)$-维度 D	手段 $W_2(P)$-维度 D
A	T_1	$W_1(A_1)$-D	$W_2(A_2)$-D
	T_2	$W_1(A_7)$-D	$W_2(A_4)$-D
B	T_3	$W_1(B_1)$-D	$W_2(B_4)$-D
	T_4	$W_1(B_5)$-D	$W_2(B_3)$-D
C	T_5	$W_1(C_1)$-D	$W_2(C_4)$-D
	T_6	$W_1(C_6)$-D	$W_2(C_5)$-D

首先,依据产品核心专利方案中四个部件的专利,将主维度图整体划分为四个区域{A、B、C、D}。其次,根据每个部件区域的专利问题集合{T_A}、{T_B}、{T_C}、{T_D}在主维度图上划分相应数量的扇形区域,例如 A 部件下的专利问题集合为{A-T_n}={ A-T_1、A-T_2、…、A-T_n},将 A 区域划分为 n 个扇形区域,每个扇形区域对应相应的问题模块,分别为扇形区域 A-T_1、A-T_2、…、A-T_n,将每个问题模块的专利解决方案标号在相应的扇形区域内,同时考虑到不同专利所解决问题的维度差异,将解决方案标定在不同维度内。

每个部件下的专利可构成面向某个问题的束型专利组合,不同部件所构成的不同扇形区域之间形成互补关系的伞型专利组合。故每个维度上均由不同层级的束型专利组合和伞型专利组合构成,建立的机械产品专利组合主维度图如图 4.14 所示。

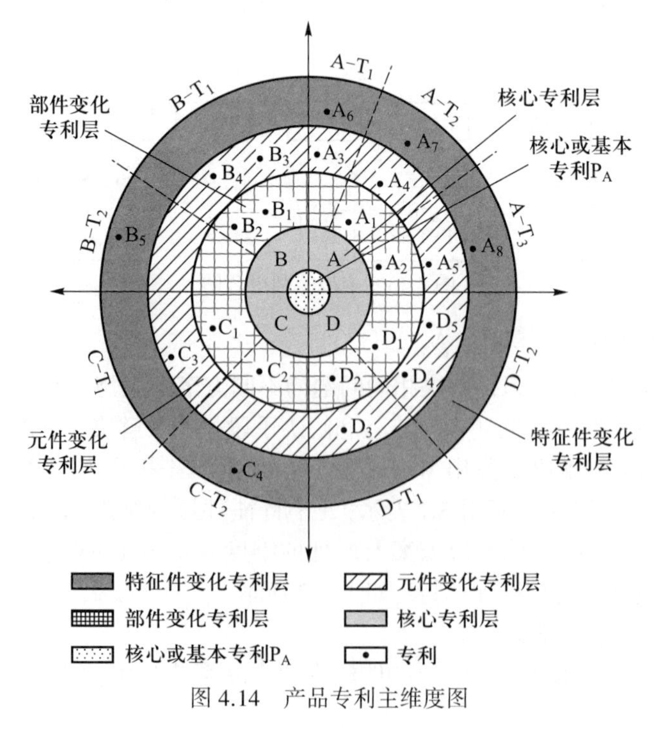

图 4.14　产品专利主维度图

4.5.3 机械产品专利次维度图的建立

机械产品专利次维度图围绕核心或基本专利的延伸而开展,相应地也划分为四个维度,分别为:由链型专利组合构成的外围支撑性专利层、由星型专利组合构成的集成方案层、目标企业内其他产品系统的重要专利层、对比企业内集成方案的重要专利层。通过绘制次维度图,可对选定产品系统的支撑性专利及延伸性专利的整体布局有直观的认识,并能够为星型及链型专利组合规避提供具体的启发数据。

具体构建过程如下:

【步骤一】识别链型专利组合。

如前所述,链型专利组合为与上下游技术相关,对核心或基本专利方案起到配套、支撑作用的相关技术专利。因此,首先建立上下游关键技术的关键词数据表,该表由规避路径、具体路径及关键词组成,如表 4.3 所示。

表 4.3 链型专利组合五条路径的关键词列表

规避路径	具体路径	关键词(以擦玻璃机器人为例)
路径 Ⅰ	$Ⅰ_1$:零件组	部件 A、部件 B、部件 C、部件 D……
	$Ⅰ_2$:机构	凸轮机构、齿轮机构……
	$Ⅰ_3$:产品	产品 1、产品 2、产品 3……
路径 Ⅱ	$Ⅱ_1$:制作方法/工艺设计	生产方法、制作过程工艺、装配方法、某个零件的生产方法、某部件的装配方法、提高质量的制造工艺方法……
	$Ⅱ_2$:制造设备/测试设备	零件制造设备、整机制造设备、测试机器或产品的方法及设备……
路径 Ⅲ	$Ⅲ_1$:原物料	生产设备的零件、生产原材料、必须供给品……
	$Ⅲ_2$:中间物	组装好的机构、部件……
	$Ⅲ_3$:末端产品	装配好的整机……
路径 Ⅳ	$Ⅳ_1$:运输、存储、销售方式	机器设备的运输方法、存储方法及特殊的销售方法……
	$Ⅳ_2$:包装、外观设计	外观设计、包装工艺……
路径 Ⅴ	$Ⅴ_1$:特殊部件; $Ⅴ_2$:回收; $Ⅴ_3$:维修	维修检测设备、废物利用、回收方法……

依据相关关键词,在第一数据域内进行检索,筛选出相应的链型数据关系,建立专利组合的部件-链型路径分析图,如图 4.15 所示。通过该图,可分析针对竞争企业选定产品的链型专利系统现有的布局情况,并将结果标定在次维度图的“外围支撑性专利层”。

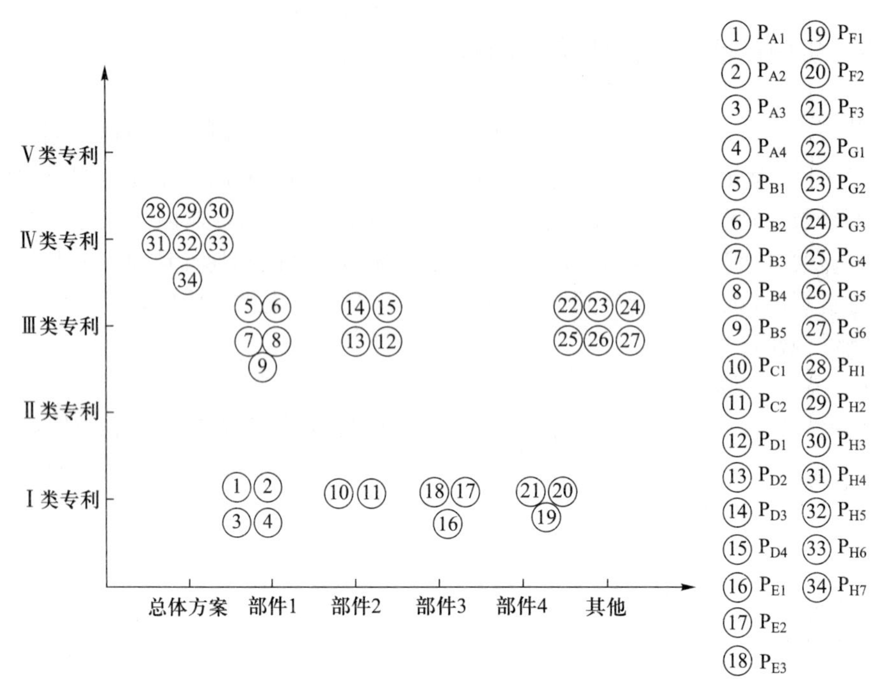

图 4.15　部件-链型路径分析图

【步骤二】识别星型专利组合。

星型专利组合中专利间的技术关联系为向其他应用领域扩展而衍生出的各种变形方案,组合内专利属于延伸性专利。因此,在第一数据域中检索与星型专利各集成方向结合而成的集成方案,并将数据列在表 4.4 中的第二列;在第二数据域检索各集成方向上已有产品系统专利,并将数据列在表 4.4 中第三列;在第三数据域中检索对比企业的集成技术方案,并将数据列在表 4.4 中第四列;筛选星型专利组合的数据关系,并建立三条路径的筛选结果,如表 4.4 所示。

表 4.4　星型专利组合情况筛选表

星型专利组合集成方向	本企业内部专利检索(选择第一数据域)	本企业内部专利检索(选择第二数据域)	整体检索已有整合方案(选择第三数据域)
1. 相似功能系统、相似或者互连操作系统	第一数据域中与该集成方向相集成的方案专利 $I-P_1$、$I-P_2$、…、$I-P_n$	第二数据域在该集成方向上的现有专利 $M-P_1$、$M-P_2$、…、$M-P_n$	检索第三数据域与该方向的产品集成的技术方案 $D-P_1$、$D-P_2$、…、$D-P_n$
2. 异类功能系统	第一数据域中与该集成方向相集成的方案专利 $I-P_1$、$I-P_2$、…、$I-P_n$	第二数据域在该集成方向上的现有专利 $M-P_1$、$M-P_2$、…、$M-P_n$	检索第三数据域与该方向的产品集成的技术方案 $D-P_1$、$D-P_2$、…、$D-P_n$
3. 相反功能系统	第一数据域中与该集成方向相集成的方案专利 $I-P_1$、$I-P_2$、…、$I-P_n$	第二数据域在该集成方向上的现有专利 $M-P_1$、$M-P_2$、…、$M-P_n$	检索第三数据域与该方向的产品集成的技术方案 $D-P_1$、$D-P_2$、…、$D-P_n$

【步骤三】绘制次维度图。

用采集的数据绘制专利组合次维度图,如图 4.16 所示。

考虑到链型专利组合的路径Ⅰ、路径Ⅱ、路径Ⅲ、路径Ⅴ的专利数据已从另一个角度考虑标定在主维度图上,在次维度图上仅标注路径Ⅱ和路径Ⅳ,其中路径Ⅳ的重复标注是从链型专利组合角度来凸显方法类专利与结构类专利的区别,因此将第一数据域内筛选的有关链型专利组合的路径Ⅱ及路径Ⅳ的专利数据标定在次维度图的"外围支撑性专利层";将第一数据域内筛选的核心产品专利与星型三个集成方向的产品方案相集成而成的专利数据标定在次维度图的"以核心方案为基础的集成方案层",形成专利集合为{I-P_1,I-P_2,…,I-P_3}的星型专利组合;将采集的第二数据域的重要专利数据标定在专利组合次维度图的"目标企业内其他产品系统的重要专利层",形成的专利集合为{M-P_1,M-P_2,…,M-P_n};将采集的第三数据域的重要专利数据标定在专利组合次维度图的"对比企业内相似或相同系统的重要专利层",形成的专利集合为{D-P_1,D-P_2,…,D-P_n}。

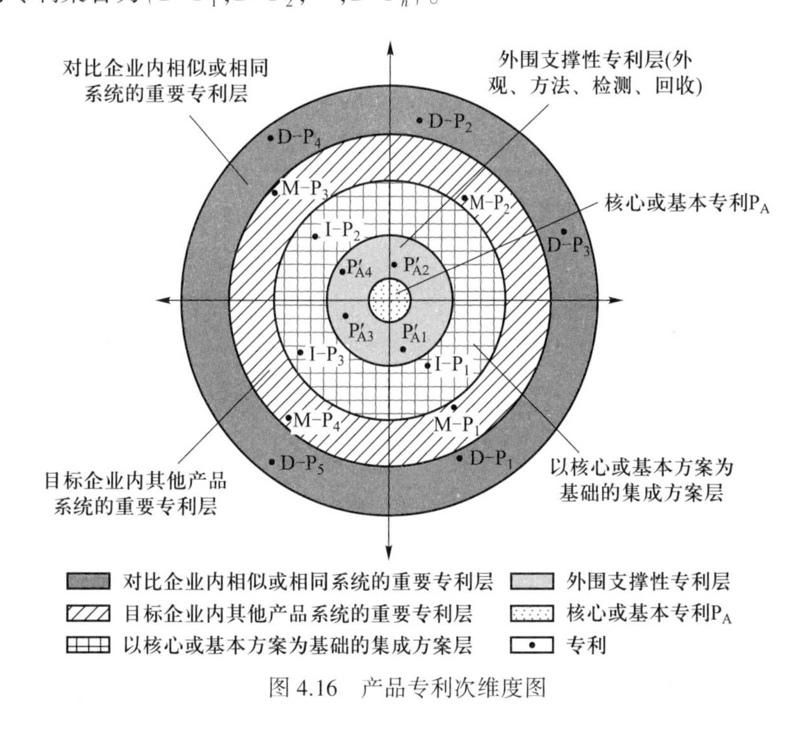

图 4.16 产品专利次维度图

4.5.4 企业内专利组合实例分析

本节选取某个企业的某个产品进行专利组合分析,以说明运用 4.5.3 节的方法构建专利地图,对了解竞争产品的现有专利组合及专利布局的状态具有重要作用。

选择产品为扫地机器人,选择专利数据库为"智慧芽"。2016 年 9 月 8 日,进入智慧芽专利检索界面进行检索,输入关键词"扫地机器人",相关专利数据庞大。经智慧芽专利软件分析,拥有"扫地机器人"专利数量排名前十的企业及数据柱状图如图 4.17 所示,对应的具体专利数量如表 4.5 所示。

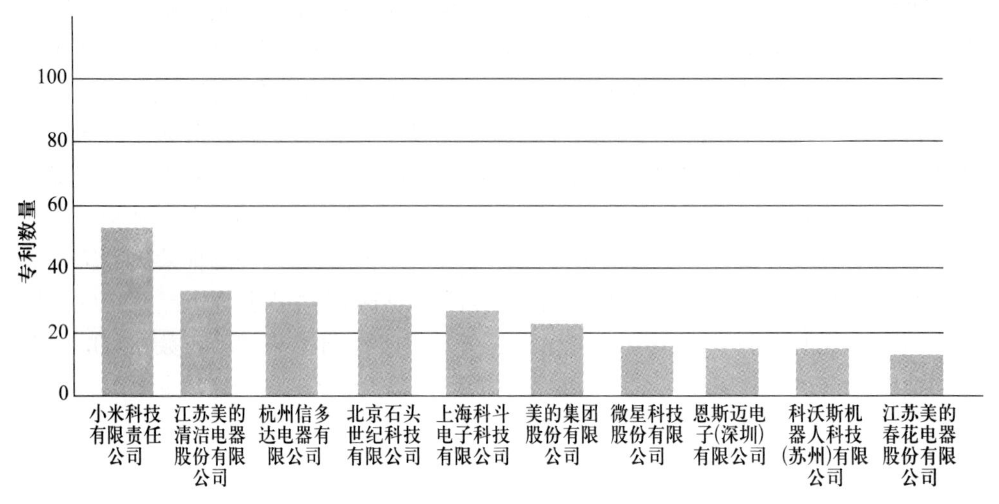

图 4.17　产品专利次维度图

表 4.5　公司专利数目对应表

申请(专利权)人	专利数量
小米科技有限责任公司	51
江苏美的清洁电气股份有限公司	34
杭州信多达电器有限公司	30
北京石头世纪科技有限公司	29
上海科斗电子科技有限公司	28
美的集团股份有限公司	24
微星科技股份有限公司	16
恩斯迈电子(深圳)有限公司	15
科沃斯机器人科技(苏州)有限公司	15
江苏美的春花电器股份有限公司	13

本节简化对企业专利实力的对比,选择专利数量最多的小米科技有限责任公司为研究对象,选定专利数量第二的江苏美的清洁电器股份有限公司为对比研究对象,进行如下分析。选择小米科技有限责任公司,过滤后得到 51 条专利。选择江苏美的清洁电器股份有限公司,过滤后得到 34 条专利。以小米科技有限责任公司为主要研究对象,以江苏美的清洁电器股份有限公司为次要研究对象,构建扫地机器人系统的主维度图和次维度图。构建过程如下:

（1）构建主维度图。

首先，选择研究对象相对早期申请的几个专利，如 CN105725931A、CN104333498A、CN105744218A，分析其基本构成。根据其总功能，将其分解为 A、B、C、D 四个分功能部件，分别为 A 部件除尘装置、B 部件行走装置、C 部件控制装置、D 部件行走装置，如图 4.18 所示。

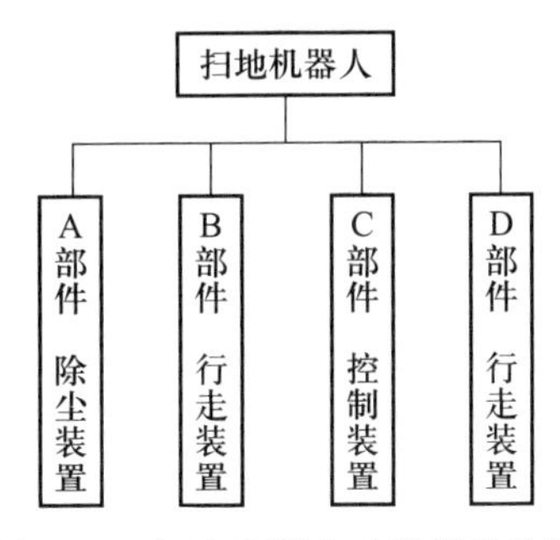

图 4.18　扫地机器人功能部件分解

【步骤一】在第一数据域下检索汇总每个分模块专利，建立伞型专利组合树形图，如图 4.19 所示。每个部件之下均包含若干个专利技术点。

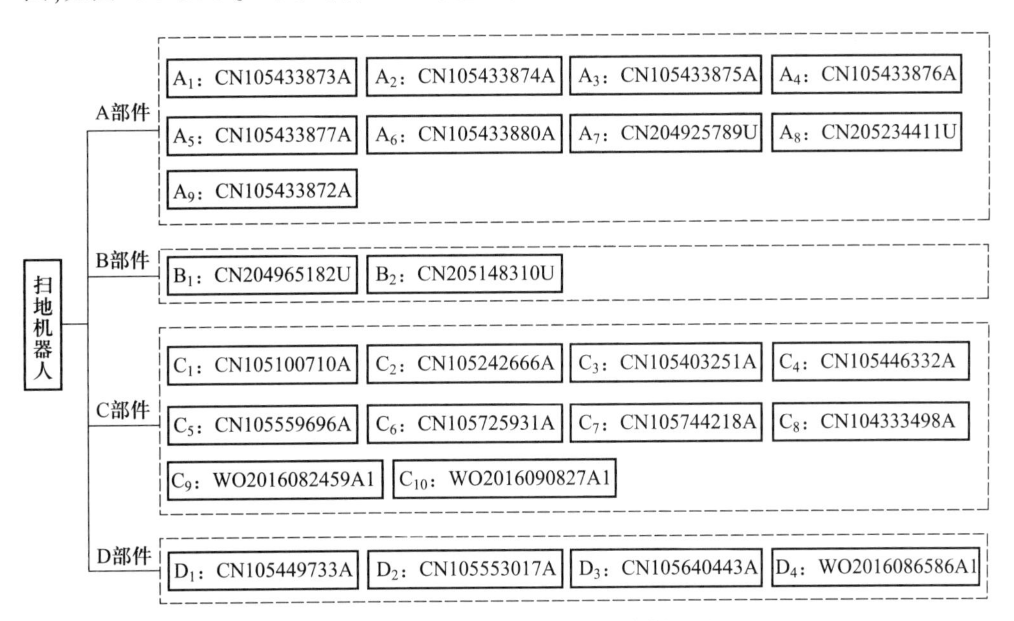

图 4.19　扫地机器人伞型专利组合树形图

【步骤二】分析每个部件下的专利成员所解决的技术问题，对已有问题模块下已经发现并予以解决的问题构建伞型专利组合问题集束表，如表 4.6 所示。目标企业 A 功能部件解决了六个问题，B 功能部件解决了两个问题，C 功能部件解决了五个问题，D 功能部件解决两个问题。

表 4.6　扫地机器人产品系统的伞型专利组合问题集束

部件	问题集束			
A	A-T_1装置进入积水区域容易导致损坏	A-T_2装置在地面有落差区域因易蒙灰而打扫不彻底	A-T_3提高垃圾储存能力,防止垃圾遗落	A-T_4提高机器人对角落的清扫能力
	A-T_5除尘装置本身的清理问题	A-T_6实现远程操作的清扫装置		
B	B-T_1扫地行走速度的问题	B-T_2扫地越障的问题		
C	C-T_1机器人自动清扫控制方法	C-T_2监测环境异常,控制清扫频率	C-T_3根据垃圾位置精确控制垃圾清理	C-T_4根据访客活动信息选择工作模式
	C-T_5控制有目的性的移动,提高工作效率			
D	D-T_1自动充电系统	D-T_2静音工作方法		

【步骤三】在每个部件模块之下识别解决相同问题的不同方案,分别建立不同部件下对某个问题现有的解决技术手段,并判断其所解决的问题属于产品系统哪个维度的问题。建立每个问题模块、解决手段模块及所处的维度三者之间的对应表,如表 4.7 所示。

表 4.7　束型专利组合问题-手段-维度对应图

部件	问题(T)	手段(W)
A	T_1	$W_1(A_1)$-SC:增加水浸传感器
	T_2	$W_1(A_2)$-CP:改变零件位置关系,提高检测准确度,克服窗口蒙灰缺点
	T_3	$W_1(A_3)$-SA:设置活动块、弹性归位部件等防止尘盒脱落、尘土外泄
		$W_2(A_5)$-CP:对集尘盒内尘物进行压缩,以便储存更多尘物
	T_4	$W_1(A_4)$-SA:设置主滚刷和侧滚刷结构,侧滚刷结构设置在夹角处
	T_5	$W_1(A_6)$-CP:滚刷仓筒内壁设梳齿,防止头发难清理
		$W_2(A_8)$-SC:设置第一防尘部,用于封堵间隙
		$W_3(A_9)$-SC:设置辅滚刷,提高清洁效率
	T_6	$W_1(A_7)$-SA:设置通信部件,配合其他部件实现远程控制操作
B	T_1	$W_1(B_1)$-SA:增加运动参数检测模块来进行适时调速
	T_2	$W_1(B_2)$-SA:增加多级微动开关,提高行走装置的通过性

续表

部件	问题(T)	手段(W)
C	T_1	$W_1(C_4)$-SA:根据空气浮尘量预估再次清扫时间,并自动完成清扫
	T_2	$W_1(C_1)$-SA:获取室内环境的数字地图,并获取移动路径,启动监控
		$W_2(C_3)$-SC:监测环境异常区域并预警
		$W_3(C_6)$-SA:获取空气质量信息,符合预设条件,进行自动清扫
	T_3	$W_1(C_7)$-SA:获取垃圾在监控中的位置信息,进行自动清扫
	T_4	$W_1(C_5)$-SA:获取待清扫区域的用户活动信息,然后选择工作模式
		$W_2(C_8)$-SA:获取访客信息,然后选择工作模式
		$W_3(C_9)$-SA:根据访客信息调整工作状态
	T_5	$W_1(C_2)$-SA:获取多位点的基准信号强度,进而控制设备精确移动
		$W_2(C_{10})$-SA:根据监控区域提高清洁效率的垃圾清理方法
D	T_1	$W_1(D_1)$-CP:设电池槽
		$W_2(D_2)$-CP:在充电座上设公共充电口
	T_2	$W_1(D_3)$-SA:接收静音指令,规划静音路径,进行清洁操作
		$W_2(D_4)$-CP:接收静音信号,根据信号进行清洁操作

【步骤四】构建主维度图,如图 4.20 所示,获得规避对象企业的扫地机器人系统的专利布局。

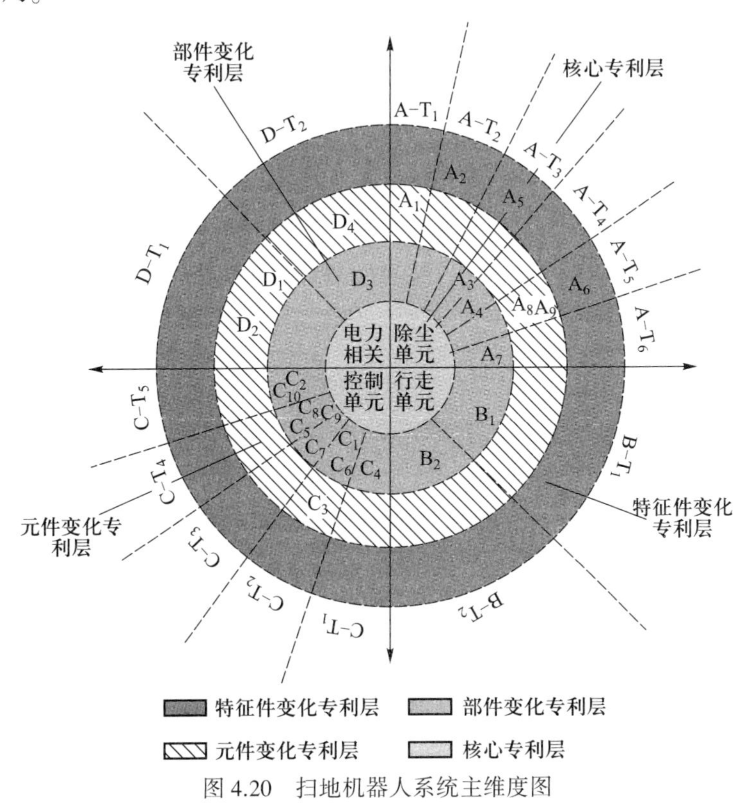

图 4.20 扫地机器人系统主维度图

(2) 建立次维度图。

【步骤一】识别链型专利组合。对链型专利组合五条规避路径的关键词进行列表,如表 4.8 所示。

将这些关键词构成检索项在第一数据域内进行检索,因第一数据域中与产品系统本身紧密相关的专利技术均已经标注在产品系统的主维度图上,通常表现为链型专利组合路径Ⅰ、路径Ⅲ以及与产品系统明显相关的路径Ⅱ的技术方案,主维度图中一般不体现的产品外围技术方案,通常表现为链型专利组合路径Ⅳ、路径Ⅴ以及部分路径Ⅱ的技术方案。就本案例而言,路径Ⅳ及路径Ⅴ未检索到具体的专利方案,而部分路径Ⅱ的技术方案未标注在主维度图中,却代表着目标企业存在的链型专利组合的重要专利,将这些专利标注为 $L-P_n$,如表 4.9 所示,标注在次维度图的外围支撑性专利层上。

表 4.8 部件-链型路径的关键词列表

规避路径	具体路径	关键词
路径Ⅰ	$Ⅰ_1$:零件组	滚刷、集尘盒
	$Ⅰ_2$:机构	除尘装置、行走装置、控制装置、驱动单元
	$Ⅰ_3$:产品	清扫机器人、擦洗移动机器人
路径Ⅱ	$Ⅱ_1$:制作方法/工艺设计	扫地方法、检测方法、制约方法、控制方法、装配方法、移动方法、识别方法
	$Ⅱ_2$:制造设备/测试设备	除尘设备、控制器设备、传感设备,垃圾收集设备
路径Ⅲ	$Ⅲ_1$:原物料	刷毛
	$Ⅲ_2$:中间物	外壳、电源线、行走轮、传感单元
	$Ⅲ_3$:末端产品	机器人、扫地机器人、清洁机器人
路径Ⅳ	$Ⅳ_1$:运输、存储、销售	模具、存储方式、运输方式
	$Ⅳ_2$:外观设计	包装、打包机
路径Ⅴ	$Ⅴ_1$:特殊部件; $Ⅴ_2$:回收; $Ⅴ_3$:维修	垃圾回收、电源线回收、模块更换

表 4.9 外围支撑性专利层的重要专利数据

专利	专利号	内容
$L-P_1$	CN104375760A	信息显示方法及装置
$L-P_2$	CN104601694A	操作控制方法、终端、中继设备、智能设备及装置
$L-P_3$	CN104909092A	垃圾袋更换提示方法
$L-P_4$	CN105049807A	监控画面声音采集方法及装置

续表

专利	专利号	内容
L-P_5	CN105204894A	一种安装智能设备插件的方法
L-P_6	CN105306718A	事件提醒方法及装置
L-P_7	CN105549470A	机器人的状态显示方法及装置
L-P_8	CN105630878A	显示应用程序服务信息的方法和装置

【步骤二】识别星型专利组合。基于星型专利组合各集成方向上的数据，包含相似领域、成熟领域、相反领域，在数据域内进行检索，筛选对象企业内部第一数据域内与星型专利各规避方向相集成的专利方案数据，结果为“0”；筛选对象企业内部第二数据域在星型专利各集成方向上的现有专利数据，如果数量比较大，则选取各类产品系统的重要专利，并将其标注在目标企业内其他产品系统的重要专利层，结果为表 4.10 中所示的“15”项，并对不同方向上的星型数据关系进行分类筛选，结果如表 4.11 所示；检索对比企业第三数据域的相似或相同系统以及集成系统的重要技术方案，结果为表 4.12 中所示的“14”项。

表 4.10　目标企业内其他产品系统的重要专利层

专利	专利号	内容
M-P_1	CN104992363A	空气净化器及控制其贴边净化的方法
M-P_2	CN101653345B	旋风分离器、旋风分离装置及装有该装置的真空吸尘器
M-P_3	CN105204843A	烘干机风道控制方法及装置
M-P_4	CN104456772A	空气净化器
M-P_5	CN104617872A	太阳能转换设备、太阳能转换方法及装置
M-P_6	CN104834545A	启动终端的方法及装置
M-P_7	CN104881120A	连接外接设备的方法及装置
M-P_8	CN105041701A	智能风扇的控制方法及装置、智能风扇
M-P_9	CN105094009A	电源切断方法及装置
M-P_{10}	CN105146678A	烘干机控制方法及装置
M-P_{11}	CN105204843A	烘干机风道控制方法及装置
M-P_{12}	CN105338389A	控制智能电视的方法及装置
M-P_{13}	CN105744218A	垃圾清理方法及装置
M-P_{14}	CN105990797A	清洁系统的控制系统、方法及清洁设备
M-P_{15}	CN204625223U	净水机

表 4.11　不同方向上的数据筛选结果

集成方向	目标企业内其他产品系统的重要专利
相似功能系统、相似或者互连操作系统	$M-P_2$、$M-P_{13}$、$M-P_{14}$
异类功能系统	$M-P_1$、$M-P_4$、$M-P_5$、$M-P_6$、$M-P_7$、$M-P_9$、$M-P_{12}$、$M-P_{15}$
相反功能系统	$M-P_3$、$M-P_8$、$M-P_{10}$、$M-P_{11}$

表 4.12　对比企业内相似或相同系统的重要专利层

专利	专利号	内容
$D-P_1$	CN105011866A	扫地机器人
$D-P_2$	CN105078362A	扫地机器人及其尘盒部件
$D-P_3$	CN105242674A	扫地机器人回充电系统及其回充电方法
$D-P_4$	CN105125140A	智能吸尘器和用于它的驱动轮
$D-P_5$	CN105193355A	清扫装置和具有清扫装置的清扫系统、清扫方法
$D-P_6$	CN105278534A	清洁电器
$D-P_7$	CN105334858A	扫地机器人及其室内地图构建方法和装置
$D-P_8$	CN105476545A	吸尘器的控制方法、装置、吸尘器及滚刷灰尘检测器
$D-P_9$	CN105559703A	充电座及具有充电座的扫地机器人
$D-P_{10}$	CN105572003A	用于吸尘器的灰尘浓度检测部件的控制方法
$D-P_{11}$	CN105640440A	扫地机器人
$D-P_{12}$	CN105640442A	扫地机器人系统及扫地机器人
$D-P_{13}$	CN105640445A	用于扫地机器人的驱动轮部件
$D-P_{14}$	CN105686765A	扫地机器人

【步骤三】绘制次维度图。用采集的数据绘制专利组合次维度图，如图 4.21 所示。将第一数据域内筛选的有关链型专利组合的路径Ⅱ及路径Ⅳ的专利数据标定在次维度图的“外围支撑性专利层”；将第一数据域内筛选的扫地机器人与星型三个集成方向的产品方案相结合而成的专利数据标定在次维度图的“以核心方案为基础的集成方案层”；将采集的第二数据域重要专利数据标定在专利组合次维度图“目标企业内其他产品系统的重要专利层”；将采集的第三数据域重要专利数据标定在专利组合次维度图的“对比企业内相似或相同系统的重要专利层”。

通过主维度图和次维度图的构建，形成对“小米科技有限责任公司”的扫地机器人产品的整体专利布局认识，同时对比企业“江苏美的清洁电器股份有限公司”的对星型专利组合规避有启发意义的重要专利布局也反映在次维度图上，分析提取出规

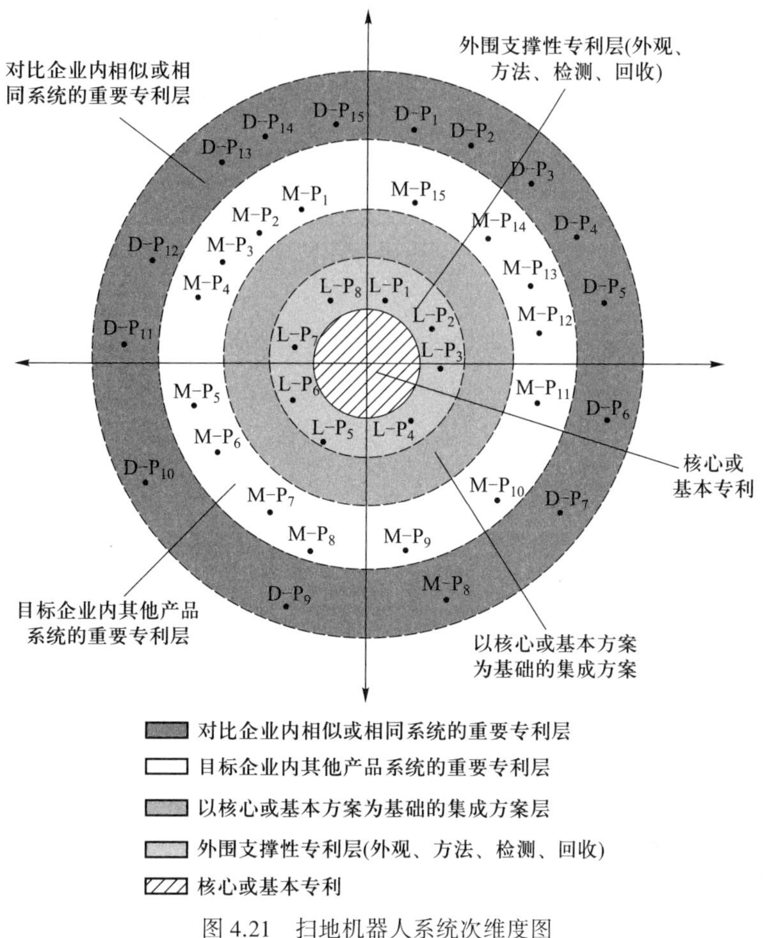

图 4.21　扫地机器人系统次维度图

避对象企业的现有四类专利组合的布局情况,为分类分层专利规避设计建立现有技术约束。

4.6　波士顿矩阵图的建立

一个产品的专利布局图呈现了研究对象专利的现有发展状态。为选择规避目标专利,必须对专利所在组合的品质与价值进行分析,并以束型专利组合为评估对象在波士顿矩阵图中进行标注分析,以帮助企业制订相应的专利规避策略,分配研发资源。

因此,本节分析了影响专利组合品质的因素,提出束型专利组合的品质评估模型;分析每个束型专利组合价值的影响因素,提出采用专利价值分析指标体系建立专利组合价值模型,从而实现对专利组合的价值评估。基于专利品质与专利价值,建立了面向束型专利组合评估的波士顿矩阵,针对不同类型的专利及专利组合,提出了相应的专利规避策略。

4.6.1 专利组合品质评估模型

决定专利品质的主要因素有：

(1) 依照申请地的法律须使专利具备新颖性、创造性及实用性等要件，使他人难以主张无效或不可执行；

(2) 专利文件的权利要求归纳出所属产业技术领域常用文字的精确定义、上下位关系、独权与从权之间各项组合的合理性，以使权利范围文字表述具备精确性，权项组合具备涵盖性与逻辑性，使他人难以回避和绕道而行；

(3) 专利家族布局与相应产品或技术产销之间具备牵连性。

实际上，授权专利为标准的法律文件，包括权利要求书、说明书、附图和摘要。专利通过文字性描述限定了发明特征与权利要求。可以看出，影响专利品质的主要因素多为法律价值评价指标体系，需要从法律角度对专利品质进行评价。为使法律价值度的分析具有可操作性，本文依据国家知识产权局单一专利价值分析指标，选取四个支撑指标用于评价束型专利组合的价值，分别为不可规避性(PWQ)、专利组合力度(PPQ)、多国申请(PAC)、有效期(PV)，其定义与评判标准如表 4.13 所示。

表 4.13 法律价值度评价指标

支撑指标	定义	评判标准
不可规避性 PWQ	组合内专利权利要求的保护范围是否合适，被无效的可能性有多大；组合内专利是否容易被规避设计	将独立权利要求的每个特征进行分解、分析，然后再对该权利要求所有特征的不可规避性的评分求平均
某技术点专利组合力度 PPQ	是否有束型专利组合，组合内其他竞争性专利给专利带来多大的支撑	组合内其他竞争性专利的数量
多国申请 PAC	组合内专利是否在除本国之外的其他国家提交过申请	根据检索报告
有效期 PV	基于一项授权的专利从当前算起还有多长时间的保护期	根据检索报告

专利稳定性的分析评价结果可直接说明待评专利组合在法律意义上能够存在的前景，四个法律价值度的指标具有的权重各不相同，各指标的分值都为 0~10，其法律价值度二级指标的分值分配如表 4.14 所示，从而建立专利组合法律价值度 LVD 评价指标体系。

通过设置指标的不同权重，专利组合品质评估模型如下式所示：

$$\mathrm{LVD}=(\mathrm{PWQ}\times a+\mathrm{PPQ}\times b+\mathrm{PAC}\times c+\mathrm{PV}\times d)\times 10\% \tag{4.29}$$

式中，LVD 为专利品质；a、b、c、d 为常数。

表 4.14　法律价值度二级指标的分值分配

二级指标	分值				
	10	8	6	4	2
不可规避性	很难规避	难规避	较难规避	可以规避	容易规避
某技术点专利组合力度	≫10 项专利	5~10 项专利	3~5 项专利	2 项专利	1 项专利
多国申请	10 国以上国家专利	5~10 国国家专利	3~5 国国家专利	2 国国家专利	仅本国
有效期	16 年以上	12~15 年	8~11 年	4~7 年	3 年以内

4.6.2　专利组合价值评估模型

事实上,具有较高专利品质的专利或专利组合从侧面反映了企业的研发投入,但不一定具备较好的市场价值,因此要确定规避目标专利,不仅需对专利品质进行评估,还要对专利具备的价值进行评估。本节提出采用专利价值分析体系,以束型专利组合为单元,建立专利组合价值评估模型。

依据国家知识产权局提出的专利指标体系,将该体系划分为两层。其中,第一层从专利自身属性的角度,将指标分为法律、技术和经济三个方面;第二层从专利功能角度,将第一层分别分解为若干项支撑指标。依据检索报告,为各指标逐个打分,经加权汇总后,形成对专利的一种标准化统一度量,即为专利价值度。

由于上节在分析专利品质时,侧重于从法律角度入手,因此本节在专利价值评估中,主要考虑技术价值度和经济价值度两方面,即分别为从技术的维度来评价专利的价值和从市场经济效益的角度来评价专利的价值。专利价值最终会体现在产品和生产产品的工艺方法上,而产品和工艺方法价值受到市场状况、竞争对手、政策导向等因素的影响。为便于对企业的某个产品系统的专利进行分析操作,选取影响先进性(ADV)、依赖性(PD)、适用范围(AC)、市场应用情况(MA)四个技术价值度和经济价值度指标。各指标的定义与评判标准如表 4.15 所示;每个支撑指标在技术价值度中都具有一定权重,具体分配如表 4.16 所示。

表 4.15　技术价值度二级指标的定义与评判标准

二级指标	定义	评判标准
先进性(ADV)	专利技术在当前进行分析的时间点上与本领域的其他技术相比是否处于领先地位	包含的基础专利及核心专利的数量(专利的种类,所需知识的广度,冲突的数量、强度,影响)
依赖性(PD)	一项专利的实施是否依赖于现有授权专利的许可,以及本专利是否作为后续专利的基础	通常可以由权利人提供或通过检索确定在先专利以及衍生专利;前专利引用和后专利引用

续表

二级指标	定义	评判标准
适用范围（AC）	专利技术可以应用的范围	专利覆盖某个问题点所使用的效应或者发明原理数量之和，技术点覆盖范围；行业专家判断
市场应用情况（MA）	专利技术目前是否已经在产品市场上投入使用；若还没有投入市场，则将来在市场上应用的前景	市场上有没有与该专利对应的产品或者基于专利生产出来的产品；行业专家判断该专利在目前和未来的市场情况

表 4.16　技术价值度二级指标的分值分配

支撑指标	分值				
	10	8	6	4	2
先进性	非常先进	先进	一般	落后	非常落后
依赖性	无前引，针对新问题独立开发	前引问题，重新开发	不好判断是否前引	前引技术，实质改进	前引技术，完全依赖
适用范围	广泛	较宽	一般	较窄	受很大约束
市场应用情况	已应用	已应用，准备应用	未应用，易于应用	未应用，可以应用	未应用，难于应用

基于上述评估指标，建立专利组合的具体价值度评估模型如下：

$$\mathrm{PVD}=(\mathrm{ADV}\times m+\mathrm{PD}\times n+\mathrm{MA}\times p+\mathrm{AC}\times q)\times 10\% \tag{4.30}$$

式中，PVD 为专利价值；m、n、p、q 为工业常数。

4.6.3　基于波士顿矩阵的专利组合规避策略

波士顿矩阵（BCG Matrix），又称市场增长率-相对市场份额矩阵、波士顿咨询集团法、四象限分析法、产品系列结构管理法等，是由美国著名的管理学家、波士顿咨询公司创始人布鲁斯・亨德森于 1970 年首创的一种用来分析和规划企业产品组合的方法。在知识产权主导的创新设计中，借用波士顿矩阵来分析专利规避策略及研发动向，具有很好的应用价值[102]。

基于专利的品质与价值分析结果，建立专利品质与价值坐标系，其中横轴代表专利品质，纵轴代表专利组合价值，圈点大小表示专利组合中包含的专利数量。依据专利价值和品质，建立专利战略分析矩阵图，也即波士顿矩阵图，如图 4.22 所示。

将矩阵分为四个象限，其中第一象限表示专利品质不高，且专利组合欠缺，但专利价值高；第二象限表示专利价值和品质都高，且存在专利组合；第三象限表示专利价值和品质都低；第四象限表示专利品质高但价值低。

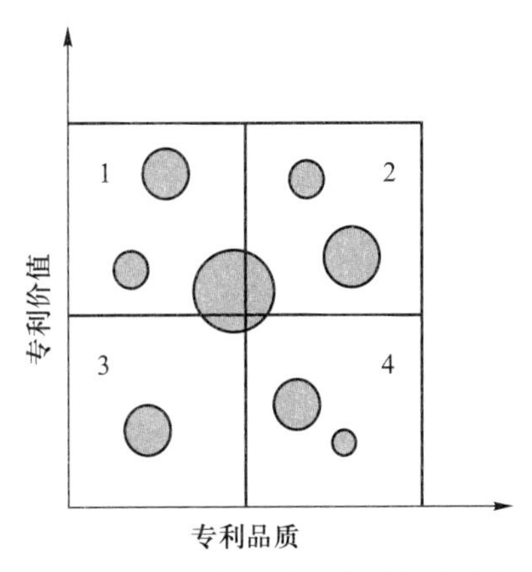

图 4.22　基于专利价值评估的专利战略分析矩阵图

针对竞争企业,考虑到落入专利战略分析矩阵图的不同象限中专利及专利组合特点的不同,提出以下几点不同象限对应的专利规避策略:

(1) 针对第一象限专利品质不高而价值高,且组合欠缺的特点,应重点挖掘各种组合类型的专利技术,并将该象限作为重点规避区域;

(2) 针对第二象限专利品质和价值高,且存在组合的特点,其规避难度较大,应重点挖掘针对核心专利的延伸性专利和支撑性专利,挖掘专利技术机会;

(3) 针对第三象限专利价值和品质都低,容易规避但是价值低的特点,应依据企业自身经济条件选择投入或放弃规避;

(4) 针对第四象限专利品质高,但价值低且规避难度大的特点,不建议将此象限专利作为规避对象,其规避意义不大。

4.7　本章小结

产品研发初期的专利地图分析对于企业获取研发情报、寻找研发机会、把控研发重点具有重要的意义,是企业分配研发力量和资源,避免走弯路的重要保障。结合专利分析的结果进行研发已经是现代企业创新设计的必经之路,做到知己知彼,方能保持生命力。

专利分析及专利地图的构建有很多方法,本章从对单一专利的信息提取转变到对专利群的信息提取,把碎片化的专利信息整合成企业需要了解的信息,为企业提供情报服务,这些信息构成企业后续研发的重要技术约束。本章确定的专利组合分析的总体流程如图 4.23 所示。

取得的主要结论如下:

(1) 提出了一种面向专利规避,围绕行业重点企业进行专利检索以及专利分析的新思路;通过对行业内主要企业技术实力的比较,来确定不同企业之间的技术优势;选择样本企业,建立准计量性标度法二维欧氏空间企业分布图和 RPA-RPQ 空间企业分布图;选定本产品系统的龙头企业以及对比企业,了解其技术战略布局背景。

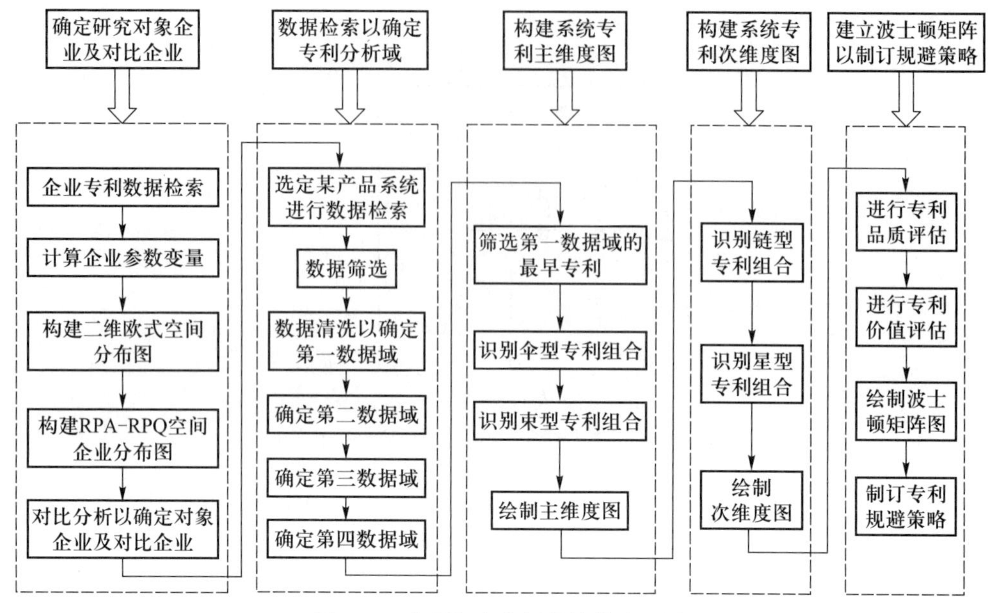

图 4.23　专利组合分析的总体流程图

（2）区分了针对产品专利的四类不同的专利组合，定位单一规避对象专利在原专利组合中的位置和作用。本章建立了面向产品系统的包括总功能、分功能、子功能、功能元四维主维度专利分布图，建立了面向产品专利的次维度图，并依据四种不同类专利组合数据关系，实现了对企业内产品系统的各种专利组合的提取，最终构建了对象产品专利的专利布局图。

（3）本章从专利法律角度，以不可规避性 PWQ、专利组合力度 PPQ、多国申请 PAC、有效期 PV 四个支撑指标，提出了针对束型专利组合的品质评估模型。由先进性 ADV、依赖性 PD、适用范围 AC 和市场应用情况 MA 四个支撑指标，提出了针对束型专利组合的价值评估模型，实现了对专利的价值评估。

（4）基于专利组合的品质与价值分析结果，建立专利组合的品质与价值坐标系。针对专利组合的波士顿矩阵图，将矩阵分为四个象限，依据各象限的专利品质与价值的不同特点，提出了不同象限对应的专利规避策略，用于指导企业分配研发资源。

第 5 章　专利规避分类分层设计方法

5.1　引言

创新,就是改变现状,是通过选择技术对象,于不同时间、空间或部位,进行各种方式的改变。发明问题解决理论(TRIZ)是在专利分析的基础上总结出的具有规律性的发明方法和发明资源,利用 TRIZ 可突破现有专利技术约束,即利用 TRIZ 工具发现专利产品不同时间、空间、部位的问题,基于 TRIZ 规律性的发明资源,对专利技术约束进行各种方式的创新。

伞型、束型、链型和星型专利组合是不同关联数据关系而形成的专利集合,其具备了不同组合特征。基于不同专利组合的特征分析,结合第 3 章和第 4 章建立的各种专利组合的技术约束及制度约束,本章主要针对不同专利组合,提出采用 TRIZ 中的各种创新工具方法,确定其规避问题,以分配创新资源和力量,为解决不同种类的规避问题寻找对应的规避路径,从而实现专利规避技术约束突破。

5.2　专利组合分类特征分析

我国专利法中划分了不同类型的专利,其按大类可分为发明专利、实用新型专利和外观设计专利;按照实质性特点可分为开拓性发明、要素组合发明、要素选择发明、转用发明以及要素变更发明,其中要素变更发明又有要素关系改变的发明、要素替代发明以及要素省略发明之分。

如前所述,专利组合主要有伞型专利组合、束型专利组合、星型专利组合和链型专利组合。依据专利法的分类特征,其中伞型专利组合主要包括要素组合发明;束型专利组合主要包括开拓性发明、要素省略发明、关系改变发明和替代发明;星型专利组合主要包括要素组合发明、选择发明、转用发明和省略发明;链型专利组合主要包括方法发明和外观设计发明,具体如图 5.1 所示。

其中,开拓性发明为对长期以来一直未解决的技术难题进行创新发明;要素组合发明主要为采用部分要素优化设计或现有技术与改变要素集成的创新设计,它是通过附加特征来增加效益和附加价值的发明;要素选择发明主要是从现有技术中有目的地选用未提及的小范围或个体发明;转用发明主要为将某一技术领域的现有技术转用到其他技术领域的发明;要素替代发明为通过方法、功能、结果的改变以产生不同的发明;要素省略发明为删除某一要素引起预料不到效果的发明,或省略要素功能由其他要素、超系统或由受作用元件自己进行实现；要素关系改变的发明主要为部件、元件和特征件之间的位置关系或连接关系发生改变的发明；方法发明主要为制造产品或解决某一技术问题而创造的操作方法和技术过程；外观设计即为形状、图案、色彩或其结合的设计。

因此，基于专利分类特征分析，依据专利组合与发明种类的匹配图，可从不同专利组合角度挖掘不同种类的专利，最终实现对不同专利组合进行规避创新设计。

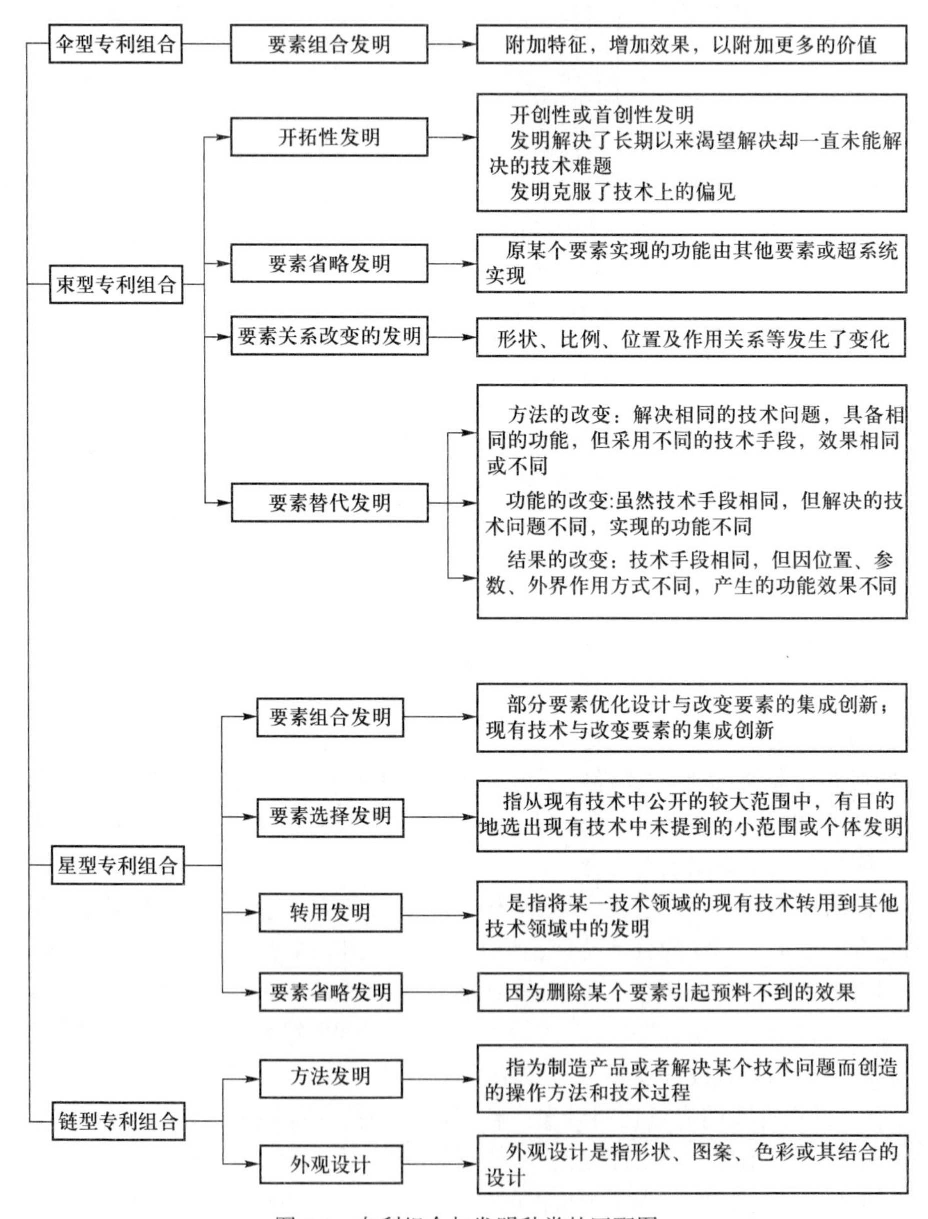

图 5.1　专利组合与发明种类的匹配图

5.3 面向专利规避的 TRIZ 方法选择依据

TRIZ 是由专利分析总结出的发明规律，在技术发展过程中反复实践与应用，目前已在专利布局、专利规避等领域中得到了应用。结合不同专利种类类型的对应及解释，基于图 5.1 中不同专利组合与发明专利种类的匹配关系分析，可选择相应的 TRIZ 分析与解决问题工具。第 2 章已对 TRIZ 工具进行了简介。根据 TRIZ 工具的不同特点，对不同的专利组合提出了相应的专利规避路径，如表 5.1 所示。具体解释如下：

（1）伞型专利组合规避。

伞型专利组合以某一产品系统保护为目标，由产品系统中不同问题模块的解决方案构建多个专利，形成互补关系的专利组合，因此相应地对于伞型专利组合的规避，应以 TRIZ 中的新问题发现和增加模块的功能改进方法进行突破，规避目标是通过增加新功能或者解决新问题而形成与原目标产品交叉与包围许可的新专利方案。技术约束突破过程可以通过预期失效分析、功能改进模式之标准解搜索算法等方式发现新的问题，可以通过标准解、发明原理、效应知识库等方法解决新问题，其实质是面向目标专利功能单元的技术约束突破。

（2）束型专利组合规避。

束型专利组合是一类面向同一问题或者解决同一功能，专利间具有竞争性关系的组合，其本质上是通过变化系统内部元素或者改变解决问题的原理来实现竞争性的替代方案，相应于对 TRIZ 工具中的功能裁剪、功能进化、冲突查找、功能改进等方法进行突破，其实质是面向目标专利总功能或者功能单元的技术约束突破。

表 5.1 基于 TRIZ 的技术约束突破表

规避路径	创新工具突破	具体含义	实质
伞型专利组合规避	1. 问题发现模式之失效分析	基于失效分析挖掘产品系统已存的和未知问题，挖掘新问题模块	面向目标专利功能单元的技术约束突破
	2. 功能改进模式之标准解搜索算法	对新问题模块的解决方案以及对旧问题模块的改进方案可基于 76 个标准解增加新的模块来完成挖掘	
	3. 冲突查找模式之发明原理应用	对新问题采用发明原理来解决形成多个技术方案	
	4. 功能查找模式之效应知识库	对新问题通过查找效应知识库获取类比技术方案	

续表

规避路径	创新工具突破	具体含义	实质
束型专利组合规避	1. 问题变形模式之功能裁剪	依据专利规避路径进行裁剪,形成裁剪变体,转变问题	面向目标专利总功能或者功能单元的技术约束突破
	2. 功能进化定律及功能进化路线	基于功能进化定律及进化路线对未来产品进行预测和开发	
	3. 功能查找模式之效应知识库	对每个子功能或者功能元重新求解,寻求可替代的理想解	
	4. 冲突查找模式之发明原理应用	对裁剪变体转换成的冲突问题用发明原理来解决,形成多个技术方案	
	5. 功能改进模式之标准解搜索算法	对裁剪变体转换成的作用关系缺陷问题,利用物质-场模型及 76 个标准解中的删除和替换元件的方式来完成新的技术方案的挖掘	
星型专利组合规避	1. 问题发现之杂交集成创新	杂交集成的具体方法提供了挖掘集成方案问题的发现模式,可以启发延伸性专利的挖掘	基于目标专利功能拓展层的技术约束突破
	2. 冲突查找模式之发明原理应用	两系统相集成所出现的冲突问题可以用发明原理来解决	
	3. 资源查找模式之资源库应用	拓展新应用领域,可基于资源分析进行多领域的筛选及应用开发	
链型专利组合规避	1. 问题发现模式之全产品生命周期分析法	产品生命周期上可挖掘专利的方向,为专利规避提供问题发现路径	基于产品生命周期的技术约束突破
	2. 资源查找模式之资源库应用	具体规避路径下所需要的资源可以通过资源库查找	

(3) 星型专利组合规避。

星型专利组合包括转用发明、集成发明等专利种类,用杂交集成创新、冲突查找创新和资源查找创新等方法进行突破,其本质上是基于目标专利功能拓展层的技术约束突破。

(4) 链型专利组合规避。

链型专利组合包括上下游技术专利及制造方法、外观设计专利等延伸性专利,其增加了企业对产业链的影响力。应用 TRIZ 工具中全产品生命周期分析法、资源查找等创新方法进行突破,其本质上是基于产品产业链的技术约束突破。

5.4 专利组合与创新级别的关系

针对不同专利组合特征,建立创新任务描述,依据 TRIZ 中创新级别,对其预期创新级别标定,建立专利组合技术突破目标与创新级别的对应关系,如表 5.2 所示。

表 5.2 不同专利组合技术约束突破目标与创新级别对照表

类别	任务描述	预期级别
伞型专利组合	已有系统及子系统存在缺陷,需要引入外部技术	2
	需增加解决新问题的技术方案模块来改善或增加功能	2 或 3
束型专利组合	已有系统及子系统少量的定性改进,未引入外部技术	2
	应用新原理实现子系统的功能,该原理在本领域未被采用	3
	基于已有技术,应用新原理实现主功能,该原理在系统中未采用	3
星型专利组合	不同系统集成,使系统使用方便或能更多地共享资源	2
	不同系统集成实现新功能	3
	发现系统中某项技术的新市场或新的应用领域	3
	创造未知的新方法实现某功能,并产生新技术,或引入破坏性创新	4
链型专利组合	挖掘已有系统的相关支撑系统,使已有系统能够更好地存在、产生更多的价值	2

5.5 问题解决模式

5.3 节给出了面向专利规避的 TRIZ 方法选择依据,对四类专利组合能够对应的技术约束突破的创新方法进行了分类。根据四类专利组合的不同特点,对应有不同的问题发现或者问题变形的方法,这些适应不同专利组合种类的问题发现及问题变形方法形成了不同层次不同类别的专利规避路径。应用不同的 TRIZ 方法进行具体问题发现及问题变形的技术约束突破路径将在第 6 章到第 9 章分别进行详细的阐释。

路径指向的问题最终仍需要 TRIZ 中的方法来解决。TRIZ 中解决问题的常规模式有“冲突及 40 条发明原理的解决模式”“物质-场与 76 个标准解的解决模式”“基于效应知识库的问题解决模式”“基于资源的问题解决模式”。每类解决模式里均有适合不同种类专利组合规避的方法,给予该类专利组合规避以技术突破的支持。本节重点对 TRIZ 方法中的解决模式与不同种类的专利组合规避目标之间的关系与对应进行阐释,而每类专利组合规避的具体路径及过程原理留待后面章节分别阐释。

5.5.1 基于冲突及40条发明原理的问题解决模式

冲突分为技术冲突、物理冲突和管理冲突三类,TRIZ研究技术冲突和物理冲突的解决方法。其中,技术冲突是指系统的一个方面得到改进时,另一个方面就会得到削弱;而物理冲突是指某一个方面同时表现出两种相反状态。

1. 技术冲突的解决途径

对于技术冲突问题,首先要用Altshuller总结出的工程领域内常用的39个标准参数来表述系统性能,如运动物体的重量、静止物体的长度、速度、力等,这种标准化表述形式包括改善的参数以及恶化的参数;其次通过冲突矩阵提炼选择相对应的40条发明原理,其中冲突矩阵的第一行和第一列为标准工程参数序号,其余39行及39列的交叉空间列出了解决这个冲突的发明原理序号,根据发明原理的提示,可将一般解转化为具体问题的特殊解。具体的标准工程参数、发明原理及冲突矩阵在第2章TRIZ基本原理介绍时已经作了阐释。

不同的发明原理所提示的技术内涵解决的是不同角度和不同层次的问题。对应本节各专利组合的不同特征,结合发明原理的内涵,建立了面向不同专利组合的技术冲突解决方案,如表5.3所示。

表5.3 基于冲突矩阵的不同专利组合的技术冲突解决方案

专利规避路径	具体方向	发明原理选择
束型专利组合规避	删除法	No.25 自服务;No.34 抛弃与修复
	替换法	No.1 分割;No.2 分离;No.3 局部质量;No.4 不对称;No.5 合并;No.12 等势性;No.13 反向;No.14 曲面化;No.19 周期性操作;No.20 有效作用的连续性;No.21 紧急行动;No.23 反馈;No.27 低成本,不耐用的物体代替昂贵、耐用的物体;No.28 机械系统的替代;No.31 多孔材料;No.32 改变颜色;No.33 同质性;No.35 参数变化;No.36 状态变化;No.15 动态化;No.17 维数变化;No.26 复制
伞型专利组合规避	组合替代	No.7 套装;No.8 质量补偿;No.9 预加反作用;No.10 预操作;No.11 预补偿;No.16 未达到或超过的作用;No.24 中介物
星型专利组合规避		No.6 多用性;No.17 维数变化
链型专利组合规避		No.18 振动;No.22 变有害为有益;No.29 气动和液压结构;No.30 柔性壳体或薄膜;No.37 热膨胀;No.38 加速强氧化;No.39 惰性环境;No.40 复合材料

2. 物理冲突的解决途径

针对物理冲突,TRIZ总结出了基于时间的分离原理、基于空间的分离原理、整体和部分的分离原理以及基于条件的分离原理四条发明原理。在面向不同的专利组合进行专利规避时所要解决的系统问题均可能为物理冲突问题,因此当系统中出现物理冲突时,可利用上述四条发明原理解决相应的专利组合中的物理冲突,以实现相应技术约束的突破。

5.5.2 基于76个标准解的问题解决模式

根据物质-场分析所得到的问题解决方案为标准解,Altshuller提出了76个标准解。将标准解变为特定的解,即产生了新概念。专利规避的路径选择如表5.4所示。

表5.4 基于标准解的专利规避路径选择对应表

类别	路径	含义
第一大类	A	删掉一个功能部件及有用、有害功能(过剩)
	B	删除系统执行元件,同时删除了其有用作用,利用目标元件或系统已有资源实现系统有用功能
	C	删减系统执行元件,对执行元件简化,同时删除有害作用,由目标元件自己执行或系统内其他功能元件执行
第二大类	D	删除执行元件,同时删除了其有用和有害作用,系统转成引入其他物质和场(X资源)实现系统功能
	E	删减执行元件,删除有害作用,同时引入其他物质或场(解资源)作用于目标元件,以消除系统有害作用对目标元件的影响
第三大类	F	引入其他物质或场(解资源)改善执行元件,以改善系统功能状态。具体实现方式为:①加入新元件作用于执行元件,以改善执行元件,消除执行元件产生的有害作用;②加入新元件改善执行元件,以弱化有害作用同时引入新元件作用于目标元件,以消除系统有害作用对目标元件的影响;③不改变执行元件及目标元件,引入其他物质或场(解资源)改善功能,以改善系统功能状态

其中,第一大类的几种情况均未引入新的元素,属于发现系统多余功能,将过剩功能删除后系统自适应地避免因全面覆盖原则而侵权。

第二大类的几种情况属于删除、删减某个元件后,转成寻找替代X资源或增加X资源的问题,属于既未因全面覆盖原则而侵权,又使X资源未因等同原则而侵权。

第三大类的几种情况属于挖掘改善功能,不删不减,但可添加外界新元素来加以改善。

根据标准解问题解决模式,有以下几种情境模型及实现路径。

(1) 添加组合法:需要的效果没有产生,表示模型缺少元件,需补齐缺少的元件,使其成为标准的物质-场模型。

(2) 替换法:模型的三个元件都在,但效果不足,一个子系统对另一个子系统作用过弱。功能不足时通过加强、改用新的场(F2)或场和物质(F2+S3)来代替原有的场(F)或场和物质(F1+S2)。

(3) 删除转换法:模型的三个元件都在,但是产生了有害效果。需引入一个物质 S3,可能是修改后的 S1、S2 或两者,用来阻隔有害效果;或者增加另一个场(F2),用来平衡产生有害效果的场。功能有害的问题实质是一个子系统产生有害的结果,通过删除、替换、添加组合的方法来处置;功能过剩的问题实质是一个子系统对另一个子系统作用过强,删除过剩功能元之后会对系统造成影响,需重新分配有用功能或抵消有害功能,从而转成其他的问题。

面向不同专利组合的规避,解决方案中 76 个标准解的分配如表 5.5 所示。

表 5.5　面向不同专利组合的 76 个标准解的分配

专利规避路径	具体方向	标准解选择
束型专利组合规避	删除转换法	No.10;No.13;No.18;No.19;No.21;No.60:60-1、60-2、60-3;No.61;No.63;No.64;No.65;No.66;No.67
	替换法	
伞型专利组合规避	添加组合法	No.2;No.3;No.4;No.8;No.9;No.11;No.14;No.37;No.38;No.39;No.40;No.41;No.42;No.60:60-4、60-5、60-6;No.71;No.7;No.12;No.15;No.16;No.17;No.20;No.22;No.23;No.24;No.25;No.26;No.27;No.28;No.29;No.30;No.31;No.32;No.33;No.34;No.35;No.36
星型专利组合规避		No.68;No.69;No.70
链型专利组合规避		No.43;No.44;No.45;No.46;No.47;No.48;No.49;No.50;No.51;No.52;No.53;No.54;No.55;No.56;No.57;No.58;No.59;No.60:60-7、60-8、60-9;No.62;No.72;No.73;No.74;No.75;No.76

5.5.3　基于效应知识库的问题解决模式

基于 TRIZ 效应知识库搜索实现相同功能的效应,可对于同一技术问题得到不同原理的启示,利于实现对问题的解决。

效应知识库是基于专利中解决问题所用到的原理建立的知识库。该方法将实现同一个功能的不同领域、不同原理的解决方法集合起来,通过软件检索方式浏览和阅读,并辅以专利案例,激发研究者的创新灵感。效应知识库作了一个关于相同功能不同实现原理的总结,为专利规避提供了寻找替代方案的知识库。对于需要多功能实现的任务,并联效应链和串联效应链也可以提供设计场景支持。

查找效应解决问题共分为以下几个步骤:

【步骤一】依据第 4 章建立的基于某产品系统支撑专利的伞型专利组合问题集合图和第 3 章针对单一专利的三大层次和五大属性的提取图,结合已经存在的问题及专利规避过程中的新问题,构建基于对象产品系统不同维度的功能-问题库,如图 5.2 所示。

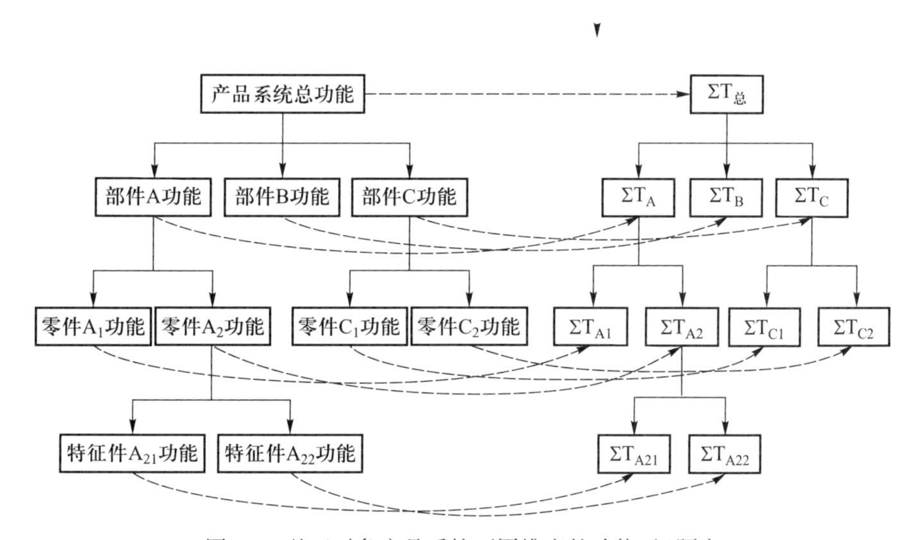

图 5.2 基于对象产品系统不同维度的功能-问题库

【步骤二】对某个维度的功能-问题单元进行定义,查找效应软件,得到相关效应,如图 5.3 所示。

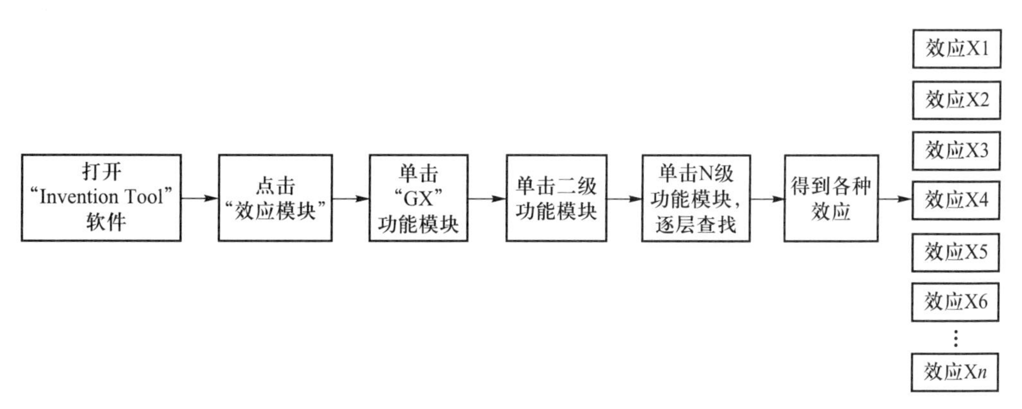

图 5.3 效应查找过程

【步骤三】选择相似性高的效应,浏览案例,寻找启示,重新求解功能元。

【步骤四】替代原产品系统某个维度的功能单元,形成创新的概念方案。

5.5.4 基于资源的问题解决模式

TRIZ 对于资源分类尚未形成公认的标准,但是目前 Terninko 等[103]提出的六种类型资源分类被认为最符合技术系统的资源管理使用。按照表层资源及隐藏资源将不同类型的资源内容进行对比分类,建立资源类别、资源内容和隐藏资源表,如表5.6 所示。其中,隐藏资源是对应的发明原理,以方便对所确定的问题进行资源查找。

表 5.6 资源类别、内容及隐藏资源关系表

资源类别	资源内容	隐藏资源
空间资源	①未被利用的空间;②使用另一个方向;③垂直排列;④使用另一面;⑤嵌套;⑥穿透	No.1(分割);No.2(分离);No.3(局部质量);No.4(不对称);No.7(套装);No.14(曲面化);No.17(维数变化);No.24(中介物);No.26(复制);No.30(柔性壳体或薄膜);No.31(多孔材料);No.36(状态变化);No.37(热膨胀)
时间资源	①预操作;②目标的预先配置;③暂停;④消除空转;⑤并行操作;⑥成组处理;⑦交错处理;⑧后置处理;⑨临时操作	No.9(预加反作用);No.10(预操作);No.11(预补偿);No.15(动态化);No.16(未达到或超过的作用);No.18(振动);No.19(周期性操作);No.20(有效作用的连续性);No.21(紧急行动);No.28(机械系统的替代);No.29(气动和液压结构);No.34(抛弃与修复);No.35(参数变化);No.36(状态变化);No.37(热膨胀)
物质资源	①系统元素;②环境元素;③原材料;④成品;⑤半成品;⑥废品;⑦废弃物;⑧不昂贵的物质;⑨物质流;⑩物质属性;⑪物质的匮乏	No.5(合并);No.8(质量补偿);No.22(变有害为有益);No.23(反馈);No.25(自服务);No.27(用低成本、不耐用的物体代替昂贵、耐用的物体);No.32(改变颜色);No.33(同质性);No.35(参数变化);No.36(状态变化);No.38(加速强氧化);No.39(惰性环境);No.40(复合材料)
场(能量)资源	①系统中的场;②环境中的场;③场(能量)源;④能量储备;⑤场损耗(能量流失)	No.8(质量补偿);No.10(预操作);No.23(反馈);No.37(热膨胀);No.12(等势性)
功能资源	①系统及其元素的功能;②利用元素的不同属性提供不同功能;③功能差异;④有害因素的利用;⑤开发临时功能;⑥超效应(系统不同元素联合提供的效应)	No.6(多用性);No.22(变有害为有益);No.36(状态变化)

依据不同的规避路径方向,建立内外资源的分析表,如表 5.7 所示。其中,空间

资源集合为 SP{SP_1、SP_2、…、SP_n},时间资源集合为 T{T_1、T_2、…、T_n},物质资源集合为 S{S_1、S_2、…、S_n},场资源集合为 F{F_1、F_2、…、F_n},功能资源集合为 FU{FU_1、FU_2、…、FU_n},隐藏资源用相应的 SP′、T′、S′、F′、FU′表示。由资源分析表所确定的方案提示概念方案的设计,由此完成 TRIZ 资源库对问题解决方案的启发。

表 5.7 内外资源分析表

资源类型	资源类别	空间资源	时间资源	物质资源	场资源	功能资源
资源选择	表层资源	$SP_1 \cdots SP_n$	$T_1 \cdots T_n$	$S_1 \cdots S_n$	$F_1 \cdots F_n$	$FU_1 \cdots FU_n$
	隐藏资源	$SP'_1 \cdots SP'_n$	$T'_1 \cdots T'_n$	$S'_1 \cdots S'_n$	$F'_1 \cdots F'_n$	$FU'_1 \cdots FU'_n$

5.6 本章小结

本章基于专利不同分类,对星型专利组合、链型专利组合、伞型专利组合和束型专利组合四类专利组合的特点进行了分析。结合 TRIZ 多种创新设计理论工具的特点,对不同专利组合提出了将专利技术分析理论与不同的 TRIZ 分析方法相结合的方法,从而实现对专利组合的规避设计。本章主要从不同专利组合的技术特征入手,匹配不同的 TRIZ 创新设计方法,主要取得了如下结论:

(1) 依据专利分类特点与要求,分析了星型、链型、伞型和束型专利组合内各类发明特征;基于专利组合特征分析,提出了与 TRIZ 工具的匹配关系,建立了面向专利规避的 TRIZ 方法选择依据。

(2) 针对不同专利组合特征,建立创新任务描述;依据 TRIZ 中创新级别,建立专利组合技术突破目标与创新级别的对应关系。

(3) 本章针对不同类型的专利组合获得的技术约束问题的解决模式,提出采用 TRIZ 中 40 条冲突发明原理、76 个标准解、效应知识库、资源分类法等创新规避设计方法解决技术约束问题,针对不同专利组合的特点及其问题,建立了其问题解决模式。

第6章 伞型专利组合规避设计方法

6.1 引言

伞型专利组合以某一产品系统保护为目标,由产品系统中不同问题模块的解决方案构建多个专利,形成互补关系的专利组合,克服单一专利的保护局限,为产品的持续性创新提供保护。对伞型专利壁垒进行规避的实质是以目标产品背后的专利群已经存在的问题为分析基础,在其现有问题模块的基础上挖掘新问题与缺陷模块,利用创新方法实现有竞争力的专利技术,从而形成与原目标产品交叉与包围许可的新专利方案。

6.2 AFD与伞型专利组合规避

6.2.1 AFD方法应用的可行性

伞型专利组合是面向一个产品系统的多问题专利组合方案,对其规避的关键是寻找到新问题,而TRIZ中的预期失效分析方法可以发现问题和预测新问题。预期失效分析(AFD)方法是TRIZ发明理论中发现问题的一种相对成熟的方法,是在发明问题解决算法(ARIZ)中理想解和冲突的基础上发展起来的,是基于"颠倒分析"的概念而提出的潜在的失效分析及预测理论。AFD方法对挖掘技术机会具有重要作用[104-107],这与伞型专利组合规避挖掘新问题模块的策略具有契合性。因此,本节将利用AFD方法挖掘规避对象尚未解决的新问题。

根据Altshuller的三定律,一个功能实现的充分必要条件是该功能实现所需的全部元件在系统中或系统周围全部实现。对一个系统而言,失效的表征可以是总体功能的丧失或达不到预计功能的全部效果,也可以是某一子功能或几个子功能同时丧失或达不到预计功能的全部效果。

AFD的核心就是利用逆向思维将理想状态反转,找出系统中可能发生的"所有"失效模式。传统失效分析方法思考的问题是"为什么失效会发生?系统中会发生哪些失效?",而AFD中设计者思考的是"怎么让失效发生?怎么让系统不能正常运行?"

AFD方法依据以下两个原则:

【原则一】失效的S_0原则。

系统总体功能和全部效果的实现为系统的成功情景,设定曲线S_0上每一点都表示某一时间段的成功情景。

如果针对某一时间段,提问“这个地方这个时间什么东西会变坏?”,得到一个初始事件(IE);假定 IE 发生,则源于该 IE 发生的一系列事件可表示为一个失效情景 S_i,其失效情景如图 6.1 所示。

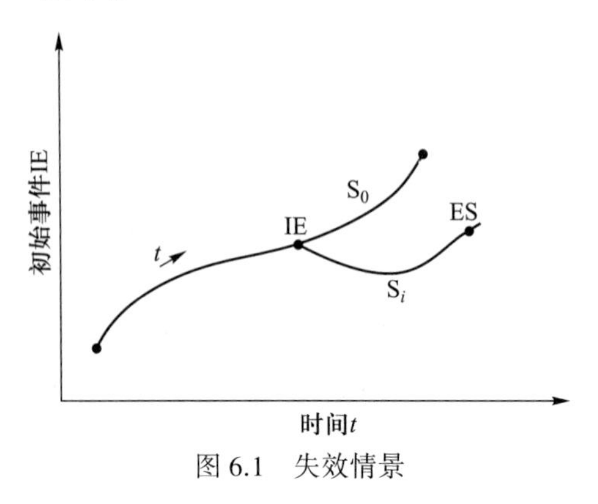

图 6.1　失效情景

【原则二】失效的资源原则。

如果一个初始事件(IE)所有必需的资源都出现,那么该事件导致的失效将会发生;反之,如果一个初始事件(IE)所有必需的资源中有一个或有几个没有出现,那么该事件导致的失效将不会发生。简言之,AFD-1 即失效分析应用于已有失效发生的场合,用于解决“这种失效发生的根本原因是什么?”;AFD-2 即失效预测,应用于识别可能发生但还没有发生失效的场合,用于解决“系统过程可能发生什么失效?”。

美国 Ideation International 公司开发了失效分析软件“Ideation Failure Analysis”(AFD-1)和失效预测软件“Ideation Failure Prediction”(AFD-2)。具体分析问题和发现问题的模板如表 6.1 和表 6.2 所示。

表 6.1　AFD-1 模板

步骤	内容
步骤 1:明确表述初始问题	对系统命名,说明其目的,描述已经发生的失效
步骤 2:确定成功模式	按阶段列出想要完成的功能及其成功的结果
步骤 3:局部化失效	识别出最后的事件,简化失效分析
步骤 4:阐明和放大逆向问题	转化为一个发明问题——询问“如何去做某些事情从而使某些失效发生?”,并在空间和时间上放大
步骤 5:寻求解决方案	根据步骤 4 中的逆向问题,利用系统中和系统周围的资源,搜索可能产生该问题的明显的解
步骤 6:明确表述解决方案并设计验证该方案的实验	根据步骤 5 中的解决方案产生合理的改进措施,并设计可执行的结构对其进行验证
步骤 7:改正和克服失效	如果步骤 6 中验证的方案可以解决失效,则将其列为改进措施,并对原系统进行改正

应用 AFD 方法确定的失效模式是系统存在的问题，去除研究对象已经解决的问题，对潜在问题的解决方案构成对原系统存在方案的伞型专利组合规避。

表 6.2　AFD-2 模板

步骤	内容
步骤 1:明确表述初始问题	对系统命名，说明其目的，描述已经发生的失效
步骤 2:确定成功模式	按阶段列出想要完成的功能及其成功的结果
步骤 3:确定失效模式	根据成功模式进行逆向提问，找出所有可能的失效模式
步骤 4:阐明和放大逆向问题	转化为一个发明问题——询问“如何去做某些事情从而使某些失效发生?”，并在空间和时间上放大
步骤 5:寻求解决方案	根据步骤 4 中的逆向问题，利用系统中和系统周围的资源，搜索可能产生该问题的明显的解
步骤 6:明确表述解决方案并设计验证该方案的实验	根据步骤 5 中的解决方案产生合理的改进措施，并设计可执行的结构对其进行验证
步骤 7:改正和克服失效	如果步骤 6 中验证的方案可以解决失效，则将其列为改进措施，并对原系统进行改正

6.2.2　AFD 方法应用的过程

考虑到伞型专利组合面向产品系统，而通常产品系统均可按照特定工艺路线或者功能实施顺序进行表达，同时考虑到 AFD 分析多面向产品系统的使用过程而开展，因此可依据工艺路线对整个产品系统进行分解。这包括整个工艺过程分为几个步骤，每个步骤的实现包含几个元件的参与，建立反向鱼骨图，如图 6.2 所示，为失效分析提供条件。在后续的失效分析过程中，以每个步骤为依据考查该产品系统实现的成功情形及失效情形。

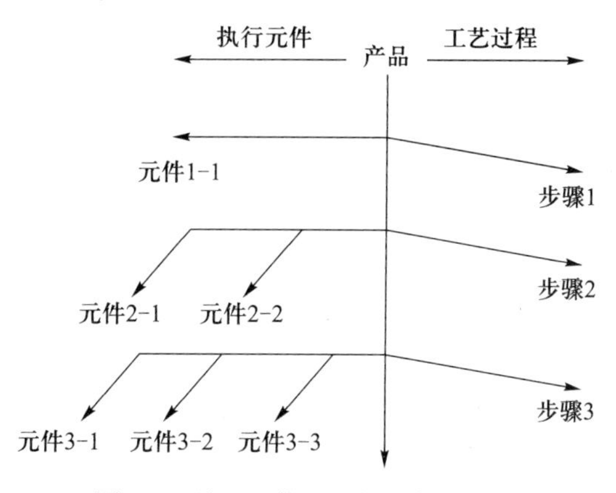

图 6.2　基于工艺过程的反向鱼骨图

失效分析主要包括失效表达、问题反转和失效确定三个过程，如图 6.3 所示。其目的在于通过构建系统功能成功情景，采用 AFD 方法确定已存在的失效问题和预测可能的失效问题。具体过程如下：

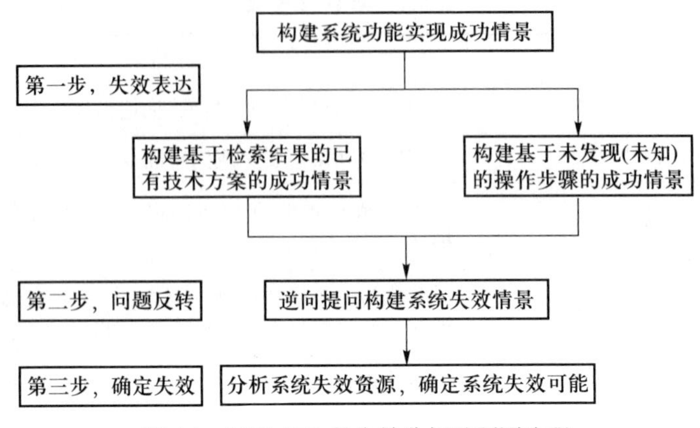

图 6.3 基于 AFD 的失效分析及预测流程

1. 失效表达

在面向伞型专利组合中，其失效表达为对产品系统的成功情景再现，主要从两个方面完成：一是基于已检索到的功能元问题，构建基于检索结果的已有技术方案的成功情景；二是对未检索到的功能元问题，构建基于未发现技术方案的成功情景。成功情景如表 6.3 所示。

表 6.3 功能实现过程中系统元件操作步骤的成功情景

元件	操作步骤	成功情景
1	步骤 1	步骤 1 的成功情景 s_1
2	步骤 2	步骤 2 的成功情景 s_2
⋮	⋮	⋮
i	步骤 i	步骤 i 的成功情景 s_i

2. 问题反转

基于 AFD 中“颠倒分析”思维，对存在的成功情景进行反转和重新描述，将成功情景变成逆向问题，即“如果系统的任务是使成功情景失败，应该如何去做”。例如，正常成功情景是轴承在使用很长时间后仍能很好地与中心齿轮配合，没有位移；变成逆向问题后成为：怎样才能使轴承移出原来的位置呢？反转后的失效情景如表 6.4所示。

3. 失效确定

基于系统内及周围环境资源的分析，依据问题反转后所有得到的失效情景进行筛选，逐一分析列表中的所有失效情景，确定其失效所必须的资源。根据资源查找算法确定实现失效情景所必需的资源是否存在于系统或其周围环境之中，将资源缺失的失效情景剔除，通过系统内外资源筛查，确定系统可能的失效情景，得到失效问题集。

表 6.4　功能实现过程中系统元件操作步骤的失效情景

元件	操作步骤	失效情景
1	步骤 1	步骤 1 的失效情景 s_1
2	步骤 2	步骤 2 的失效情景 s_2
⋮	⋮	⋮
i	步骤 i	步骤 i 的失效情景 s_i

通过上述步骤可发现规避对象专利未解决的技术问题，并对其已解决的技术问题的根本原因进行挖掘，从而对新问题模块形成解决方案，对旧问题模块通过添附新元素的方法得出新的解决方案。这均超出了原专利系统所承载的技术方案，形成相对于原专利系统的互补性技术，完成对伞型专利组合规避的问题挖掘。

6.2.3　应用 AFD 方法进行技术约束突破的案例

本节通过失效分析对一种电磁随钻测量系统的信号传输系统进行专利规避技术约束突破的说明。随钻测量是定向井、水平井施工中一项必不可少的技术手段。目前采用的电磁随钻测量（EM-MWD）系统是一种特殊的无线通信系统，传输过程如图 6.4 所示。信号由位于井眼（14）底部下部钻柱组合（15）上方的井下仪器总成

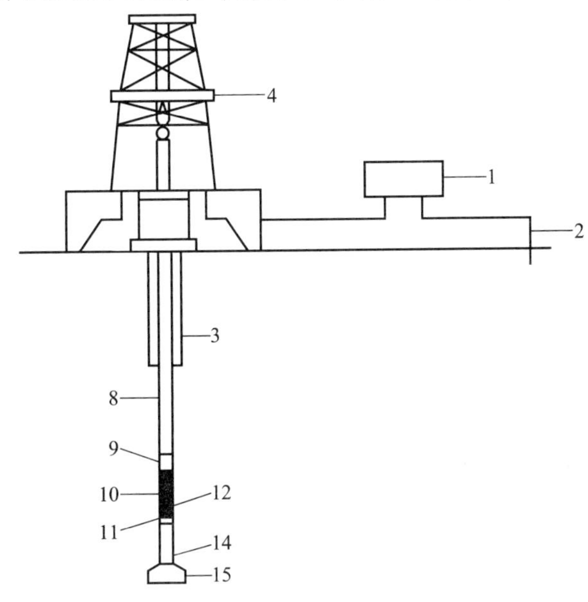

1—地面接收机；2—接收电极；3—地层；4—井架；8—钻柱；
9—发射机天线上接头；10—发射机天线绝缘接头；11—发射机天线下接头；
12—井下仪器总成；14—井眼；15—钻柱组合

图 6.4　电磁随钻测量系统信号发射、接收示意图[108]

(12)产生,经发射机的天线发射。所述发射机的天线从上至下依次包括发射机天线上接头(9)、发射机天线绝缘接头(10)和发射机天线下接头(11)。信号经过地层(3),地面接收机(1)通过接收电极(2)和与钻柱(8)连接的井架(4)接收信号,地面接收机(1)安装在井架(4)附近。

1. 依据电磁随钻系统的工艺流程,建立其反向鱼骨图

反向鱼骨图如图 6.5 所示。

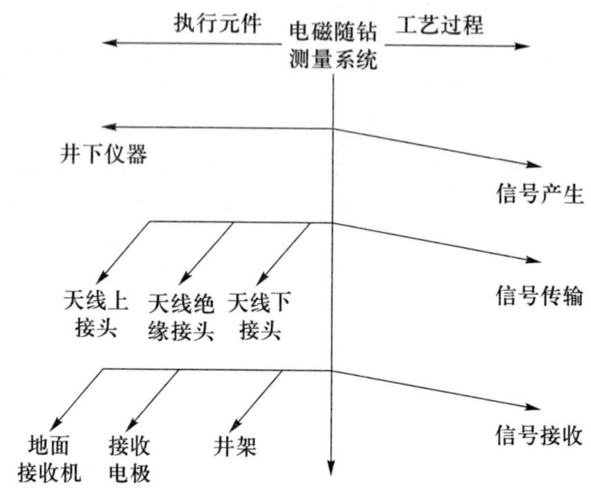

图 6.5　电磁随钻系统反向鱼骨图

2. 构建成功情景

构建电磁随钻测量系统工作的成功情景,如表 6.5 所示。

表 6.5　电磁随钻测量系统工作的成功情景

序号	成功情景
1	井下仪器未产生故障,能够正常产生信号
2	发射机天线下接头未出现接触不良,能够正常传输信号
3	发射机天线绝缘层未出现剥落现象,没有对信号产生影响
4	发射机天线上接头未出现接触不良,能够正常传输信号
5	接收电极未受到地面其他物体的干扰,对信号接收未产生影响
6	井架在地面上未受到人为、天气等额外因素的影响
7	地面接收机能够正常接收信号以及进行相关的信号处理

3. 问题反转

现有专利反馈出:电磁信号在传输过程中,传输性能会受到地层电阻率的严重影响,导致信号传输距离短,无法满足深井钻井需要;在现有的工作条件下,信号传输出现问题,导致地面接收不到信号是期望发生的事件。失效情景如表 6.6 所示:

表 6.6　信号传输模块的专利失效情景

序号	失效情景
1	地质层电阻率发生变化,导致产生的信号不能正常接收
2	井下老鼠对仪器产生了破坏
3	井下仪器发生故障,导致信号不能正常产生
4	测量系统的测量数据信号在编码调制和放大过程中发生故障
5	地面接收机发生故障,不能正常接收信号

4. 失效确定

分析失效情景的资源是否存在,如表 6.7 所示。

表 6.7　信号传输模块的失效确定

序号	失效确定
1	在地质层电阻率发生变化时,信号能够正常接受,此过程不能实现
2	老鼠在较深的井下不能存活,此过程不会出现
3	井下仪器发生故障,但能够正常修理,此过程能够实现
4	测量系统的编码调制和放大过程发生故障,此过程能够实现
5	地面接收机发生故障时能够正常修理,此过程能够实现

电磁信号不能被接收的失效分析结果为:由于地层是有耗介质,电磁随钻测量系统的信号在传输过程中,地层电阻率会使其发生严重衰减。因此,随着井深的增加,到达地面的信号的强度会越来越低,直至收不到信号,严重影响测量深度。

5. 问题解决

为了解决上述存在的技术难题,采用一种电磁随钻测量系统的信号传输中继器,如图 6.6 所示。中继器安装在井下发射机与地面接收机之间,其接收井底发射机的信号,进行一定的处理放大后再以不同的载波频率发射信号给地面接收机。中继器包括信号接收发射天线、信号接收处理器和信号转发处理器。利用本装置使地面接收机能够接收到质量较好的电磁信号,有效提高了电磁随钻测量系统的传输深度和对于不同地层的适应能力。也可以根据钻井地层的信号衰减情况,在钻柱上安装多个中继器,这样会大大提高地面接收的信号强度,使地面接收机能够接收到质量较好的电磁信号,从而增强电磁随钻测量系统对不同地层的适应能力,提高测量深度。该规避方案申请专利已经获得授权。

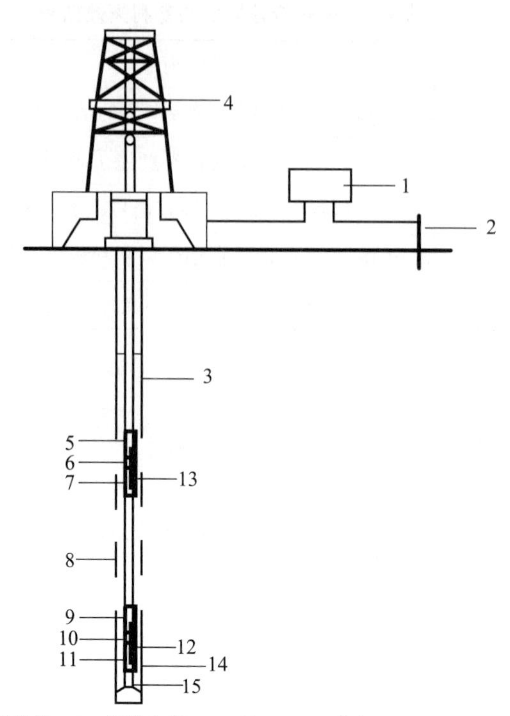

1—地面接收机；2—接收电极；3—地层；4—井架；5—上调整接头；
6—绝缘接头；7—下调整接头；8—钻柱；9—发射机天线上接头；
10—发射机天线绝缘接头；11—发射机天线下接头；12—井下仪器总成；
13—中继器仪器总成；14—井眼；15—钻柱组合

图 6.6　带有传输中继器的电磁随钻测量系统信号发射、接收示意图[109]

6.3　基于 AFD 的伞型专利组合规避设计流程

构建伞型专利组合规避设计的过程模型如图 6.7 所示，设计步骤如下：

【步骤一】选定规避对象主体。

【步骤二】检索该对象主体的某产品系统所对应的支撑专利。

【步骤三】构建针对该选定产品系统的伞型专利组合集束。

【步骤四】选定动力、传动、控制、执行模块中的某一个模块或者针对整个产品系统构建其专利-问题模型，建立研究对象的伞型专利组合。

【步骤五】构建选定的伞型专利组合部件的权利地图。

【步骤六】建立基于工艺过程或者机器实际工作过程的反向鱼骨图。

【步骤七】失效表达，构建系统功能实现的成功情景。这包括构建基于检索结果的已有技术方案的成功情景，也包括构建基于未发现（未知）的操作步骤的成功情景。

【步骤八】问题反转，逆向提问构建系统失效情景，可以选定某个操作步骤对其失效情景进行分析。

【步骤九】确定失效。分析系统失效资源，确定系统已经失效点的根本原因，确

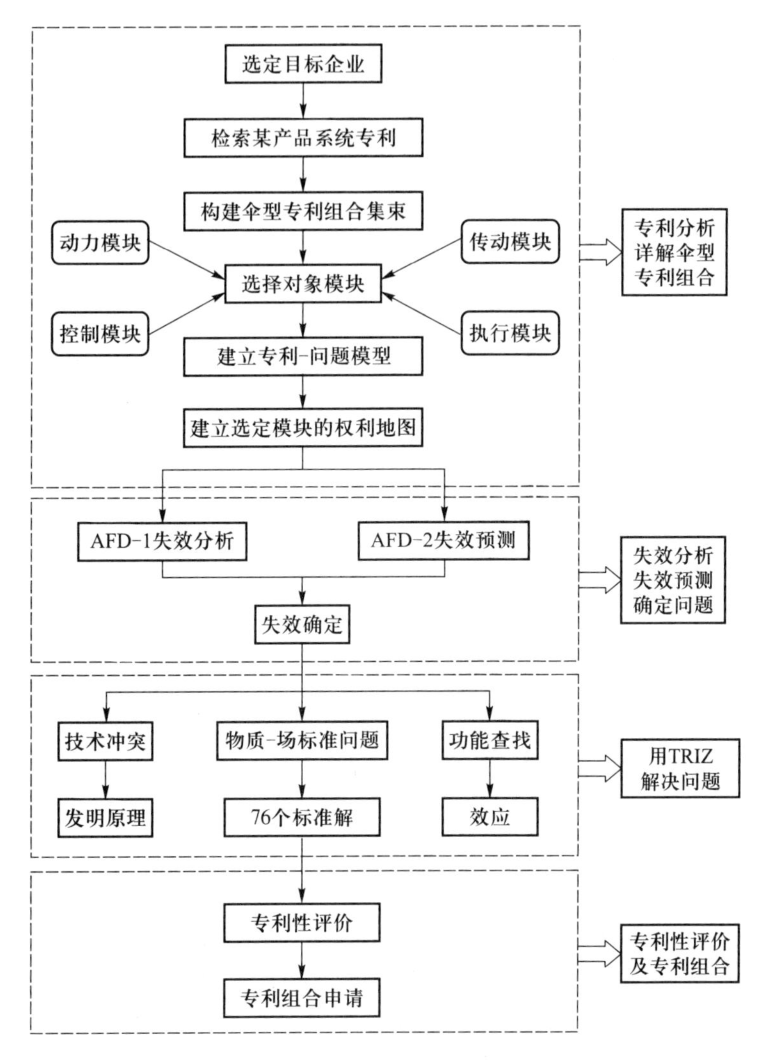

图 6.7　伞型专利组合规避设计过程模型

定专利中未解决的可能失效。

【步骤十】对步骤九中所确定的失效问题进行进一步的标准问题转化,用物质-场标准问题、发明问题以及效应查找问题进行描述。

【步骤十一】对步骤十中描述的标准问题利用 TRIZ 知识库如 40 条发明原理及实例、76 个标准解等相应的技术工具求得通解。最后,通过类比将 TRIZ 通解转化为领域解,激发设计方案,形成针对不同问题解决的方案解。

【步骤十二】判断步骤十一中所提出的方案解是否侵权。如果侵权,则返回步骤十;如果不侵权,则进行步骤十三。

【步骤十三】判断步骤十二中所提出的方案解是否具备专利性,从其实质授权条件新颖性、创造性、实用性角度进行方案评价。如果是,得到最终方案解;如果否,则进入企业知识库。

【步骤十四】将符合专利授权条件的最终方案解进行专利组合申请,来决定申请哪种类型的专利及企业的专利保护力度。

6.4 伞型专利组合规避实例分析

对专利组合的规避包括制度约束分析、技术约束分析、技术约束突破、技术约束评价四个过程。对伞型专利组合规避流程而言,步骤一至步骤四属于制度约束分析部分,步骤五属于技术约束分析部分,步骤六至步骤十一属于技术约束突破部分,步骤十二至步骤十四属于制度约束评价部分。本节以实例对管道机器人系统进行应用说明,目的是对 AFD 方法应用于伞型专利组合规避的流程进行验证。

各种机械管道在我们生活中随处可见,但是随着管道使用时间的增长或使用过程受到流体中所含杂质的腐蚀作用,可能导致管道状况恶化。为了确保安全,管道检测显得尤为重要。为适应管道复杂的环境条件,管道机器人的研究为检测工作提供了新的技术手段。

【步骤一至步骤二】选定规避对象主体,检索该规避对象主体某产品系统所对应的支撑专利。

选择规避对象主体为北京石油化工学院,以"管道"为关键词,在 SooPAT 专利数据库中进行专利检索,检索到目标主体在管道机器人方面的专利共计 22 项。为研究与内径测量相关的专利,进一步以"测量"为关键词,选择规避对象主体的管道机器人产品系统专利(专利号为 ZL201320586988.5),即基于位移传感器的管道内径测量装置作为规避目标专利。

在专利 ZL201320586988.5 中(图 6.8 和图 6.9),装置主要由主动行走机构(1)、辅助行走机构(2)、传感器机构(3)、灯光视觉机构(4)、传动机构(5)以及电气控制柜组成。其特征在于:主动行走机构(1)和辅助行走机构(2)设置行走轮对机器人中心进行定位;传动机构控制主动行走机构(1)及辅助行走机构(2)的

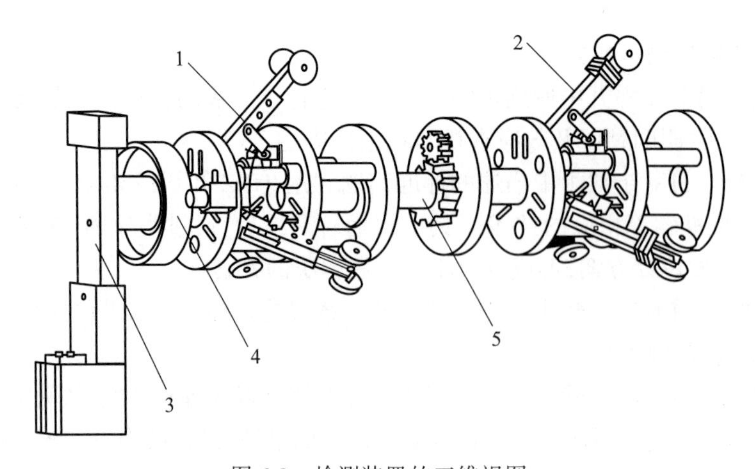

图 6.8 检测装置的三维视图

支撑臂同步打开和收缩；激光位移传感器（20）测量管道内壁径向相对位移，里程轮（34）记录行走里程，压力传感器测量管壁与行走轮间的压力，灯光视觉机构（4）观察管道的内部环境。

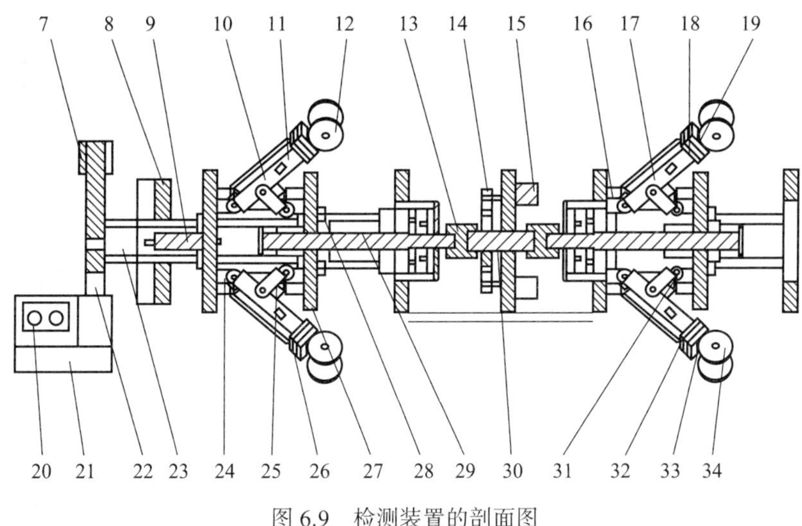

图 6.9　检测装置的剖面图

【步骤三至步骤五】进行制度约束分析，构建选定的伞型专利组合部件的权利地图。

分析专利权利信息，建立原专利主要权利信息的抽取图，如图 6.10 所示。

基于原专利权利信息建立系统功能模型，可以建立如图 6.11 所示的功能结构模型。分析模型，该装置的辅助行走机构的主要作用是完成支撑臂同步打开和收缩，辅助行走机构（2）由调整板（18）、碟簧（33）、里程轮（34）、行走轮轴座（16）、压力传感器（32）组成。辅助行走机构的原理图如图 6.12 所示。

【步骤六至步骤九】进行技术约束突破，通过失效表达、问题反转、失效确定等 AFD 方法进行问题发现及问题确定。

（1）依据辅助行走机构的执行任务流程，建立其反向鱼骨图，如图 6.13 所示。

（2）构建成功情景，如表 6.8 所示。

（3）问题反转，得到该机构的失效模式，如表6.9所示。

（4）失效确定，分析失效情景的资源是否存在，确定该机构的失效模式，如表 6.10 所示。

对其进行失效分析后发现，系统的辅助行走功能存在有害作用，传感器对功能的实现有延迟，且作用精度无法保证。为解决这个问题，更好地实现辅助行走功能，实现对伞型专利组合的规避，希望增加新执行元件和新的模块来实现新的技术方案，从而形成原有技术方案的互补性技术方案。

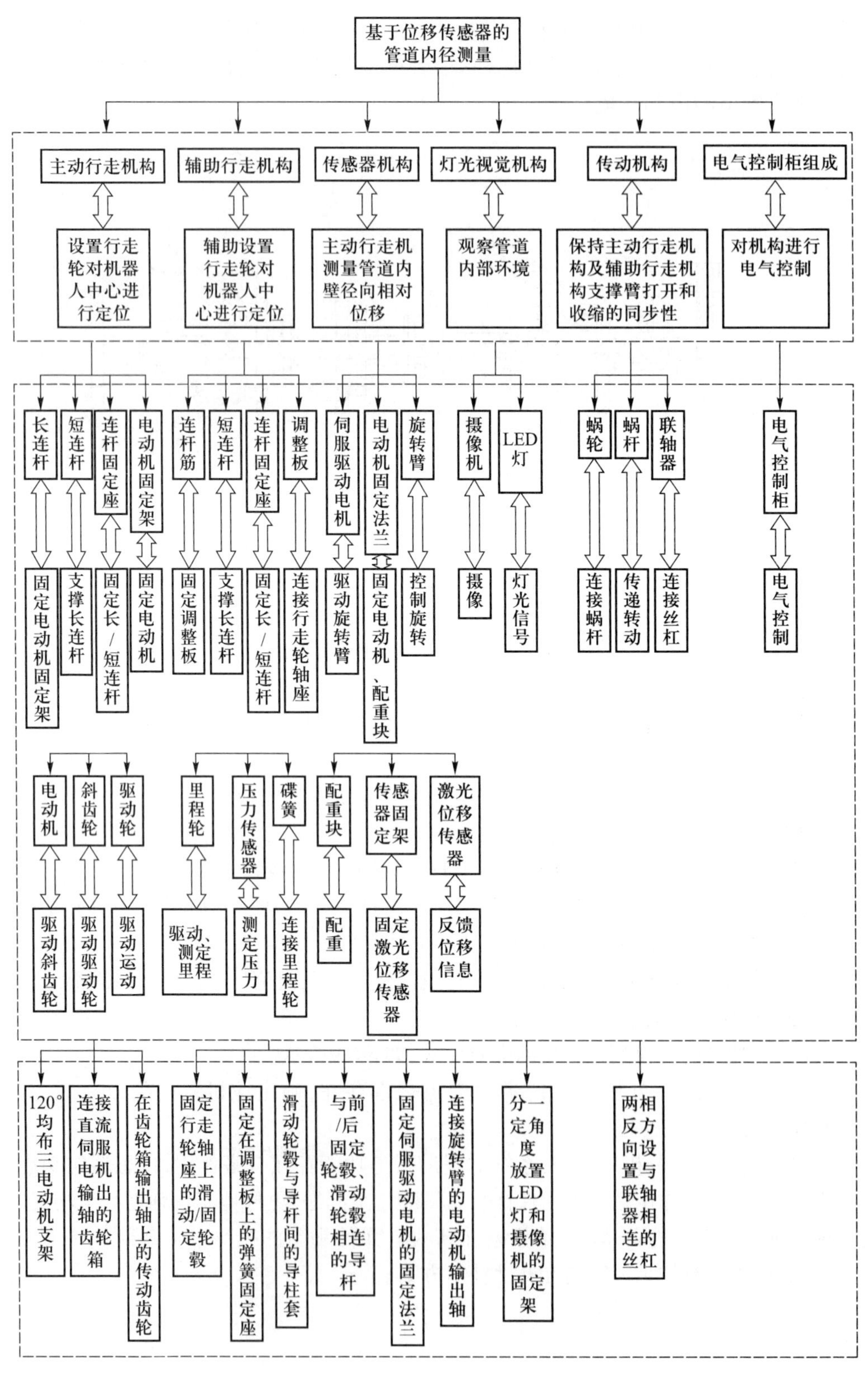

图 6.10　原专利主要权利信息抽取图

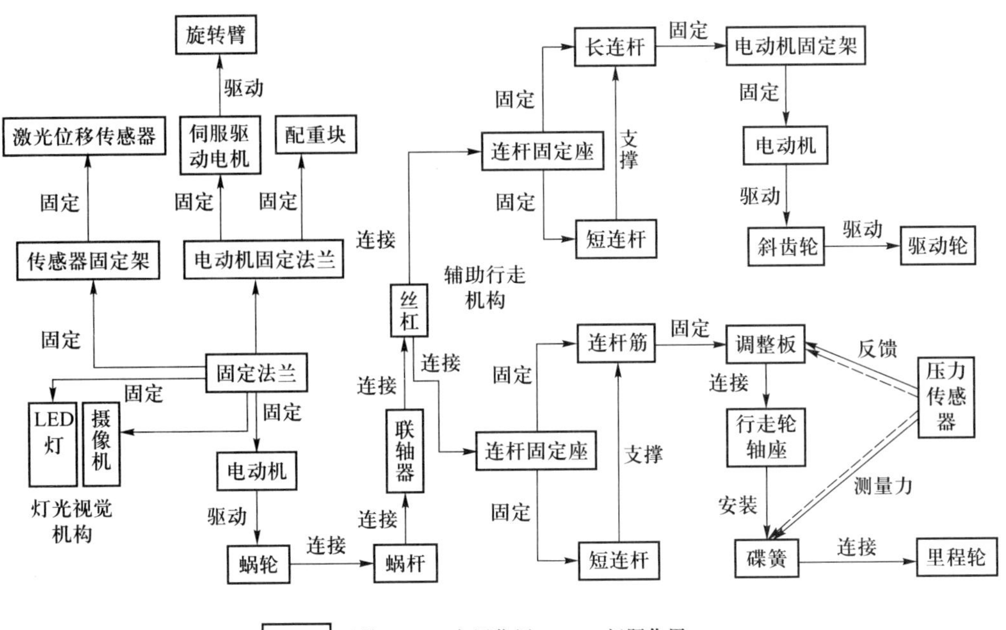

图 6.11　原专利功能结构模型

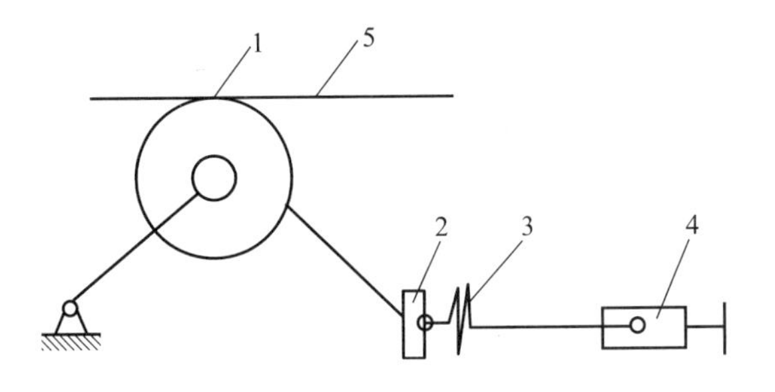

1—里程轮； 2—调整板； 3—碟簧；
4—行走轮轴座及传感器； 5—管壁内侧

图 6.12　辅助行走机构原理图

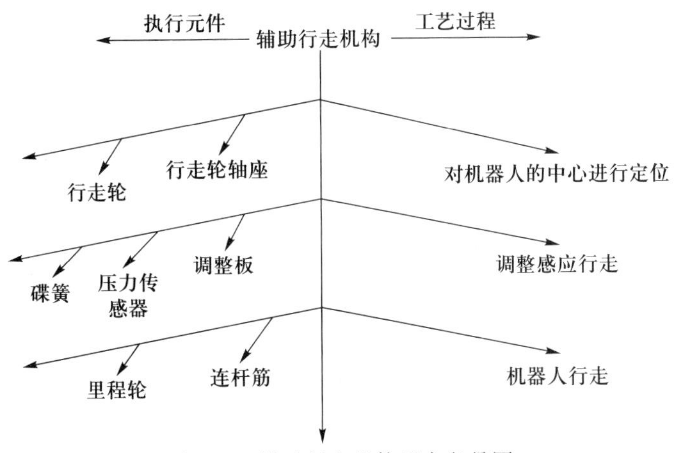

图 6.13　辅助行走机构反向鱼骨图

表 6.8　辅助行走机构的成功情景

序号	功能步骤	成功情景
1	定位	1. 对机器人中心进行准确定位
2	调整行走	2. 压力传感器能准确测量管壁与行走轮之间的压力
		3. 调整板能根据传感器的反馈精确调整
3	机器人行走	4. 里程轮可以按照要求实现行走记录

表 6.9　辅助行走机构的失效情景

序号	功能步骤	成功情景
1	定位	1. 行走轮失控,无法对机器人中心进行准确定位
2	调整行走	2. 压力传感器不灵敏,无法准确测量管壁与行走轮之间的压力
		3. 压力传感器无法给调整板传送信号,调整板无法作出精确调整
		4. 行走机构在直道和弯道转速不一样,碟簧断裂
3	机器人行走	5. 里程轮无法贴近管道面,不能记录行走里程

表 6.10　辅助行走机构的失效确定

序号	失效资源分析及原因	分析结果
1	无法对机器人中心进行准确定位的原因是行走轮轴座无法固定,资源不存在	不会发生
2	因碟簧滑块驱动力不足或者打滑会导致压力传感器不灵敏情况发生,实际中存在促成该原因的资源,因为提高管径适用范围,通常会增大轮腿长度,其结果是碟簧行程变大,驱动力不足或打滑,造成压力传感器不灵敏	确定发生
3	压力传感器不灵敏会造成无法给调整板传送信号,原因和资源同上	确定发生
4	行走机构在直道和弯道转速不一样,碟簧断裂的原因是直道时同轴移动和转速须相同;而弯道时驱动轮转速要求不同,于是失效	确定发生
5	里程轮无法贴近管道面,与碟簧行程无法适应有关系,造成不能记录行走里程,该资源存在	确定发生

【步骤十至步骤十一】对失效问题进行标准问题转化,利用 TRIZ 知识库的技术工具求得通解。最后,通过类比将 TRIZ 通解转化为领域解,激发设计方案,形成针对不同问题解决的方案解。

在对新执行元件进行设计时,需解决以下两种冲突:

(1) 设计中遇到的技术冲突。为提高管径的适用范围,需增大轮腿的长度,而增大轮腿长度的结果是滑块(弹簧)的行程变大,导致驱动不足或打滑。原专利中运用传感器反馈解决冲突,但精度及反应速度无法保证。

（2）设计中遇到的物理冲突。为保证直道时机器人与管道同轴移动，驱动轮转速须相同，但是为使机器人被动通过弯道，驱动轮转速又要不同。

为解决设计中遇到的技术冲突，首先从 39 个标准工程参数（No.1 ~ No.39）中选择确定技术冲突的一对特征参数，它们是：①质量提高的参数，即物体产生的有害因素（No.31）；②带来负面影响的参数，即运动物体的长度（No.3）。

由冲突矩阵的第 31 行第 29 列确定可用发明原理：动态化（15）；未达到或超过的作用（16）；维数变化（17）；变有害为有益（22）。

选取第 15 条及第 17 条发明原理进行设计：

（1）动态化。即可增加一个调节电机，把弹簧右端的固定支撑变成可控的移动支撑，在每一个阶段自动调整右端支撑的位置来保证弹簧力，以解决驱动不足或打滑的问题。但是，该方法并没有改变弹簧在轴向的变化量（为了保证弯道的可控性，机器人的轴向尺寸不能太大），而且又增加了一个驱动，使系统变得复杂，故非最优方案。

（2）维数变化（多层排列代替单层排列）。即可把弹簧直接对轮腿径向变化尺寸的调节改为弹簧先对角度的调节，再通过角度的变化转化为径向尺寸的变化。

综合分析两种方法，为节约成本，简化操作，本文最终确定的方案原理图如图 6.14所示。

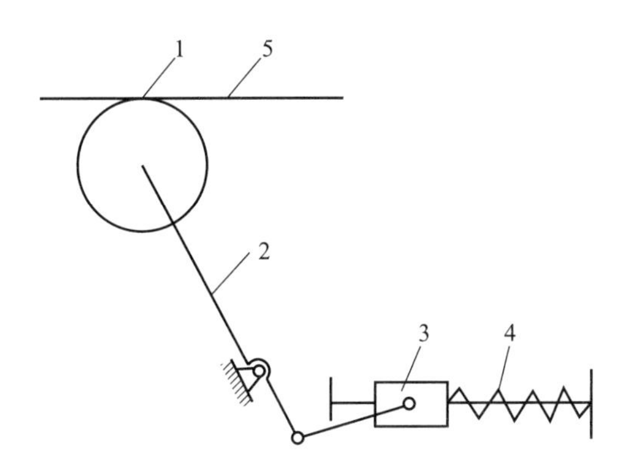

1—里程轮；2—轮腿；3—滑块；4—弹簧；5—管壁内侧

图 6.14　管道检测机器人自适应结构

为解决设计中遇到的物理冲突，选取时间分离原理，即将冲突双方在不同时间段分离：直道时驱动轮转速相同；弯道时，驱动轮转速不同。基于此方法利用棘轮机构将其在时间上进行分离，从而解决了该冲突。形成的方案为：当机器人在直管道中行走时，由电动机同时控制三个驱动轮使其转速相同，保证机器人能够与管道同轴移动；当需要通过弯道时，由于驱动轮转速不同，故使该控制电动机停止工作，利用棘轮特性同时在另一个电动机的推（拉）动作用下，保证该机体顺利通过弯道。具体结构如图 6.15 所示。

运用 TRIZ 解决了上述冲突，形成创造性比较高的新方案，且此方案结构简单，功能作用精度较高，有较好的实际应用价值。

基于 TRIZ 对新问题进行规避设计，使得原专利中因压力传感器侦测和反馈带来

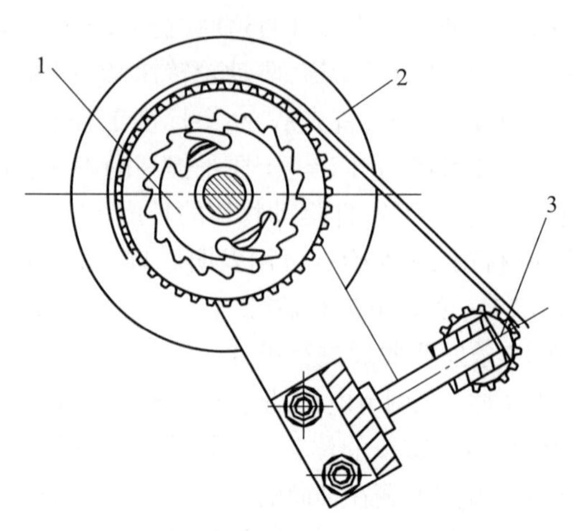

1—棘轮；2—里程轮；3—驱动轮轴

图 6.15　棘轮结构

的响应时间延迟及精度问题得到充分弥补,并且由于辅助行走机构由主动反馈方式改为被动响应,减少了响应时间,使得行走动作更为连续有效。而核心行走方式的转变使得裁剪后的方案明显有别于原方案,在原专利的基础上形成了具有自主知识产权的基于被动自适应的管道检测机器人,创新方案的功能结构模型如图 6.16 所示。

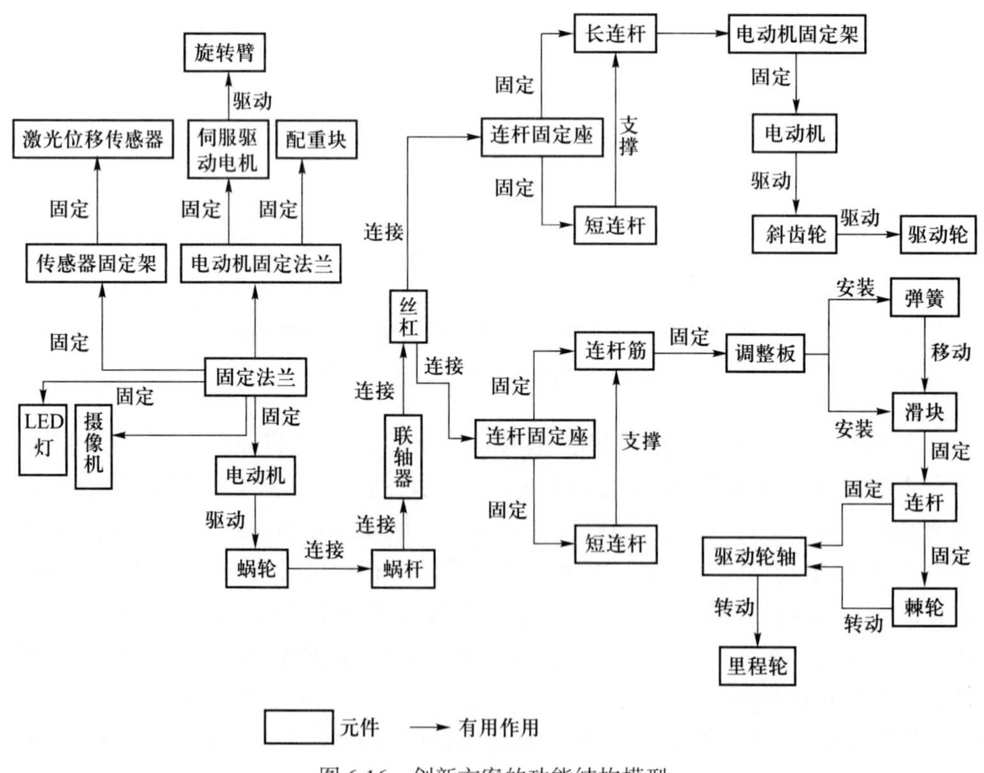

图 6.16　创新方案的功能结构模型

【步骤十二至步骤十四】方案的知识产权评定。

将该方案新的功能结构与已有专利的功能结构图对比。新方案对原专利核心技术辅助行走机构反馈机制进行了重新设计,裁剪了原专利存在的问题作用,形成了新的设计方案。依据专利侵权判断流程图进行判定,已成功规避了原专利的保护范围,形成可申请新专利的创新成果。

6.5 本章小结

本章给出了一类对伞型专利组合进行规避的设计原理及过程模型,应用 AFD 方法发现原系统的新问题;给出一个带有电磁随钻测量系统的专利规避技术约束突破的实际案例,并应用总流程对管道机器人进行了创新设计,通过对新问题的挖掘,实现了与原专利方案不同的新技术方案,该方案已经申请专利。

第 7 章　束型专利组合规避设计方法

7.1　引言

束型专利组合的专利成员是围绕某一个技术问题形成的多个不同的解决方案。束型专利组合规避的目标是对某一个技术问题进行重新解决,形成针对这个技术问题的多个技术方案。在专利制度中,往往一个专利的独立权利要求解决一个技术问题,并针对一个技术问题形成保护范围最大的技术方案,从属权利要求是对这个技术问题的细枝末节进行变换的替代技术方案。对束型专利组合规避的实质是对原有的技术方案进行多种非等同变形,或者采用不同的原理解加以解决。本章重点介绍两种不同的束型专利组合规避方法及过程模型,形成与原专利技术相竞争的技术方案。

7.2　基于功能裁剪的束型专利组合规避设计

7.2.1　功能裁剪与束型专利组合规避

有一类束型专利组合的规避路径是针对单一专利进行方案变形的专利规避设计,多个不同的变形方案对原专利构成竞争性及替代性技术方案。制度约束部分为避免专利侵权的“低约束”,用裁剪方法提取了多个裁剪变体,每个裁剪变体对原系统会产生冲击,带来冲突,解决冲突所形成的新的设计方案对原专利系统而言是竞争性或者替代性的技术方案,因此裁剪的方法可用于束型专利组合规避。

基于功能裁剪的束型专利组合规避突破技术约束的关键步骤如下:

【步骤一】基于制度约束部分所建立的功能模型划分规避区域,对元件之间作用关系进行分析,建立作用关系集,识别问题功能元。问题功能元的元件间的作用关系分为冲突、不足作用、有害作用及过剩作用。分析元件间的关系,发现问题功能元或者问题连接关系。

如果问题功能元属于不同的部件,则按照如下的裁剪顺序来裁剪:

裁剪传输部件——→裁剪动力部件——→裁剪控制部件——→裁剪执行部件

【步骤二】针对问题功能元,选择第 3 章介绍的制度约束提取的面向专利规避的裁剪路径,按照裁剪路径的选择顺序依次适用。在对问题功能元进行改善时按照以下顺序进行,若方案可行则形成新方案,不可行则选择下一路径:

(1) 先删除问题功能部件,即采用路径 A;

(2) 删除或删减部件、元件与特征件,其功能由目标部件或者元件自实现,即采用路径 B1、B2;

(3) 删除或删减部件、元件与特征件,其功能由系统内其他元件实现,即依次尝试路径 C1、C2;

(4) 删除或删减部件、元件与特征件,其功能由引入的其他元件系统实现,即依次尝试路径 D1、D2、E、F、G、H、I、J、K、L;

(5) 对某个功能单元只增加元件或者特征件,对另外的功能单元则删减或者替换,即采用路径 M 及路径 N;

(6) 如果属于方法专利及外观设计,则采用路径 O、P、Q。

【步骤三】构筑裁剪问题模型,对裁剪后的问题模型用 TRIZ 方法进行重新定义,并在后续用相应的 TRIZ 方法进行解决。

综上,依据不同规避原则,结合不同的裁剪路径进行问题转换,选择不同的裁剪路径,建立规避对象元件的变形问题集 $P(P_1, P_2, \cdots, P_{n-1}, P_n)$,则对某项技术特征优化的可能性越大,创新选择范围越大。在方案解决阶段可分别选定 40 条发明原理、76 个标准解及效应知识库等进行启发创新,从而完成技术约束突破。

7.2.2 基于功能裁剪的束型专利组合规避设计流程

建立基于功能裁剪的束型专利组合规避设计过程模型如图 7.1 所示。

【步骤一】选定规避对象,规避对象包含束型专利组合或者单一专利。

【步骤二】建立基于三大层次的专利权利范围地图或者不同专利组合的权项集束。

【步骤三】建立作用关系集,识别问题功能元。对有害作用关系、过剩作用关系、不足作用关系进行识别。

【步骤四】选择裁剪顺序,确定用于功能裁剪的功能部件部位。

【步骤五】选择规避路径,对面向不同原则的专利规避路径进行选择。

【步骤六】经功能裁剪后,形成功能裁剪变体。

【步骤七】判断裁剪变体是否能直接得到理想解。如果是,则转到步骤九,直接得出建议方案;如果否,则转入步骤八。

【步骤八】对出现的不同问题,进一步分析属于哪一种问题。如果裁剪后存在冲突,则用 40 条发明原理解决;如果裁剪后需要用新的功能元替代,则在效应知识库中进行功能查找;如果裁剪后的模型需要用物质-场模型进一步分析之间的作用关系,则选择 76 个标准解。

【步骤九】结合行业经验,由 TRIZ 启发解得到建议方案。

【步骤十】判断步骤九中所提出的方案解是否侵权。如果侵权,则返回步骤五或者步骤八;如果不侵权,则进行步骤十一。

【步骤十一】判断步骤十中所提出的方案解是否具备专利性,从其实质授权条件新颖性、创造性、实用性角度进行方案评价。如果是,得到最终方案解;如果否,则进入企业知识库。

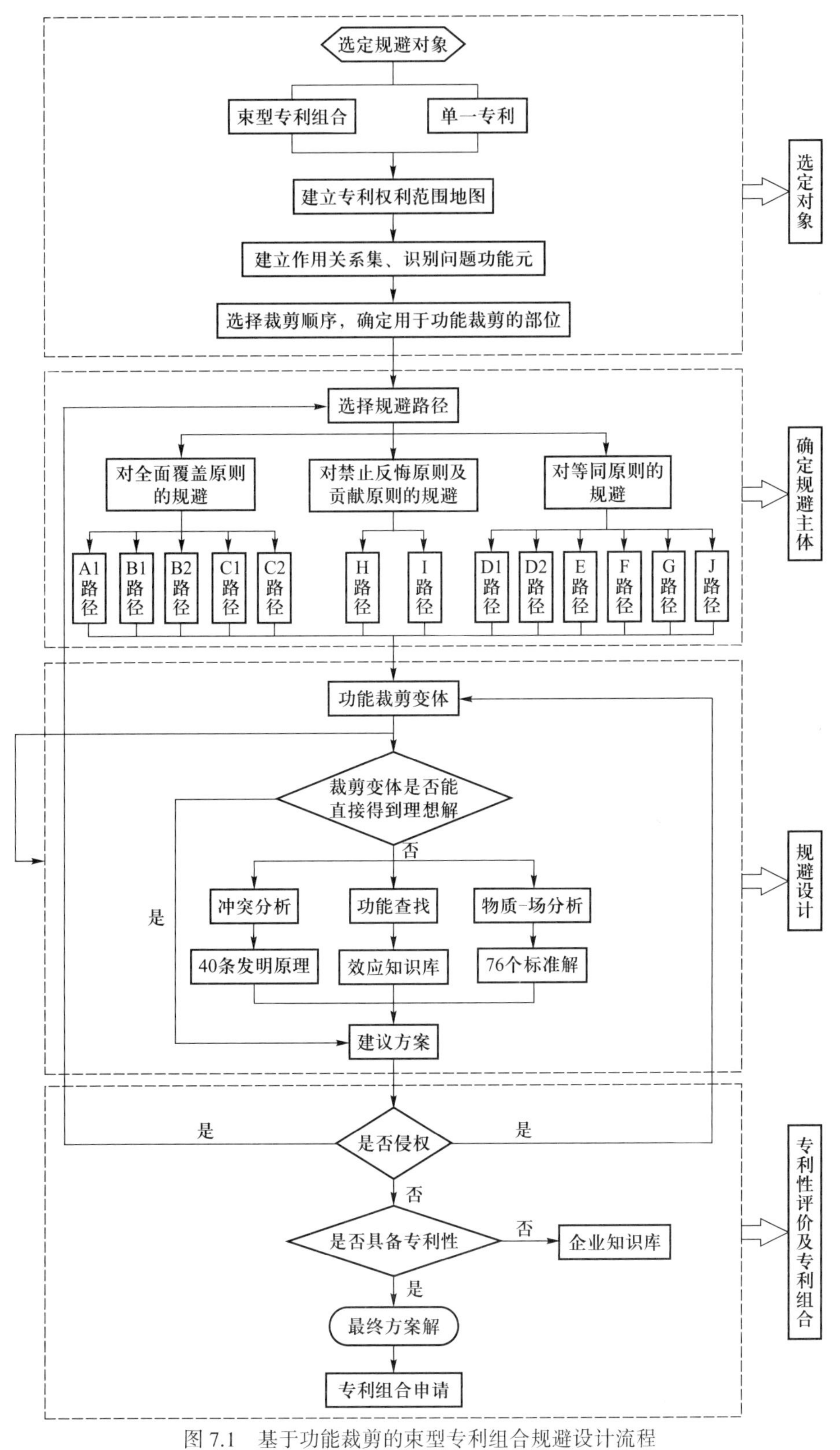

图 7.1　基于功能裁剪的束型专利组合规避设计流程

【步骤十二】将最终的方案解进行专利组合申请。

7.2.3 基于裁剪的束型专利组合规避实例分析

本节依据图 7.1 进行如下实例分析。

【步骤一】选定规避对象。

本节以一种"用于粉条加工的揉面机"为例,以专利号为 ZL200520031671.0[110] 的专利作为原型专利,来说明基于裁剪的专利规避方法。策略目标是规避出竞争性专利。

该专利为一种用于粉条加工的揉面机,包括机架、电动机、进出料口、U 形揉面斗、揉面锤、曲柄连杆构件。该专利以电动机驱动曲柄连杆机构,带动揉面锤,通过输送搅龙将面输送到 U 形揉面斗中,揉面锤在揉面斗中揉面。其原理如图 7.2 所示。

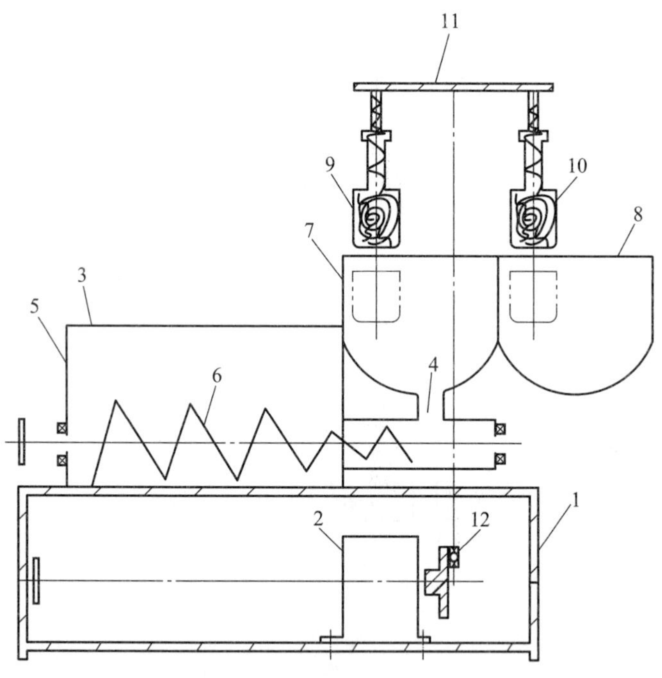

1—机架；2—电动机；3—进料口；4—出料口；5—料斗；6—输送搅龙；7— U形揉面斗；8—U形揉面斗；9—揉面锤；10—揉面锤；11—支撑架；12—曲柄连杆机构

图 7.2　粉条加工的揉面机原理图[110]

【步骤二】建立权利范围地图。

基于制度约束,建立专利权利信息阅读图,得到六项必要技术特征集 T(T_1、T_2、T_3、T_4、T_5、T_6),如图 7.3 所示。

(1) 建立基于专利三大层次信息的功能树,如图 7.4 所示。规避对象揉面机包含动力机构、支撑机构、传输机构、存储机构及执行机构。

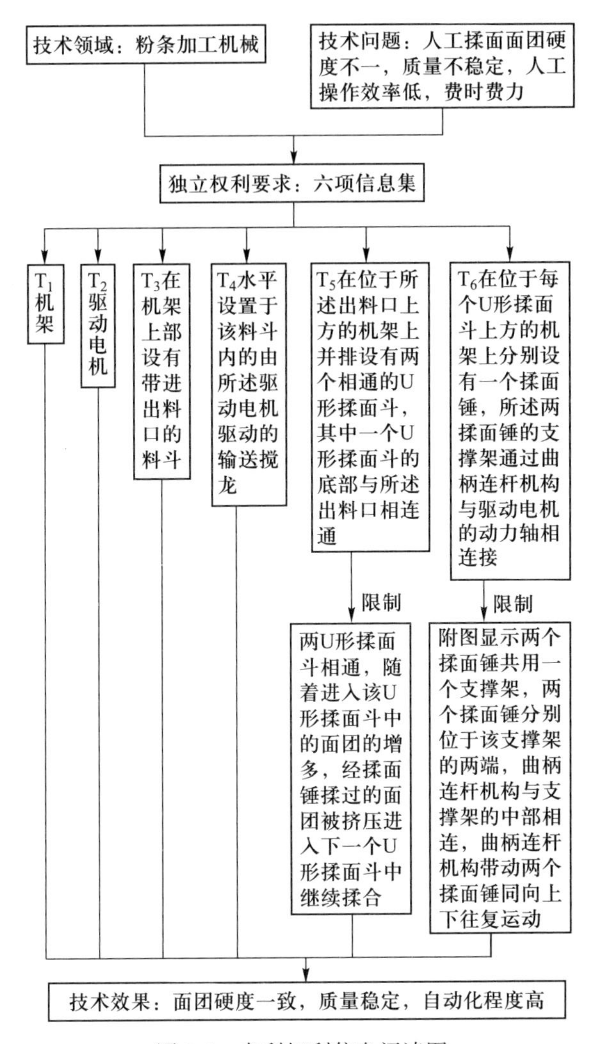

图 7.3　专利权利信息阅读图

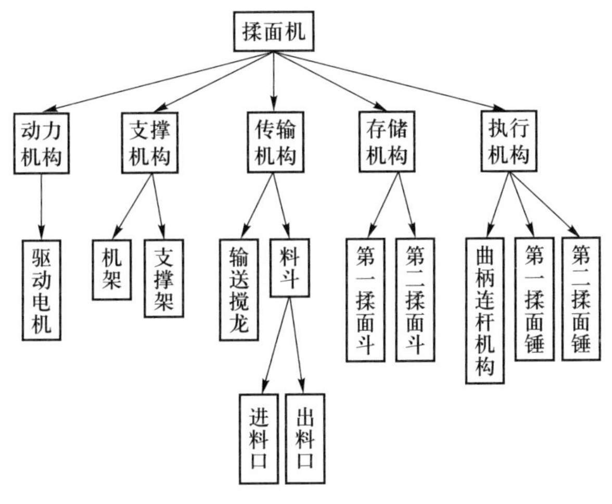

图 7.4　基于功能树的专利三大层次信息提取

(2) 建立针对权利要求的功能模型图,并划分针对部件层的规避区域,标注如图 7.5 所示,虚线框将功能模型图划分为四个规避区域。

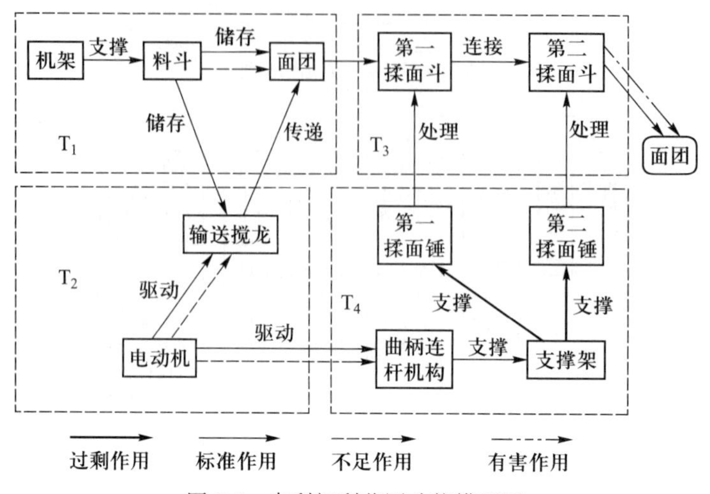

图 7.5　专利权利范围功能模型图

【步骤三】建立作用关系集,识别问题功能元。

基于功能单元的问题挖掘过程为:针对每个功能单元,选择规避路径,汇总尽可能多的问题。本文基于权利范围图,在四个维度上对目标专利进行全面分析,对每个专利规避区域的问题进行逐项判断标准作用、不足作用、过剩作用和有害作用,提出存在的问题,并在表 7.1 中给予标示,建立问题集 $P(P_1, P_2, P_3, P_4)$。

【步骤四至六】确定用于功能裁剪的功能部件部位,选择规避路径,经功能裁剪后,形成功能裁剪变体。

【问题一】选择规避路径 K,针对传输机构部件层进行功能裁剪,如图 7.6 所示,问题转变为如何改变位置特征来增强输送搅龙对面团的作用力。

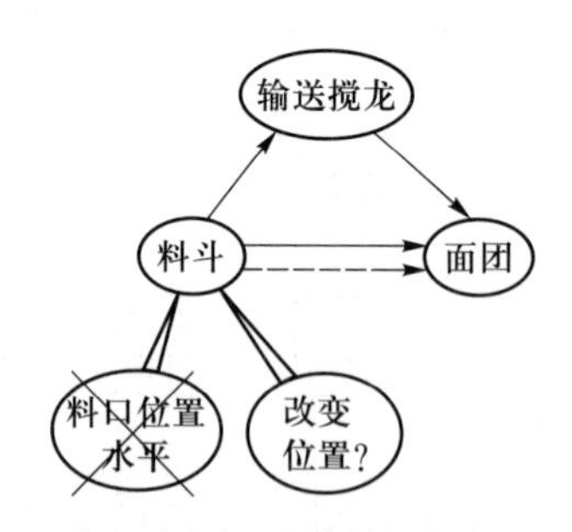

图 7.6　基于路径 K 的传输机构部件层分析

【问题二】选择规避路径 L,针对动力机构部件层进行功能裁剪,如图 7.7 所示。问题转变为增加新的执行元件来增强原驱动电机的作用扭矩。

【问题三】同问题一。

【问题四】选择规避路径 D1,针对执行机构部件层进行功能裁剪,如图 7.8 所示。问题转变为寻找新的执行元件来替换原曲柄连杆机构。

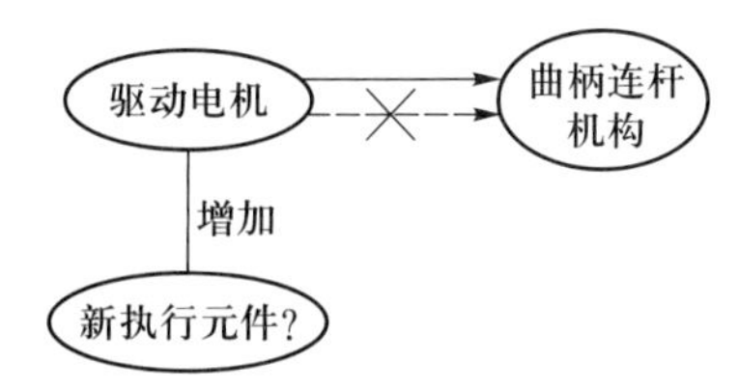

图 7.7　基于路径 L 的动力机构部件层分析

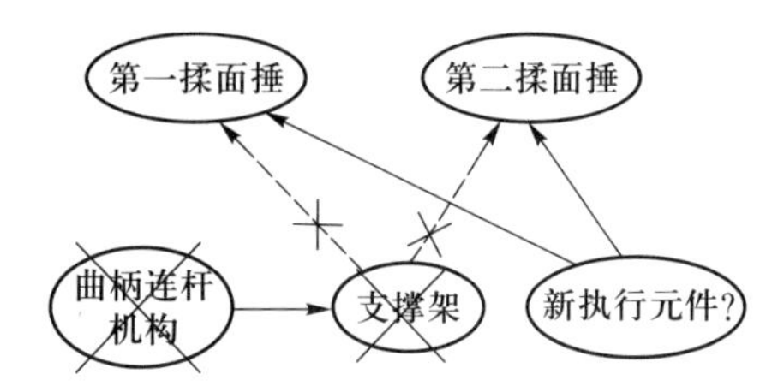

图 7.8　基于路径 D1 的执行机构部件层分析

表 7.1　基于特征分析的问题集

特征集	主动元件	作用	被动元件	级别	元件之间的位置连接关系	存在的问题
T_1	机架	支撑	料斗等元件	标准	料斗设置在机架上部	P_1输送方式是由下往上输送，生产量低，产品质量差，费力费时
	料斗	储存	面团	有害	进料口与出料口平行设置	
T_2	驱动电机	驱动	输送搅龙	不足	输送搅龙水平设置在料斗内	P_2扭矩不足
	驱动电机	驱动	曲柄连杆机构	不足	曲柄连杆机构与驱动电机的动力轴相连接	
T_3	第一揉面斗	连接	第二揉面斗	标准	在位于所述出料口上方的机架上并排设有两个相通的 U 形揉面斗，其中一个 U 形揉面斗的底部与所述出料口相连通。	P_3输送方式是由下往上输送，生产量低，产品质量差，费力费时
T_4	曲柄连杆机构	支撑	支撑架	标准	两个揉面锤共用一个支撑架，两个揉面锤分别位于该支撑架的两端，曲柄连杆机构与支撑架的中部相连，曲柄连杆机构带动两个揉面锤同向上下往复运动	P_4两个锤子同时启动，噪声大，费动力
	支撑架	支撑	第一揉面锤	标准		
	支撑架	支撑	第二揉面锤	标准		
	第一揉面锤	处理	第一揉面斗的面团	过剩		
	第二揉面锤	处理	第二揉面斗的面团	过剩		
T_5	本技术特征集用来解决的技术问题：揉制出的面团硬度不一，气体排除不完全，质量不稳定，费时费力				目标：质量稳定、自动化程度高的用于粉条加工的揉面机	P_5没有抽空设备，无法在机械化生产的时候，将面粉内的空气排出，影响揉面效果

【问题五】基于总功能的问题挖掘。从原专利解决的技术问题出发，挖掘出问题P_5:原专利技术无法在机械化生产时，将面粉内的空气排出，影响揉面效果。问题转化为:增加新的执行元件来解决原面粉内空气无法排出的有害效果。

【步骤七】判断裁剪变体是否能直接得到理想解，如果能，直接得出建议方案。

针对问题P_1“如何改变位置特征来增强输送搅龙对面团的作用力”，得到改变后的一种设计方案T'_1，即“改变进出料口的位置，进料斗设在机架梯形的上部，出料斗设在梯形机架的下部，作业面团从进料斗的输送搅龙自流到出料斗”。

针对问题P_3“如何改变位置特征使面团的输送方式更省力”，改进后的一种设计方案为T'_3，即“两个U形揉面斗位于出料口一侧的下方，面团到达出料口后在输送搅龙的挤压作用和自身重力的双重作用下自上而下进入揉面斗中”。

针对问题P_2“增加新的执行元件来增强原驱动电机的作用扭矩”，改进后的一种设计方案为T'_2，即采用本领域的公知常识技术“在驱动电机上增加一个减速器”。

【步骤八】对出现的不同问题，选用不同的TRIZ方法解决问题。

由于问题P_4所对应的规避区域T_4是原专利吉普生式权利要求类型中的区别技术特征，故作为本文的重点规避区域。针对重点规避区域T_4，该技术手段存在的问题是:寻找新的执行元件来替换原曲柄连杆机构，解决两个揉面锤共用一个支撑架，曲柄连杆机构带动两个揉面锤同向上下往复运动，噪声大、费动力的问题。进行冲突分析，转换成如下TRIZ标准问题:

(1) 改善的特征:时间损失。

(2) 恶化的特征:装置的复杂性、功率。

查找冲突矩阵，发明原理有10、6、20、35。应用发明原理20，即有效作用的连续性。

【步骤九】结合行业经验，由TRIZ启发解得到建议方案。

针对问题P_4，应用发明原理“有效作用的连续性”带来的启示，结合设计经验，所采用的理想解是:两揉面锤各有一个支撑架，两个揉面锤的支撑架之间由杠杆连接，其中一个揉面锤的支撑架通过曲柄连杆机构和动力驱动装置使两个揉面锤反向上下往复运动。

综上，得到的技术方案所对应的功能模型如图7.9所示。

【步骤十至步骤十二】方案解的评价。

根据表3.3基于侵权原则的制度约束评价表，针对规避后的技术方案进行制度约束评价。规避后的技术方案的五项必要技术特征中有四项T'_1、T'_2、T'_3、T'_5不符合法律的规定，构成侵权，但是由于第四项技术特征T'_4属于实质改变特征，因此五个特征的组合形成新的技术方案，仍为成功规避的技术方案。该方案的评价表如表7.2所示。

依据该技术方案，采用电动机驱动，经减速器减速后，从输出轴两端输出动力:一端经链传动驱动搅龙转动，另一端由滑杆将动力传递到偏心轮。偏心轮通过曲柄连杆带动两个揉面锤上下运动，在揉面斗中进行揉面。形成的新技术方案使竞争者

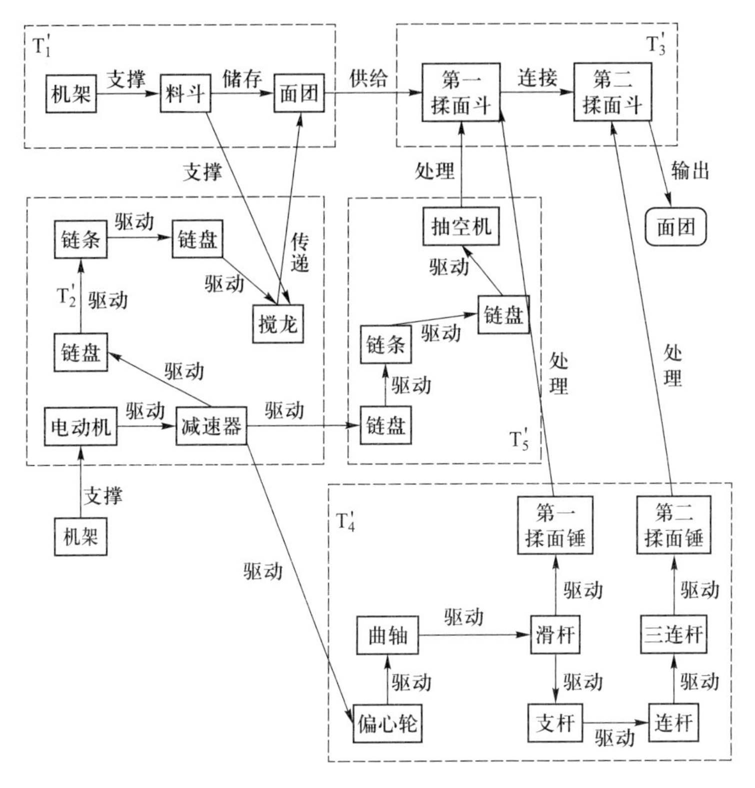

图 7.9　规避后技术方案的功能模型图

获得了自有专利权,后原专利权人与竞争者因规避方案的创新性产生纠纷,在专利诉讼中竞争者的设计方案被判定不侵权,从侧面证明了运用功能裁剪方法进行专利规避设计的可行性。所得的设计结果对原专利方案构成竞争性,其原理如图 7.10 所示。

表 7.2　基于制度约束的创新设想评价表

原必要技术特征	规避后的必要技术特征	判断原则	具体规避分析	结论
T_1	T'_1	S_1	K_1	N
T_2	T'_2	S_1	K_2	N
T_3	T'_3	S_1	K_4	N
T_4	T'_4	S_2	M_2	Y
	增加 T'_5	S_1	K_2	N

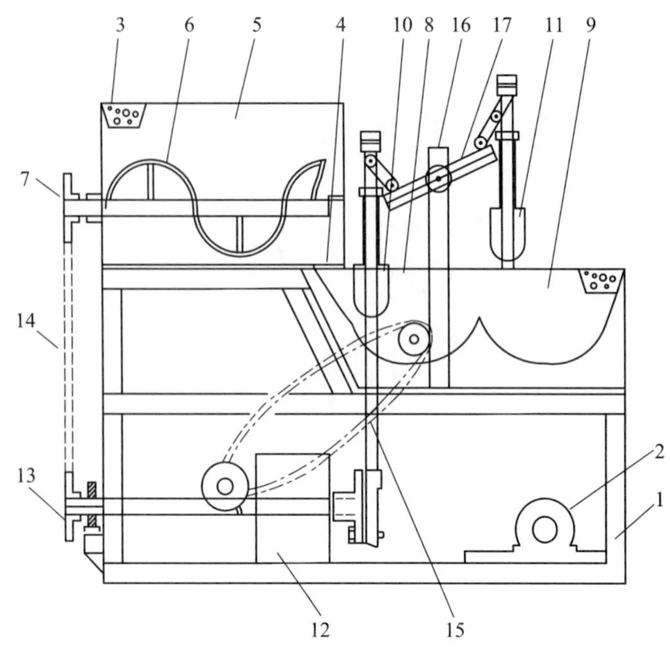

1—机架；2—电动机；3—进料口；4—出料口；5—榨面斗；6—搅龙；
7—链盘；8、9—揉面斗；10、11—揉面锤；12—减速器；13—链盘；
14—链条；15—滑杆；16—支杆；17—连杆

图 7.10　技术路线原理图[111]

7.3　基于技术进化定律的束型专利组合规避设计

7.3.1　技术进化定律与束型专利组合规避

面对同一个问题解决，假如不仅仅是在原有的原理下做更多的结构变形，而是采用不同的原理，形成的竞争性方案也是束型专利组合规避的实现路径。往往这类技术方案因为更具有竞争性而易于淘汰原有的技术方案。

这一类束型专利组合的规避路径就是针对原有的专利技术进行新原理的开发，所形成的创新设计方案是对原专利强有力的竞争性及替代性技术方案。在 TRIZ 中，从当前使用的原理预测还没有使用的新原理，有一类相对应的方法，即功能进化定律和功能进化路线。考虑到实现某种特定功能的技术，从当前技术状态发展为实现同功能的新技术，即对同一问题的解决，可实现从当前的技术水平阶跃到下一个技术水平阶段，在其技术进化过程中存在多种进化路线。

Fey 和 Rivin[112] 描述的技术系统进化定律有九条，每种技术进化定律下都有若干条技术进化路线，如动态化增长这条定律下具有“向流体或场传递”“向连续状态变化系统传递”“向自适应系统传递”等具体的进化路线。

束型专利组合规避属于对系统内部解决某个相同问题的变形方案，采用专利制度约束中的避免侵权设计原则，建立规避方向与某些系统进化定律或路线的对应关系，如表 7.3 所示。

表 7.3　规避方向与进化路线的对应关系

规避方向	系统变换时的作用	相应的进化定律及路线
添加组合法	向系统中加入元素和联系	从单系统向双系统和多系统转变(单系统—双系统—多系统)
删除法	从系统中去掉元素和联系	系统裁剪
替换法	更换系统的某个元素和联系	系统扩展——裁剪
	将系统的元素分成多个部分	物质分割
	改变系统元素的形状和尺寸	物质的几何进化
	改变系统元素的内部构造	物质内部结构进化
	改变系统元素的表面状态	物质表面特性进化
改变参数间联系	保证系统各部分间联系的可动性和其他参数的可变性	动态化
	保证实时控制，并对其简化	提高系统的可控性
	检查并改善系统元素工作的协调性	提高系统元素作用的协调程度

7.3.2　基于技术进化定律的束型专利组合规避设计流程

建立基于技术进化定律的专利规避设计过程模型，如图 7.11 所示。

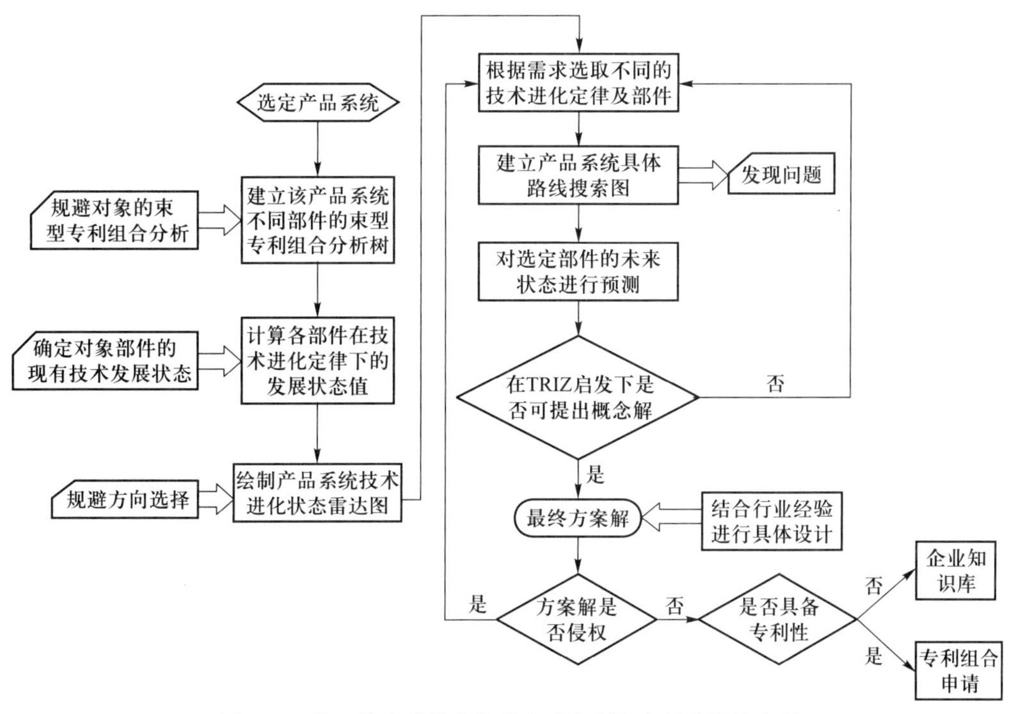

图 7.11　基于技术进化定律的束型专利组合规避设计流程

【步骤一】选定产品系统。

【步骤二】建立该产品系统不同部件的束型专利组合分析树,以确定对象产品系统不同部件下已经存在的问题及其解决方案。

针对第 4 章技术约束部分束型专利问题模块及解决手段模块对应图,建立针对产品系统不同维度的束型专利组合分析树,如图 7.12 所示。

【步骤三】计算各部件在技术进化定律下的发展状态值,以确定现有技术的发展状态。

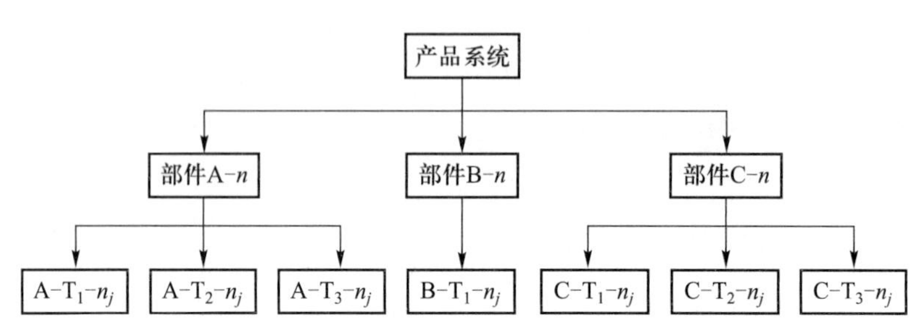

图 7.12　产品系统不同维度的束型专利组合分析树

依据功能树建立产品系统各部件在不同技术进化定律下的发展状态,如表 7.4 所示。首先找到该产品系统各部件所解决问题的专利总数 n,以及解决不同问题的专利数 n_j,然后确定不同问题下各专利的影响指数 w_j。接着确定在不同技术进化定律下的专利数 m_i,并依据影响指数和专利数计算部件 A 在不同技术进化定律下的发展状态值 D,从而从技术进化路线的角度为该系统的专利规避提供有力的依据。

表 7.4　产品系统各部件在不同技术进化定律下的发展状态

部件	问题数	影响指数 w_j	技术进化定律	专利数 m_i	状态值 D
A-n	A-T_1-n_j	$w_1=n_j/n$	定律 1(提高理想化水平)	m_1	D_1
			定律 2(子系统的非均衡发展)	m_2	D_2
			定律 3(动态化增长)	m_3	D_3
	A-T_2-n_j	$w_2=n_j/n$	定律 4(向复杂系统进化)	m_4	D_4
			定律 5(向微观系统进化)	m_5	D_5
			定律 6(完整性)	m_6	D_6
	A-T_3-n_j	$w_3=n_j/n$	定律 7(缩短能量流路径长度)	m_7	D_7
			定律 8(增加可控性)	m_8	D_8
			定律 9(增加协调性)	m_9	D_9

发展状态值的计算公式如下:

$$D = w_j m_i \tag{4.1}$$

式中,m_i代表不同技术进化定律下专利数;w_j代表不同问题下的影响指数;D 代表发展状态值。

例如,部件 A 解决了三个技术问题,共有 n 项专利,分别为 T_1、T_2、T_3,每个技术问题的专利数分别为 n_1、n_2、n_3，则 w_1、w_2、w_3 分别为 n_1/n、n_2/n、n_3/n，应用技术进化定律 1 解决问题的专利数分别为 m_1、m_2、m_3，则部件 A 在技术进化定律 1 下的发展状态值 $D=w_1m_1+w_2m_2+w_3m_3$。

【步骤四】绘制产品系统技术进化状态雷达图，以选定规避方向。

为了能够更加鲜明地表现该产品系统各部件在技术进化路线中所处的状态，判别是否还有继续发展的空间，采用雷达图来展示，如图 7.13 所示。

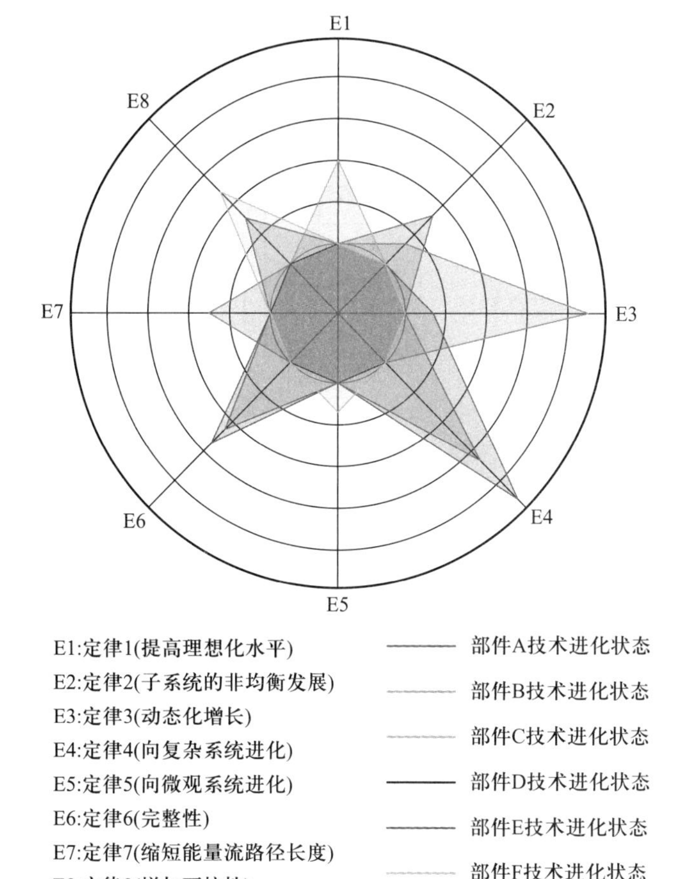

图 7.13　产品系统技术进化状态雷达图（见书后彩图）

【步骤五】根据需求选取不同的技术进化定律及规避部件。

【步骤六】建立产品系统具体路径搜索图，对选定部件的未来状态进行预测。定位当前专利技术在技术进化路线的位置，预测下一阶段会采用的技术。

基于产品系统技术进化状态雷达图，可清晰地看出产品系统各部件在技术进化路线中所处的状态及未来发展空间。选定规避对象部件，建立进化路线搜索图，选定进化路线，标定当前状态，并对解决同一问题的未发现状态进行预测，如图 7.14 所示。

其过程可以描述为，结合竞争对手专利分析的情报，对选定部件问题专利的功能原理进行提取。例如,选取定律 1 下的技术进化路线 1-2,正确定位当前状态,预测下一阶段的发展路线及实现原理,产生新概念。而选取其他进化定律下的进化路线可以提出多种未来新产品概念,围绕新产品概念可开发出新产品结构,进而可进行基本专利的开发与申请。

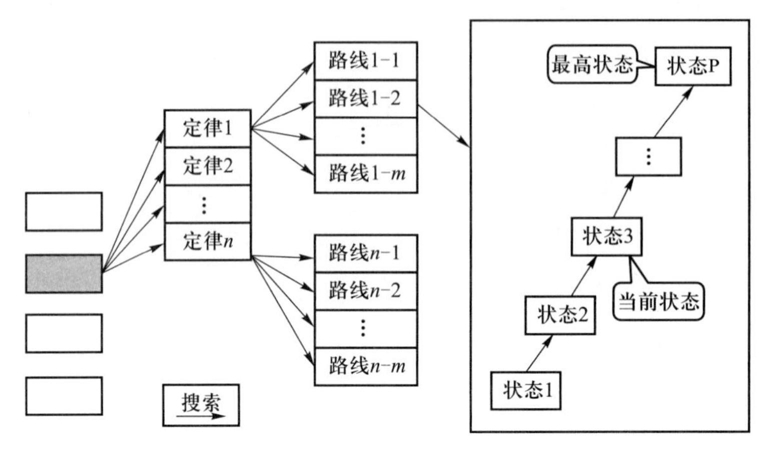

图 7.14　产品技术进化路线搜索图

【步骤七】在 TRIZ 启发下是否可提出概念解。如果“是”,结合行业经验进行具体设计则得到“最终方案解”;如果“否”,则重新返回步骤五,根据需求选取不同的技术进化定律及部件。

【步骤八】判断步骤七中所提出的方案解是否侵权。如果侵权,则返回步骤五;如果不侵权,则进行步骤九。

【步骤九】判断步骤八中所提出的方案解是否具备专利性,从其实质授权条件新颖性、创造性、实用性角度进行方案评价。如果是,得到最终方案解;如果否,则进入企业知识库。

【步骤十】将最终的方案解进行专利组合申请。

7.3.3　基于技术进化定律的束型专利组合规避设计实例

基于技术进化定律的束型专利组合规避的实质是针对产品系统已有问题,利用技术进化路线的提示,给予新的解决方案。解决方案不是在原有的技术方案上的修剪,而是采用新的技术方案。本节以一例经过诉讼裁决的不侵权设计方案为例,对基于技术进化定律的束型专利组合规避的设计过程给予简单介绍。由于选择的产品专利组合的数量比较小,中间会省略部分步骤,在第 11 章针对一个企业的整体专利布局进行专利规避设计时,会全面应用到基于技术进化定律的束型专利组合规避设计过程模型。

【步骤一】选定产品系统。

选择规避对象产品系统为上海某起重运输公司的“甲带给料机”。该公司关于“甲带给料机”产品有四个专利,专利号分别为 CN87207003U、CN87207412U、

CN87211324U 和 CN87211325U。规避对象企业的甲带给料机的简图如图 7.15 所示。

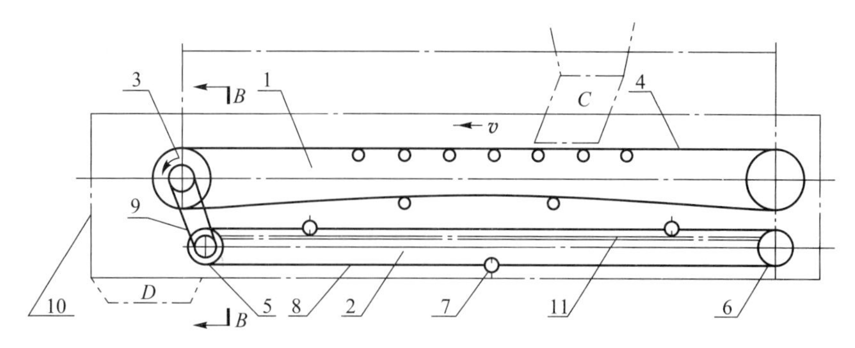

图 7.15　封闭式甲带给料机

【步骤二】建立该产品系统不同部件的束型专利组合分析树,以确定对象产品系统不同部件下已经存在的问题及其解决方案。规避对象封闭式甲带给料机的结构分解图如图 7.16 所示。

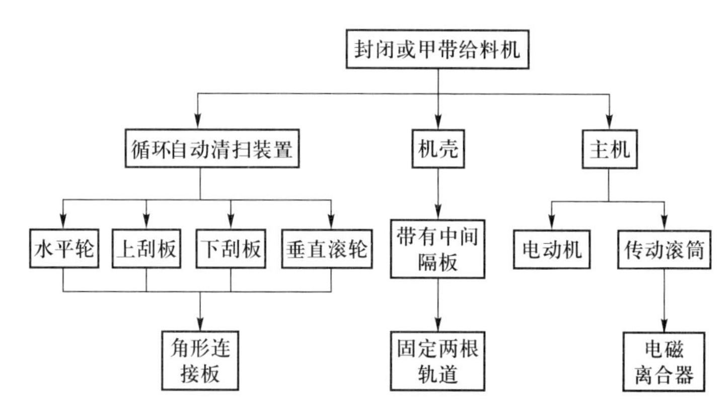

图 7.16　封闭式甲带给料机的结构分解图

分别解决了如下四个问题:

(1) T_1:现有的甲带给料机运行阻力大、能耗大、易磨损。

(2) T_2:安装在甲带给料机清扫装置上的清扫刮板可提高利用率,且拆装、维修方便。

(3) T_3:对输送带传动机构进行了改造,使传动滚筒通过不同的动力源得到两种转速。

(4) T_4:铰接式调心托辊,适用于甲带给料机中胶带跑偏的纠正。

【步骤三至步骤四】因规避对象企业的产品专利组合较少,解决的问题较少,故省略步骤三至步骤四对规避方向及问题的选择。

【步骤五】根据需求选取不同的技术进化定律及规避部件。

研究对象企业的甲带给料机产品,对清扫装置、传动机构及传动部件均进行了改进,但是对甲带给料机本身的柔性问题解决没有提供更多的技术方案。本案例选择问题 T_1 作为研究的对象,选取增加系统柔性的技术进化定律。

【步骤六】建立产品系统具体路线搜索图。

选择一条技术进化路线:刚性系统——→带有一个铰链的系统——→带有多个铰链的系统——→柔性系统——→基于流体的系统——→基于场的系统。

【步骤七】对选定部件的未来状态进行预测,在 TRIZ 启发下提出概念解,结合行业经验进行具体设计,得到"最终方案解"。

规避对象的甲带给料机属于刚性系统,进化到带有多个铰链的系统,形成了如下的技术方案:一种甲带给料机,其结构特征为,在料仓下导料槽的底部设一封闭的甲带,在一端甲带由驱动滚筒驱动,另一端设改向滚筒,中间设若干组托滚支承甲带,甲带内设一封闭的胶带,所述甲带可由大量小甲片组合用销轴串接而成,简图如图 7.17 所示。这样的结构运行功率小,给料量稳定,调整方便,噪声小,维修量小,且可用于更换目前正在使用的给料机。这样的技术方案由发明人申请了实用新型专利。

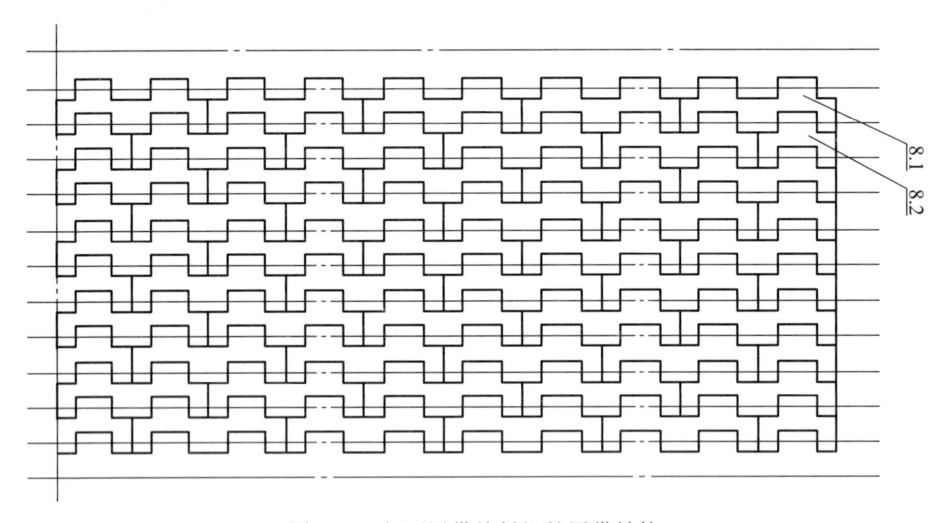

图 7.17 新型甲带给料机的甲带结构

【步骤八至步骤十一】专利性评价。

改进后的甲带给料机与原规避对象的甲带给料机相比,区别技术特征是:所述甲带可由大量小甲片组合用销轴串接而成,该区别技术特征所解决的技术问题和所能达到的技术效果是可以使甲带有一定的柔性,从而实现运行平稳、功率小、安装方便的优点。经过检索,现有技术中没有查询到相同的技术方案,具备新颖性。检索到一份解决柔性问题的对比文件,公开了一种具有耐磨层的甲带。它是将薄铁板或薄铝板"通过铆钉或螺栓固定在输送带表面上",如图 7.18 所示。公开的技术方案的结构不同于由"大量小甲片组合用销轴串接而成"这一区别技术特征所限定的结构,也不能解决相同的技术问题因此具有创造性。

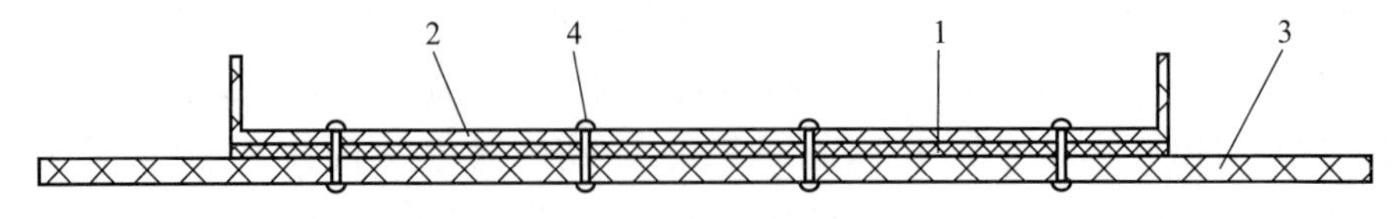

图 7.18 一种甲带给料机

7.4 本章小结

本章分别应用功能裁剪及技术进化定律对束型专利组合进行了规避设计,并通过两个案例对两种束型专利组合规避的流程进行了解释。当企业希望获得竞争性技术方案时,可从束型专利组合角度应用本章介绍的流程获取研发方向和路径。

第8章　星型专利组合规避设计方法

8.1　引言

星型专利组合内的专利种类包含转用发明、裁剪后具有出人意料效果的发明以及集成发明三类。其中,转用发明是利用物质或者场的不同特性来实现的,差动资源恰能够提供转用发明的资源寻找场所,差动物质资源通常包括结构相异性和材料相异性;出人意料的发明是指对现有技术裁剪后因元件的减少反而拥有了出人意料结果的发明;集成发明通过将对象产品与其他系统集成来完成对核心技术应用领域的拓展。本节重点以星型专利组合中集成发明为例来说明星型专利组合的规避设计过程。

8.2　集成创新与星型专利组合规避

技术集成实质为在寻求技术选项与市场需求之间有效匹配过程中,对多种技术选项进行评估和重组的过程。产品技术系统中具有独立功能的最小技术单元称为技术基,将功能相同、相似或者相反等不同功能的技术基进行集成,从产品进化的角度,辅以技术基杂交方法,可形成一类基于技术基的杂交集成创新方法。常见的杂交类型有近亲杂交、远亲杂交、选择性杂交、互补杂交、牵引杂交、竞争系统杂交和分支杂交[113]。将该种杂交集成创新方法应用于星型专利组合规避,可获得延伸性专利成果。下面具体介绍几种杂交集成创新方法。

(1) 近亲杂交。通过将本家族的设计、功能、用途或特征等集成而形成的系统,如双缸发动机、双向拉锁、双头绣花针等集成发明。

(a) 当系统和某个或多个其他系统具有相同或相似功能时,裁剪相同或通用的功能实现结构,实现多个系统的资源共用。

(b) 当系统和某个或多个其他系统具有相同的应用环境、相同的应用时间、相同的主要功能对象时,裁剪相同或通用的功能实现结构(或成分),实现多个系统资源共用,以节省时间、空间或提高整体性能。例如,吹风机、卷发器、梳子共用同一带插销的手柄;温度计奶瓶等。

(c) 当A系统内资源或产物可为B系统主要功能实现提供所需资源时,将A、B系统整合,裁剪B系统中相应功能的实现资源,利用A系统内资源或产物实现。例如,最初坦克的发明,是一位战地记者看到冲锋的战士流血牺牲太多,想到将枪和履带式拖拉机相结合而成的。

(d) 当工程系统与超系统包含在实现功能的同一过程之中,且时间顺序关联,尝试将工程系统与超系统整合。利用超系统资源实现部分工程系统的功能,并通过系统整合省去中间操作。

(2) 远亲杂交。不同领域中的系统集成(可以是不同市场上的成熟产品)是将属于不同领域、应用在不同市场上的产品相集成,形成满足不同需求的新产品。例如,航天飞机是将火箭与飞机集成;LPL 潜水飞机是将潜水艇与飞机相集成;CT 扫描仪是将 X 射线照相装置与电子计算机进行组合。

(3) 选择性杂交。将具有相反功能的系统集成。当 A 系统和 B 系统具有相反功能和相同的应用环境时,若系统 A 和 B 中存在相同或相似的能源、传动或控制装置,将其中一个系统中相同或相似的部分裁剪,其功能可用另一系统中相同或相似部分实现。

对于星型专利组合中的集成发明,它的关键是取其优,舍其劣,即选取两个系统的优势技术基进行功能组合,解决融合过程中出现的问题,从而能够形成具有创造性的新系统。

基于技术基的杂交集成创新的原理及过程如下:

(1) 组合变体的原理。

首先,需要对两个系统 A 和 B 的技术基要素进行区分。假设系统 $A(A_1,A_2,\cdots,A_n)$ 与系统 $B(B_1,B_2,\cdots,B_n)$ 的技术基要素分别 $A_1=\{a_{11},a_{12},\cdots,a_{1n}\},\cdots,A_n=\{a_{n1},a_{n2},\cdots,a_{nn}\}$;$B_1=\{b_{11},b_{12},\cdots,b_{1n}\},\cdots,B_n=\{b_{n1},b_{n2},\cdots,b_{nn}\}$。

其次,通过对系统 A 和 B 各技术基要素的分析,得到共同的技术基,可表示为 $U_{AB}=(a_{ij},\ b_{ij})$。在新形成的系统中,共同技术基是实现系统 A 和 B 的辅助功能的必要条件,而系统设计的关键在于系统 A 和 B 的优势技术基的重组。假设系统 A 的优势技术基为 $P_A=a_{ij}$,系统 B 的优势技术基为 $P_B=b_{ji}$,且 $i\neq j,\ j\neq i$,要想实现两个远亲系统 A 和 B 的杂交重组,关键在于使 $P_A\cap P_B\neq 0$,即必须克服其重组过程中产生的冲突。

(2) 问题发现。

重组不是两优势技术基效果之简单叠加,而是功能上产生相互作用关系。在这个过程中,需对两优势技术基进行具体表达及分析,通过分割、替换、组合和变异等进行功能重组,将两者组合到一起,形成新系统。判断系统是否存在冲突,若不产生冲突,则可分析新系统是否满足用户需求;若存在冲突,则形成冲突问题。对叠加后产生的冲突问题进行重新解决,形成的技术方案可申请组合发明。采用集成创新方法的星型专利组合的技术约束突破过程如图 8.1 所示。

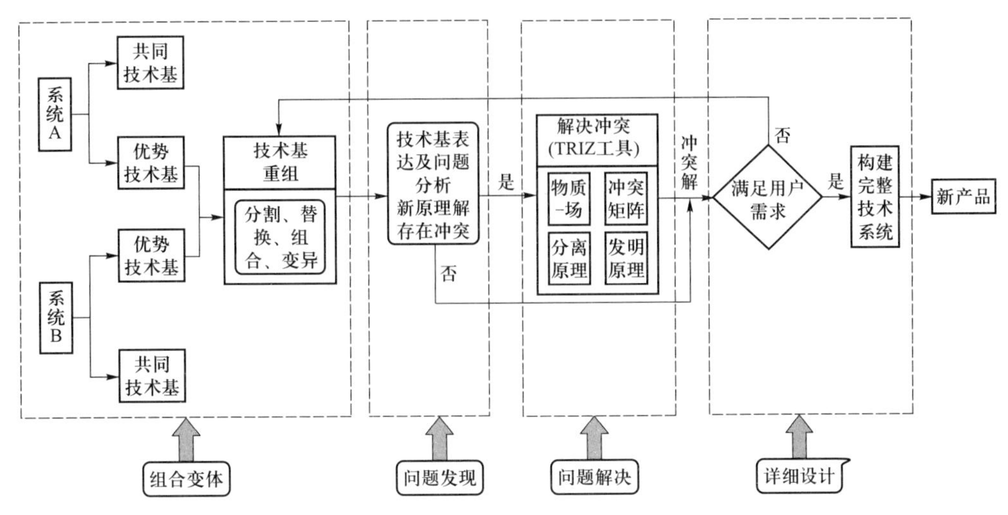

图 8.1　星型专利组合的技术约束突破过程

8.3　星型专利组合规避设计流程

面向星型专利组合规避设计的过程模型如图 8.2 所示,共包含四个部分:步骤一至步骤五是选择规避路径,确定集成对象;步骤六至步骤八是组合变体,形成变体模型;步骤九至步骤十一是解决变体后存在的问题形成方案解;步骤十二至步骤十三属于方案评价。

【步骤一】确定原型产品专利或者功能单元。

【步骤二】按照市场需求选择星型专利组合规避的具体路径,共有以下六条:

【路径一】基于差动物质资源的转用发明挖掘。

【路径二】基于差动场资源的转用发明挖掘。

【路径三】与本家族系统相集成的组合发明挖掘。

【路径四】与不同领域系统相集成的组合发明挖掘。

【路径五】与相反功能系统集成的组合发明挖掘。

【路径六】基于出人意料效果的破坏性发明挖掘。

【步骤三】根据不同的规避路径分析需要整合的资源,共有三条规则:

【规则一】面向转用发明挖掘,对照资源列表搜索差动物质资源和差动场资源。

【规则二】面向破坏性发明挖掘,搜索新的利基市场。

【规则三】面向组合发明挖掘,检索和分析待整合系统的专利资源。

本书仅在流程图 8.2 中保留规则 1 和规则 2 的具体资源整合路径;对具体的规则 3 的专利整合系统进行接下来的流程讨论。

【步骤四】面向组合发明挖掘的待整合系统专利资源确定。

步骤四依据第 4 章中现有技术分析原理部分确定的产品系统次维度图,确定可集成的专利资源包括:①确定对象企业第二数据域的专利资源;②确定对比企业第

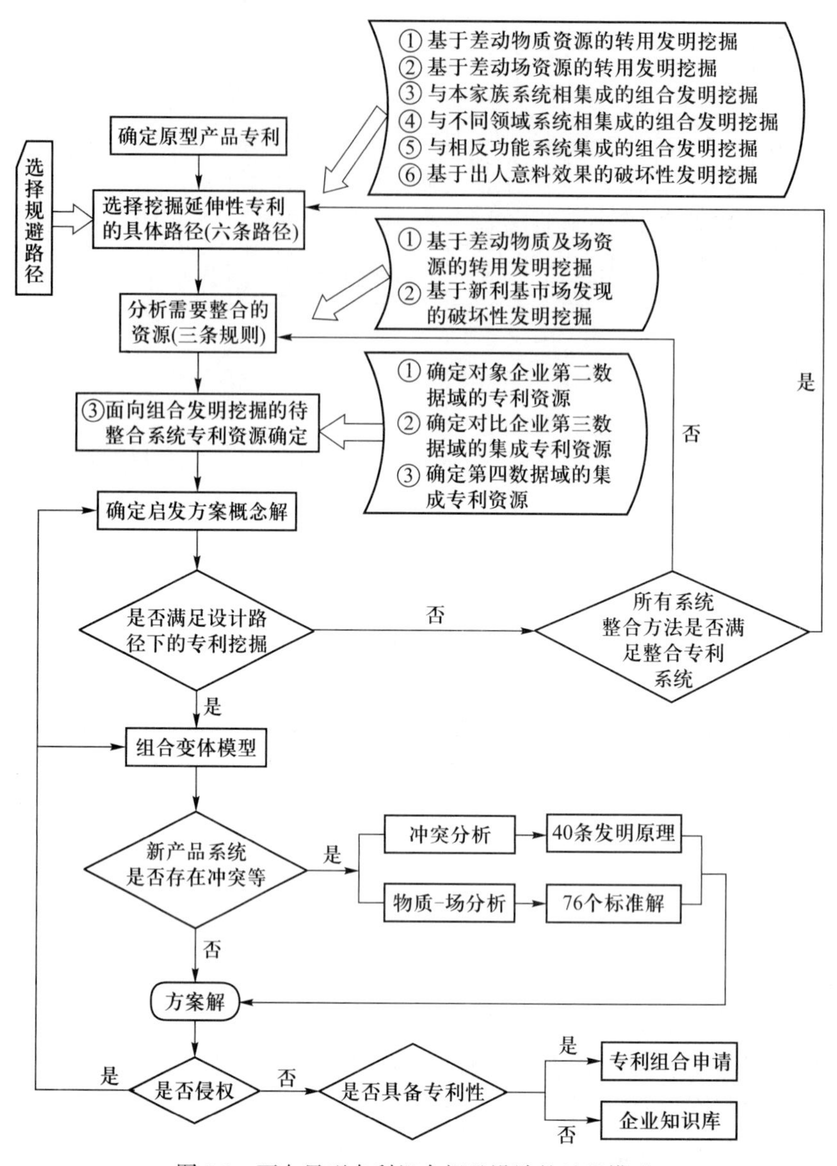

图 8.2　面向星型专利组合规避设计的过程模型

三数据域的集成专利资源;③确定第四数据域的集成专利资源。从上述资源中选择相集成的两个系统。

【步骤五】根据选定的相集成的两个系统,确定启发方案概念解。

【步骤六】判断是否满足设计路径下的专利挖掘?若是,转到步骤八;若否,转到步骤七。

【步骤七】判断是否已经尝试了所有的系统整合方法,且都无法使系统按照既定规避路径挖掘到合适的整合专利系统。若是,则返回步骤二,重新选择规避路径;若否,即尚有系统整合方法未进行尝试,则返回步骤三,重新选择需要整合的系统资源以及整合方法。

【步骤八】如果满足设计路径下的专利挖掘，则形成新的组合变体模型。

【步骤九】判断系统整合后得到的新产品专利系统是否存在冲突等未达设计要求的地方。若否，则转到步骤十一；若是，则转到步骤十。

【步骤十】用 TRIZ 方法解决问题：冲突可以用发明原理去解决；物质场模型下的问题物质或问题场可以用 76 个标准解去解决。最终，形成概念方案转到步骤十一。

【步骤十一】结合行业经验，对提出的概念方案进行进一步设计，形成方案解。

【步骤十二】判断方案解是否构成侵权。如果是，转到步骤五；如果否，转到步骤十三。

【步骤十三】判断方案解是否具备专利性。如果是，进行专利组合申请；如果否，进入企业知识库。

8.4 星型专利组合规避设计实例

目前，市场上出现了一种闪存盘手表，即将手表与闪存盘重组到一起，形成的新产品。本节以闪存盘手表为例对一类星型专利组合的规避过程进行说明。

【步骤一至步骤五】闪存盘和手表两者分属于不同的技术领域，选择路径四将不同领域系统相集成，设计闪存盘手表的组合产品。本节未针对一个企业的专利布局作专利资源分析，省略集成资源选择的部分，在最后一章总体实例中将有具体的介绍。

【步骤六至步骤八】组合变体，形成变体模型。

(a) A 系统 = {手表}；

(b) B 系统 = {闪存盘}；

(c) A 系统优势技术功能 = {精确读取时间}；

(d) B 系统优势技术功能 = {存储信息}；

(e) A 系统优势技术基 = {轻薄小巧、表壳密封}；

(f) B 系统优势技术基 = {USB 接口、内存芯片}。

手表系统既希望自身体积增大以容纳闪存盘新系统，又希望自身体积减小以保证手表行走的精确性以及轻薄小巧的美观性；同时，表体既希望开口设置 USB 接口，又希望表体密封以保证表体内的精密机械部件的灵敏，从而保证时间精确。而在表体内增加闪存盘芯片以及表身开口设置 USB 接口，势必会增大手表体积以及破坏手表的密封，对手表内的精密机械部件造成不利，影响手表精确计时，此时手表与闪存盘的重组产生了严重的冲突，如图 8.3 所示。

【步骤九至步骤十一】解决变体后存在的问题形成方案解。

利用 TRIZ 中的 39 个通用工程参数描述上述冲突。

欲改善的参数：No.8 静止物体的体积。

欲恶化的参数：No.29 制造精度。

查询冲突矩阵，可采用的发明原理有 No.2 分离、No.4 不对称、No.6 多用性、No.28 机械系统的替代等。发明原理为解决冲突提供了方向，参考得到的发明原理并结合对

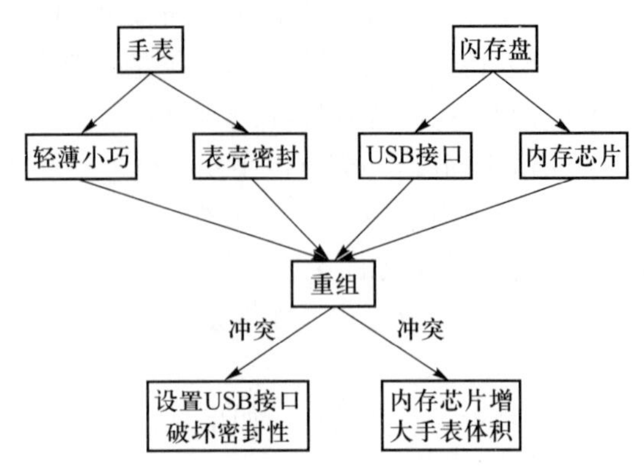

图 8.3　手表与闪存盘组合重组的冲突

该问题的具体分析,可以采用发明原理 2 和 4 来解决上述冲突,从而实现两者的技术重组。具体过程如下:将 USB 接口以及内存芯片设置在表体上会增大其体积,同时使手表计时出现不准确,那么不妨将闪存盘从表身上分离出来,设置在其他位置,以克服以上问题。手表除了表身主要还有表带,表带的主要作用为将表身固定在手腕上,防止其掉落。如果将闪存盘设置在表带上,不仅不会影响表身的体积、密封性以及表针行走的准确性,而且还可以作为表带的一部分,装饰手表,使手表更加美观。

进行进一步的详细设计。图 8.4 所示为手表与闪存盘重组形成的新产品——闪存盘手表,它不仅拥有手表计时功能,而且拥有闪存盘的存储功能。需要使用闪存盘时,将闪存盘帽拔下,插入 USB 接口即可。从整体上来看,该新产品不仅拥有完整的技术系统,从外观上看也非常美观,最重要的是满足了用户的需求。

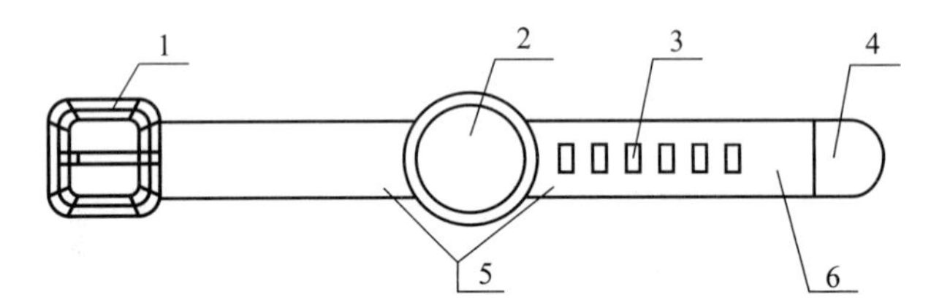

1—表带头; 2—表身; 3—通孔; 4—闪存盘帽; 5—表带; 6—闪存芯片

图 8.4　一种闪存盘手表的结构图

【步骤十二至步骤十三】方案评价。由于该闪存盘手表已经申请专利,故省略对其进行方案评价。

8.5　本章小结

本章利用集成创新原理对星型专利组合进行规避设计,通过闪存盘手表的实例对一类星型专利组合规避路径进行了应用说明。当企业希望对核心的产品专利获取延伸性的技术方案时,可从星型专利组合角度应用本章给出的流程获取研发的方向和路径。

第 9 章　链型专利组合规避设计方法

9.1　引言

链型专利组合包括与产品系统本身相关的专利、与产品制造相关的专利、与产业链相关的产品附属品专利、与产品销售相关的专利以及与产品回收相关的专利。链型专利组合与上下游专利技术紧密联系,涉及整个产品生命周期,因此挖掘全方位的配套措施,需要从产品整个生命周期全方位挖掘有保护价值的技术方案。本节重点以链型专利组合中与产品运行或者制造相关的方法类专利为例来说明一类链型专利组合的规避设计过程。

9.2　链型专利组合规避路径

依据链型组合中包含的不同专利类型,分为五条规避路径,具体如下:

【路径一】与产品系统本身相关的专利规避。伞型和星型专利组合规避均针对系统内进行,而对可独立应用之专利可实现链型专利组合下路径 I 的规避。本节省略技术突破的方法阐释,因其规避结果可与伞型和星型重复。

【路径二】与产品制造相关的方法、工艺过程、测试设备及生产设备的专利规避。属于在确定初始问题后,进行工艺流程及生产设备资源挖掘。

【路径三】与产业链相关的产品附属品专利规避。属于对产品上下游供应链可利用资源的分析。亦属于基于系统内部结构等寻找可独立应用之价值点,本节省略链型专利组合方面内容。

【路径四】与产品销售相关的专利规避。属于增添产品在市场需求拉动下的附加功能,以及满足人们更高需求层次的工艺品外观设计。

【路径五】与产品维修及回收相关的专利规避。属于在维修和回收阶段有可资利用的创新资源挖掘。该规避路径亦提供了设计和挖掘的方向,沿着这些方向从系统内外挖掘不同的资源,可以获取专利规避和挖掘的启示。

链型专利组合规避通过对规避对象企业的专利布局从五条规避路径角度分析技术机会,将问题转化为寻找不同的资源进行选择路径下的开发。利用资源分析方法查找需要的资源,重新选择内外部资源,以突破目标专利的技术约束。

本节以链型专利组合中与产品运行或制造相关的专利为例,选择路径 II,说明其技术约束问题的发现方法。

【步骤一】选择性地建立基于执行任务操作步骤的鱼骨图或者基于装配的生产工艺过程的鱼骨图。

其中，基于执行任务操作步骤的鱼骨图按照产品完成工作任务或服务的时间序列，建立针对动作分解的鱼骨图，即对操作动作，包括行走动作、执行动作和辅助动作等进行分解建立动作流程，如图 9.1 所示。

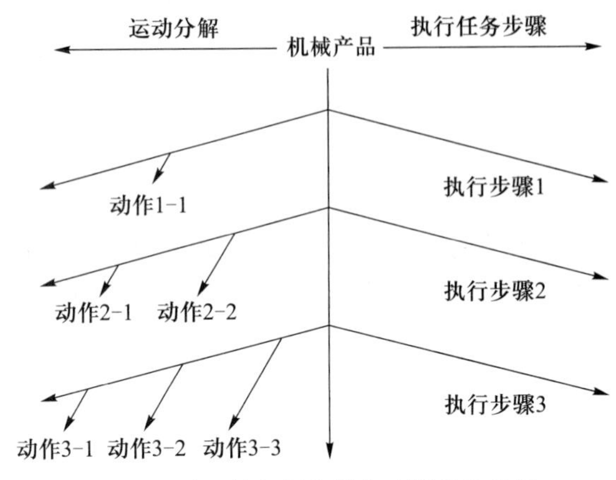

图 9.1　基于执行任务操作步骤的鱼骨图

基于装配的生产工艺过程鱼骨图按照机械产品生产装配的过程，建立针对装配步骤的鱼骨图，即对装配每一个零件需要的步骤进行分解，包括装配和测试的过程，如图 9.2 所示。

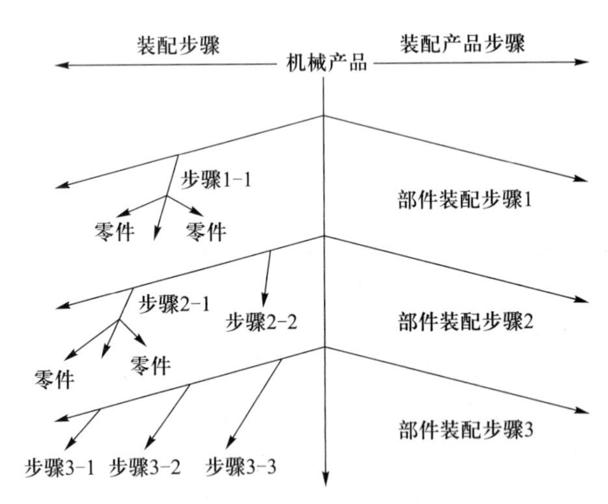

图 9.2　基于装配的生产工艺过程的鱼骨图

【步骤二】基于每个执行动作步骤以及装配步骤建立控制方法及装配方法的资源利用排查表。

功能实现过程中动作控制方法的资源利用排查表需要排查以下问题：

【问题 A】对象企业是否存在控制方法？存在怎样的控制方法？

【问题 B】现有的控制方法是否合理？每步动作的控制方法是否需要优化？

针对这两个问题来排查需要进行进一步优化的控制方法。其过程如表9.1所示。

表9.1 功能实现过程中动作控制方法的资源利用排查表

序号	执行动作	对象企业是否存在控制方法？存在怎样的控制方法？	现有控制方法是否合理？是否需要优化？
1	动作1-1	动作1-1的控制方法能够实现的行走路线为……	存在缺陷，需要优化
2	动作2-2	缺失动作2-2的控制方法	该控制方法属于公知技术，无需优化
⋮	⋮	⋮	⋮
i	动作3-3	动作3-3的控制方法能够实现的行走路线为……	存在缺陷，需要优化

装配产品过程中生产工艺方法的资源利用排查表需要排查以下问题：

【问题A】目前装配方法及检测方法是否存在？

【问题B】目前装配方法及检测方法是否合理？是否需要优化？

针对这两个问题来排查需要进一步优化的装配方法及检测方法，其过程如表9.2所示。

表9.2 装配产品过程中生产工艺方法的资源利用排查表

序号	装配步骤	目前装配方法及检测方法是否存在？	目前装配方法及检测方法是否合理？是否需要优化？
1	装配步骤1-1	步骤1-1的装配方法及检测方法存在	需要提高精度，需要优化
2	装配步骤2-2	步骤2-2的装配方法及检测方法存在	存在缺陷，需要优化
⋮	⋮	⋮	⋮
i	装配步骤3-3	对象企业没有步骤3-3的装配方法及检测方法	公知技术，目前不需要改进

通过排查每步骤的装配方法、检测方法和控制方法，可以获取研究对象企业在生产效率及产品使用效率等方面的方法类专利的不足及缺失，为企业在这些方向上寻找改善产品及提高效率的方法提供专利规避的路径。而这一类路径的设计结果属于对核心产品专利的支撑性专利。链型专利组合规避的其他路径可由企业根据

需要参照建立类似的专利资源筛查表进行分析。

9.3 链型专利组合规避的设计流程

构建链型专利组合规避的设计流程,如图9.3所示。其中,步骤一至步骤四为现有链型专利组合分析阶段;步骤五至步骤七为规避路径选择及问题发现阶段;步骤八至步骤十一为解决问题确定理想解阶段;步骤十二至步骤十四为专利评价及管理阶段。

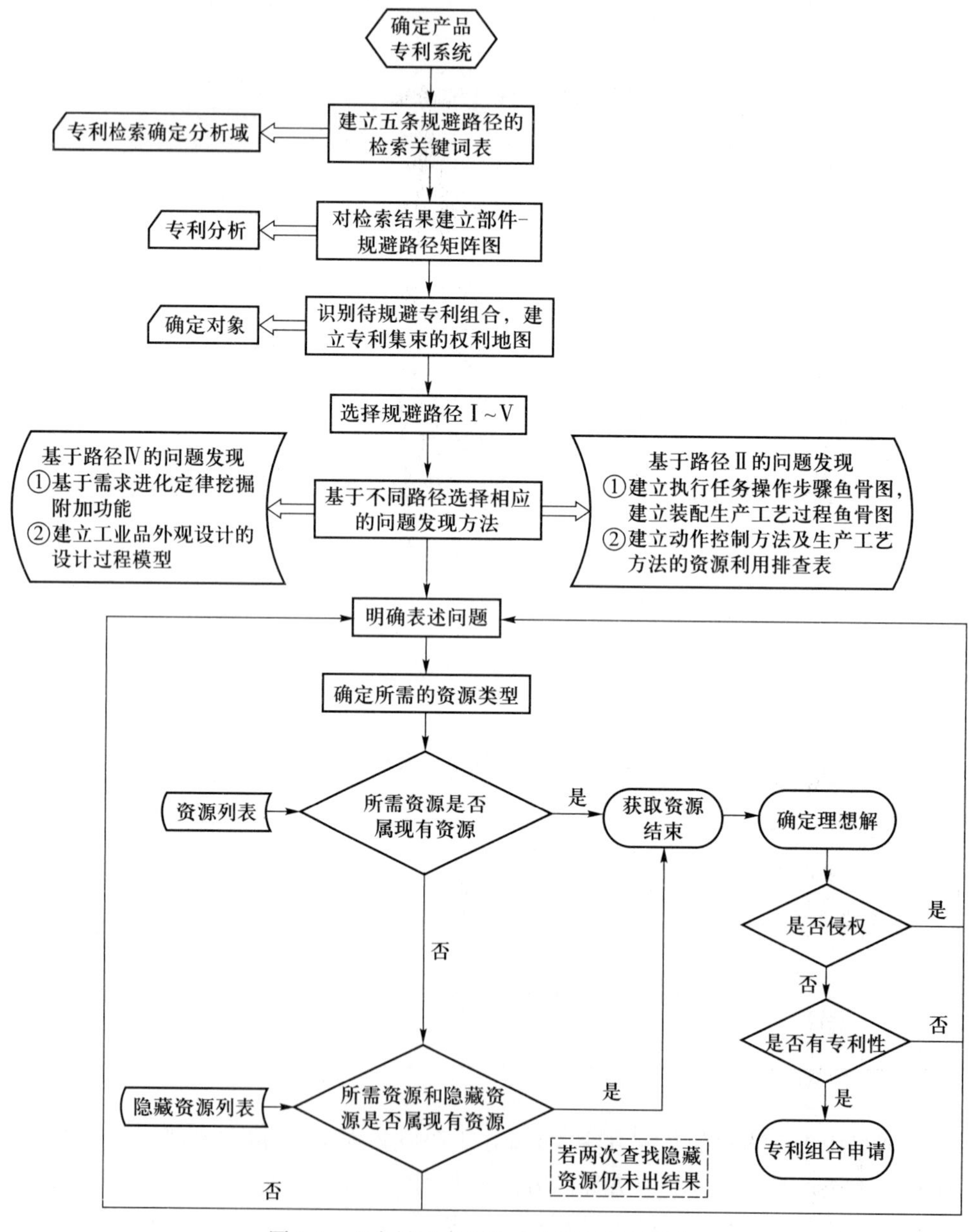

图9.3　面向链型专利组合规避的设计流程

【步骤一】确定产品专利系统。

【步骤二】建立五条规避路径的检索关键词表。

【步骤三】对检索结果建立部件-规避路径矩阵图。

【步骤四】识别待规避专利组合,建立专利集束的权利地图。

【步骤五】选择规避路径Ⅰ～Ⅴ。

【步骤六】基于不同路径选择相应的问题发现方法。这包括:

(1) 基于路径Ⅱ的问题发现方法:①建立执行任务操作步骤鱼骨图,建立装配生产工艺过程鱼骨图;②建立动作控制方法及生产工艺方法的资源利用排查表。

(2) 基于路径Ⅳ的问题发现方法:①基于需求进化定律挖掘附加功能;②建立工业品外观设计的设计过程模型。

【步骤七】明确表述已经发现的问题。

【步骤八】确定所需的资源类型。

【步骤九】查找资源列表,判断所需的资源是否属于现有资源。如果是,获取资源结束;如果否,则转到步骤十。

【步骤十】查找隐藏资源列表,判断所需的隐藏资源是否属于现有资源。如果否,则转到步骤七;如果是,则获取资源结束。如果两次查找隐藏资源仍未出结果,则直接返回步骤七。

【步骤十一】获取资源结束后,根据设计经验,确定理想解。

【步骤十二】判断理想解是否侵权。如果是,转到步骤七,重新表述问题;如果否,转到步骤十三。

【步骤十三】判断理想解是否具备专利性。如果否,转到步骤七,重新表述问题;如果是,转到步骤十四。

【步骤十四】对具有专利性的方案进行专利组合申请。

9.4 链型专利组合规避设计实例分析

链型专利组合设计流程是针对一个企业的专利布局从多条规避路径进行全面规避,在第 11 章的全面应用环节将详细阐述。本章仅选取某条规避路径,以专利权人株式会社岛野为研究对象,针对自行车系统,对其链型专利组合进行分析,对其技术机会发现的关键环节进行说明。

【步骤一至步骤四】现有链型专利组合分析阶段。研究对象企业自行车系统的一个典型的专利组合,如图 9.4 所示。

【步骤五至步骤七】选取规避路径二。首先,建立对象企业自行车系统执行任务操作步骤的鱼骨图(图 9.5)以及装配的生产工艺过程的鱼骨图(图 9.6)。

其次,基于每个执行动作步骤以及控制和装配方法步骤分别建立对象企业自行车系统的执行动作步骤资源利用排查表(表 9.3)以及控制和装配方法的资源利用排查表(表 9.4)。

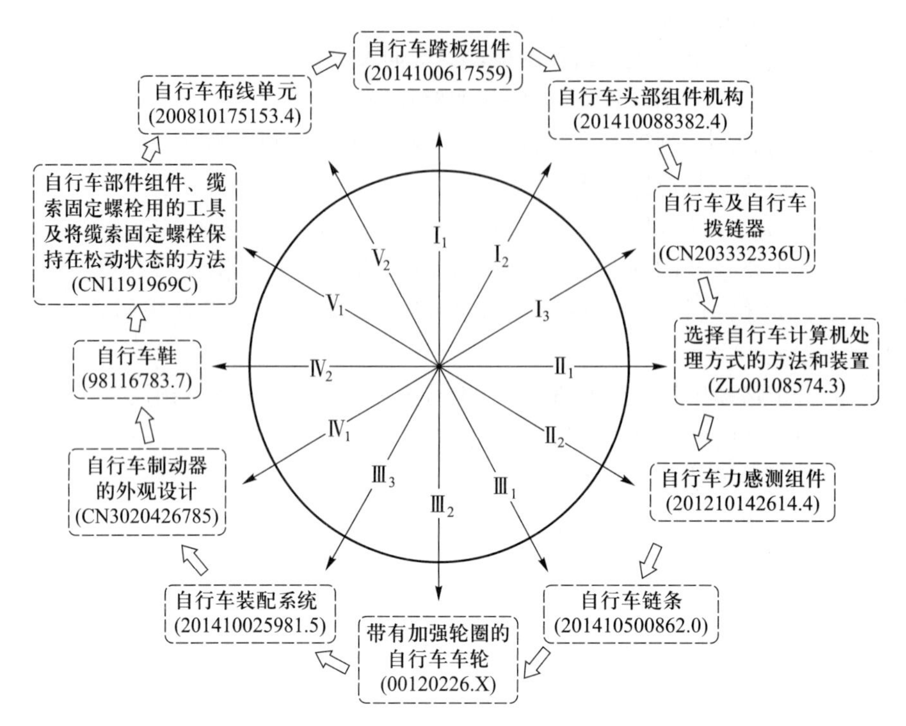

图 9.4　某自行车产品链型专利组合示意图

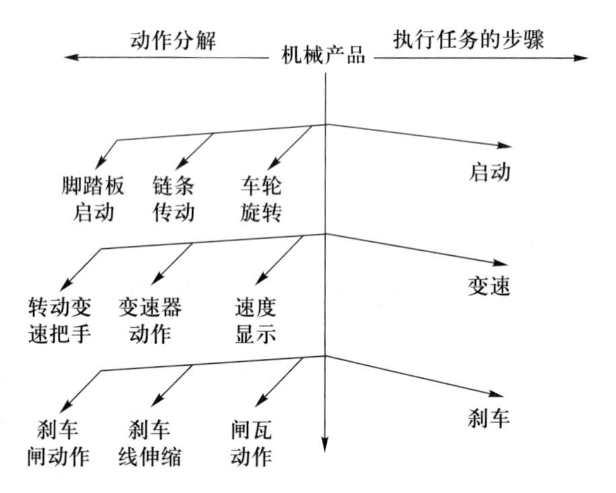

图 9.5　自行车系统执行任务操作步骤的鱼骨图

【步骤八至步骤十一】为解决问题确定理想解阶段。

针对缺失的或需要优化的方法类专利，根据需求选定规避方向，针对选定的设计方向，挖掘其相应的空间、时间及能量的隐藏资源，形成概念方案。本节只作案例说明，不再实际分析。列举规避路径下的一些方法类创新结果。

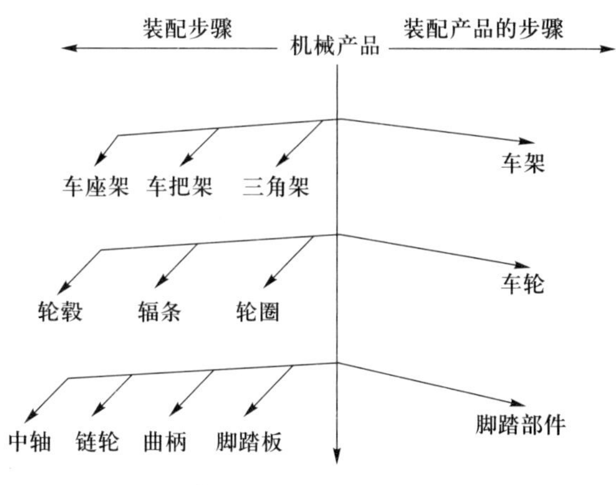

图 9.6　装配的生产工艺过程的鱼骨图

表 9.3　自行车执行动作步骤的资源利用排查表

序号	执行动作步骤	对象企业是否存在控制方法？存在怎样的控制方法？	现有方法是否合理？是否需优化？
1	脚踏板启动	脚踏板启动方式采用电力辅助,在上下死点处省力	存在缺陷,需要优化
2	链条传动	链条松紧的调节防止链条松动或者断裂	存在缺陷,需要优化
3	车轮旋转	缺失车轮旋转的控制方法	缺失
4	转动变速把手	缺失转动变速把手的控制方法	缺失
5	变速器动作	使电控拨链型变速器挡位的调节更加简单	存在缺陷,需要优化
6	速度显示	缺失速度显示的控制方法	缺失
7	刹车闸动作	缺失刹车闸动作的控制方法	缺失
8	刹车线动作	缺失刹车线动作的控制方法	缺失
9	闸瓦动作	涉及一种用连杆机构控制闸瓦,往自行车轮辋紧靠的动作的悬臂式自行车刹车装置	存在缺陷,需要优化

表 9.4　自行车控制和装配方法的资源利用排查表

序号	装配产品步骤	目前装配方法,检测方法及零件生产方法是否存在？	目前装配方法及检测方法是否合理？是否需要优化？
1	车座架	对象企业没有车座架的装配方法及检测方法	缺失
2	车把架	对象企业没有车把架的装配方法及检测方法	缺失

续表

序号	装配产品步骤	目前装配方法,检测方法及零件生产方法是否存在?	目前装配方法及检测方法是否合理?是否需要优化?
3	三角架	对象企业没有三角架的装配方法及检测方法	缺失
4	轮毂	涉及一种带密封的自行车轮毂,该密封将轮辐孔与轮毂体内部的其余部分隔离	需要优化
5	辐条	涉及各辐条与自行车车轮轮辋之间的连接	需要优化
6	轮圈	涉及一种紧钳式自行车轮圈,其具有带有不同尺寸的部分的突起,以保持紧嵌式轮胎的胎边	需要优化
7	中轴	涉及一种容易安装到自行车车架的支架部中的自行车中轴部件	需要优化
8	链轮	具有多层结构的自行车链轮	需要优化
9	曲柄	一种具有一个轮毂部分和几个从该轮毂部分沿径向向外延伸的紧固指的自行车曲柄	需要优化
10	脚踏板	对象企业没有脚踏板的装配方法及检测方法	缺失

(1) 针对自行车执行动作步骤的资源利用排查表。

(a) 申请公布号 CN 104149920 A:一种电动自行车防飞车的安全控制方法。

(b) 申请公布号 CN 103661787 A:自行车变速方法。

(c) 申请公布号 CN 102968065 A:自行车用传感器的控制装置、自行车用传感器的控制方法。

(d) 申请公布号 CN 102320252 A:电动自行车控制方法。

(e) 申请公布号 CN 102141477 A:自行车状态自动检测系统及方法、自行车的锁控装置。

(2) 针对自行车控制和装配方法的资源利用排查表。

(a) 申请公布号 CN 104668917 A:自行车大链轮加工方法。

(b) 申请公布号 CN 104060136 A:一种应用于制备自行车三角架的铝合金及其生产方法。

(c) 申请公布号 CN 103786822 A:自行车车架的接头及其制造方法。

(d) 申请公布号 CN 104002617 A:自行车花毂壳的制造方法。

(e) 申请公布号 CN 103691837 A:一种自行车支架的加工方法。

(f) 申请公布号 CN 103691838 A:一种自行车连接头的加工方法。

(g) 申请公布号 CN 102319987 A:一种自行车车把成形方法及专用模具。

(h) 申请公布号 CN 102431386 A:自行车轮的装配方法。

【步骤十二至步骤十四】专利评价及管理阶段。

上述列举的成果可以看作对原专利的规避结果,已申请专利,结果有效。

9.5 本章小结

本章利用资源查找及利用的方法结合链型专利组合分析介绍了链型专利组合规避流程,并通过自行车系统的实例对一类链型专利组合规避路径进行了应用说明。当企业希望从核心的产品专利中获取更多支撑性的技术方案时,可从链型专利组合角度应用本章介绍的流程获取研发的方向和路径。

第 10 章 专利规避设计过程模型

10.1 引言

融合发明问题解决理论(TRIZ)的产品全流程专利规避设计过程模型是针对行业内的一个龙头企业或者竞争企业,通过对其专利布局进行分析,建立现有技术约束明确规避对象专利组合的分类,制订专利规避策略,选定专利规避对象。分析制度约束下规避对象的权利范围,然后面向四类不同的方向,应用多条专利规避路径进行 TRIZ 方法突破,最后通过制度约束评价进行创新成果的综合管理,形成完整的创新设计方案的过程。目前的专利规避设计虽然研究得比较广泛,但是尚未形成系统化的应用方法,基于此,本章基于企业专利规避对象分类识别方法,建立产品全流程的专利规避设计总流程,以实现将专利战略分析、专利制度约束与创新设计方法相结合,来指导企业和设计者进行全面的专利规避创新设计。

10.2 面向竞争对象企业的专利规避设计总流程

融合 TRIZ 的面向竞争对象企业的全流程专利规避设计总流程如图 10.1 所示,其实施主要分为以下步骤:

【步骤一】进行企业间专利组合分析以确定专利数据域。基于企业间专利组合分析来确定规避对象企业及对比企业。从而确定检索的数据域。包括第一数据域、第二数据域、第三数据域及第四数据域。

【步骤二】进行企业内专利组合分析以建立系统维度图。基于对象企业及对比企业某产品系统的专利数据建立产品系统的专利组合主维度图和次维度图。

【步骤三】对对象企业不同专利组合的数据关系进行识别,以获取对一种产品专利系统的深入分析。

【步骤四】进行专利价值评估,包括专利品质和专利价值的计算,识别不同专利组合的核心专利及外围专利。

【步骤五】进行波士顿矩阵分析,针对竞争性专利权人的专利体系在波士顿矩阵上分配资源,定位对象专利在企业中的地位,并根据上述分析制订专利规避策略。

步骤一到步骤五的目的是制订规避策略集,建立技术约束。

【步骤六】建立单一专利规避对象的专利阅读图,依据法律规则正确提取单一专利的权利信息。

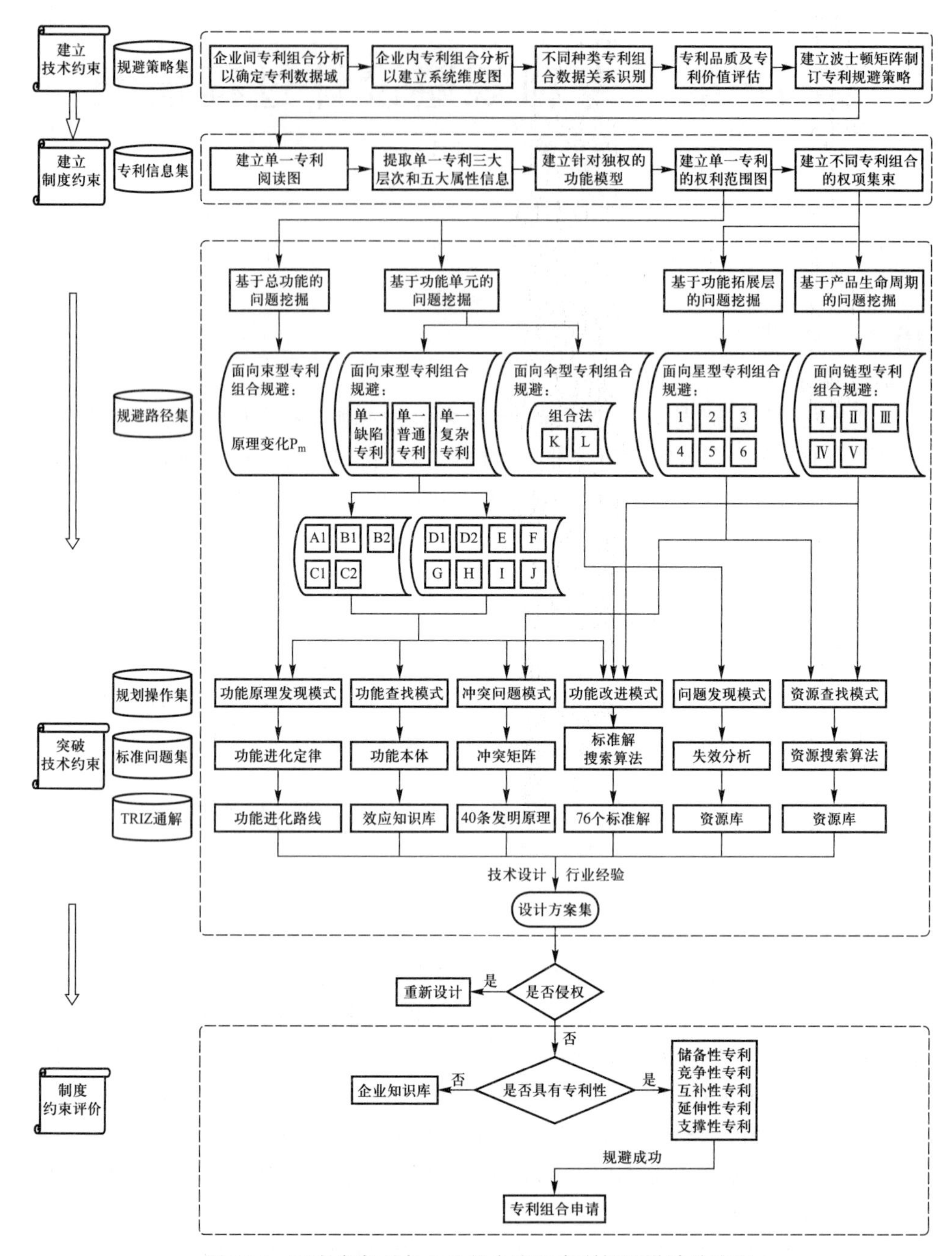

图 10.1　面向竞争对象企业的全流程专利规避设计总流程

【步骤七】提取单一专利的三大层次和五大属性信息。依据专利撰写规则及功能模型的反向应用，提取独立权利要求的三大层次和五大属性信息。

【步骤八】基于三大层次和五大属性建立针对独立权利要求的功能模型。

【步骤九】建立单一专利的权利范围图，绘制单一专利的权利信息地图。

【步骤十】建立不同专利组合的权项集束，绘制专利组合的权利信息。

步骤六到步骤十的目的是采集专利规避对象的权利信息，建立专利规避的制度约束。

【步骤十一】基于总功能进行问题挖掘，实质是对束型专利组合的规避，是针对同一产品或者问题的总功能开展不同原理的挖掘。

【步骤十二】基于功能单元的问题挖掘，实质包含面向束型专利组合的规避以及面向伞型专利组合的规避。其中，束型专利组合包括基于删除法的专利规避路径以及基于替换法的专利规避路径；伞型专利组合包括基于组合法的专利规避路径。可以对上述路径进行选择应用。

【步骤十三】基于功能拓展的问题挖掘，实质是针对总功能或者功能单元进行的面向星型专利组合的规避，可以选择 1~6 六条路径。

【步骤十四】基于产品生命周期的问题挖掘，实质是面向链型专利组合的规避，可以选择五条路径中的一条。

步骤十一到步骤十四的目的是建立规避路径集。按照挖掘顺序依次选择相应的路径，以挖掘不同的专利技术。

【步骤十五】从总功能出发，面向束型专利组合规避，在 TRIZ 方法的规划操作集中对应选择功能原理发现模式和功能查找模式，选择标准问题集中的功能进化定律以及功能本体，查找 TRIZ 通解中的功能进化路线以及效应知识库。

【步骤十六】从功能单元出发，面向束型专利组合规避，根据规避路径的选择在 TRIZ 方法的规划操作集中对应选择功能原理发现模式、功能查找模式、冲突问题模式或者功能改进模式，相应地选择标准问题集中的功能进化定律、功能本体、冲突矩阵或者标准解搜索算法，进而查找 TRIZ 通解中的功能进化路线、效应知识库、40 条发明原理或者 76 个标准解。

【步骤十七】面向伞型专利组合规避，根据路径的选择在 TRIZ 方法的规划操作集中对应选择功能改进模式或者问题发现模式，相应地选择标准问题集中的标准解搜索算法或者失效分析，进而查找 TRIZ 通解中的 76 个标准解或者资源库。

【步骤十八】面向星型专利组合规避，根据路径的选择在 TRIZ 方法的规划操作集中对应选择冲突问题模式或者资源查找模式，相应地选择标准问题集中的冲突矩阵或者资源搜索算法，进而查找 TRIZ 通解中的 40 条发明原理或者资源库。

【步骤十九】面向链型专利组合的规避，根据路径的选择在 TRIZ 方法的规划操作集中选择资源查找模式，相应地选择标准问题集中资源搜索算法，进而查找 TRIZ 通解中的资源库。

【步骤二十】汇总上述各种挖掘路径下的专利规避概念设计，根据技术设计及行业经验形成设计方案集。

步骤十五到步骤二十实质是突破技术约束形成新的规避方案。

【步骤二十一】制度低约束评价，将问题的分析解决流程中所获得的规避方案映射至符合实际技术系统的细化方案前要对其进行是否侵权的判断。如果是，则重新设计；如果否，则转到步骤二十二。

【步骤二十二】制度高约束评价，判断是否具备专利性。如果是，则形成包含储备性专利、竞争性专利、互补性专利、延伸性专利及支撑性专利的各种技术方案;如果否,则转入企业知识库。

【步骤二十三】将步骤二十二评价后的各种技术方案进行专利组合申请。

步骤二十二到步骤二十三实质是形成制度约束评价,进行专利组合申请。

10.3 本章小结

本章针对一个企业所设置的专利壁垒,进行专利分析。全面应用不同种类专利组合规避路径,分类应用不同的 TRIZ 方法进行符合企业专利战略的多角度专利规避设计,实现的创新成果具有一定的专利战略意义,能够缩短企业的研发时间,节省企业的研发成本,提高企业的竞争力。

第 11 章　专利规避设计案例

11.1　引言

随着城市现代化的发展，越来越多的高层建筑屹立于各大城市，再加上空气污染问题等，建筑物的玻璃更易变脏，且更难清洗，玻璃清洁工作更加繁重。传统的人工清洗方式不仅费用昂贵，且清洗效率低，作业十分危险。为验证本文提出的融合发明问题解决理论（TRIZ）的产品全流程专利规避设计方法的工程应用，本章以清洁机器人作为目标规避产品，进行相关专利检索，获得规避目标专利群与企业；对目标企业进行企业专利组合分析，建立四类专利组合；依据从第 3 章到第 6 章建立的创新规避流程，分别对四类专利组合进行了相应的专利规避设计，并对建立的专利方案进行评价。

11.2　擦玻璃机器人产品规避设计模糊前端的专利分析

11.2.1　企业间的专利组合分析

首先进行企业间的专利组合分析，以获取擦玻璃机器人产品技术在各企业之间的专利实力分配，确定在选择的数据库客观条件限制下的实力相对最强及相对较强的企业作为后续专利规避设计的对象企业及对比企业，从而进行专利壁垒的深入研究和专利规避创新设计。本书选择的是国内的专利数据库，检索数据库是“智慧芽”，具体的分析步骤如下：

【步骤一】企业专利数据检索。

以“智慧芽”为数据库，以“清洁机器人”为关键词于时间节点 2015 年 6 月进行专利检索，得到 1 299 个专利。为排除不相干专利的干扰，对所得到专利数据进行降噪处理，去除由于系统误差检索到的与清洁机器人无关的专利，得到 968 个专利。

按企业进行归类，并以专利数量进行排序，得到专利数量最多的前九家企业，分别为科沃斯机器人科技（苏州）有限公司、好样科技有限公司、三星电子株式会社、深圳市银星智能电器有限公司、财团法人工业技术研究院、LG 电子株式会社、鸿奇机器人股份有限公司、和硕联合科技股份有限公司以及沃维克股份有限公司，分别以 S_1、S_2、…、S_9 编号。

【步骤二】企业专利参数变量计算。

对步骤一中所得到的样本企业专利数据进行分析，依据第 4 章中定义的参数，对相对专利活动 RPA、专利授权率 GP、有效专利率 VP、技术范围 TR、、同族专利平均被引用率 PFCR、专利平均引证频率 CR、平均专利质量 PQ、专利强度 PS 以及技术增长潜力率 DGR 进行计算。将样本企业专利组合参数化，获得原始数据，如表 11.1 所示。

表 11.1 企业专利参数值表

样本企业编号	RPA	GP	VP	TR	PFCR	CR	PQ	PS	DGR
S_1	0.27	0.76	0.71	11.00	0.26	0.34	0.42	0.12	13.83
S_2	0.22	0.73	0.55	15.00	2.50	0.19	0.53	0.11	−0.83
S_3	0.16	0.96	0.92	14.00	0.04	0.27	0.69	0.11	8.00
S_4	0.08	0.36	0.32	9.00	0.49	1.04	−0.68	−0.06	−0.67
S_5	0.06	1.00	1.00	4.00	2.12	0.00	1.00	0.07	−3.17
S_6	0.05	0.13	1.00	5.00	0.06	0.00	0.13	0.01	2.67
S_7	0.04	0.13	0.63	1.00	0.13	0.75	7.25	0.34	2.67
S_8	0.04	1.00	0.92	2.00	3.84	0.00	1.00	0.04	−2.00
S_9	0.04	0.27	1.00	4.00	0.85	0.00	0.27	0.01	1.83

【步骤三】构建相似关系矩阵。

依据九家样本企业中专利参数数据，构建如下 9×9 阶矩阵：

$$\boldsymbol{P}=(w_{ij})=\begin{bmatrix} -17.9 & 0.656 & 0.687 & 9.7 & 0.939 & 0.286 & 0.683 & 0.088 & 4.838 \\ 0.656 & -76.4 & 4.341 & 43.85 & 8.452 & 1.128 & 4.156 & 0.414 & 13.36 \\ 0.687 & 4.341 & -88.3 & 47.29 & 8.398 & 1.4 & 7.894 & 0.569 & 17.68 \\ 9.7 & 43.85 & 47.29 & -475 & 65.32 & 20.48 & 31.09 & 4.76 & 252.3 \\ 0.939 & 8.452 & 8.398 & 65.32 & -82.4 & 1.181 & 8.268 & 0.637 & -10.8 \\ 0.286 & 1.128 & 1.4 & 20.48 & 1.181 & -37.9 & 5.16 & 0.284 & 8.01 \\ 0.683 & 4.156 & 7.894 & 31.09 & 8.268 & 5.16 & -86.4 & 2.804 & 26.37 \\ 0.088 & 0.414 & 0.569 & 4.76 & 0.637 & 0.284 & 2.804 & -12.7 & 3.139 \\ 4.838 & 13.36 & 17.68 & 252.3 & -10.8 & 8.01 & 26.37 & 3.139 & -315 \end{bmatrix} \tag{11.1}$$

【步骤四】求解矩阵 $\boldsymbol{P}$ 的特征值和特征向量。

为便于直观分析，采用二维标度法，用 MATLAB 软件可计算出矩阵 $\boldsymbol{P}$ 的最大和次大特征值所对应的特征向量，分别为：

$\zeta_1=[-0.321\,9\quad -0.092\,8\quad -0.087\,9\quad -0.078\,5\quad -0.090\,2\quad -0.111\,8\quad -0.061\,7$

0.918 5　−0.075 7]

ζ_2 = [0.333 4　0.333 1　0.333 1　0.333 0　0.333 2　0.333 7　0.333 4　0.334 1　0.333 0]

以两特征向量为坐标轴构造二维欧式空间,将九个样本企业再现于二维欧氏空间,如图 11.1 所示。

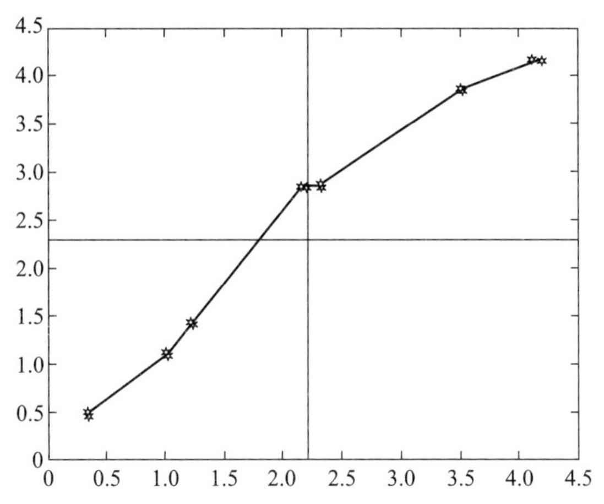

图 11.1　基于准计量性标度法的二维欧式空间企业分布图

【步骤五】建立 RPA-RPQ 空间企业分布图。

定义二维空间横坐标为相对专利活动 RPA,纵坐标为相对专利质量 RPQ,根据企业在此二维空间的位置表征其专利策略,其中专利质量定义如下:

$$\mathrm{RPQ}_i = \frac{\mathrm{GP}_i + \mathrm{VP}_i + \mathrm{PFCR}_i - \mathrm{CR}_i}{\frac{1}{9}\sum_{i=1}^{9}(\mathrm{GP}_i + \mathrm{VP}_i + \mathrm{PFCR}_i - \mathrm{CR}_i)} \tag{11.2}$$

将表 11.1 中各企业专利数据依次代入式(11.2),可求得九家样本企业在此二维空间的位置分布图,如图 11.2 所示。

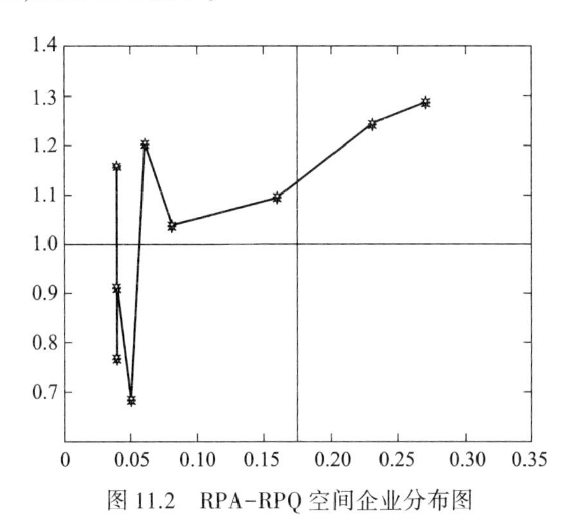

图 11.2　RPA-RPQ 空间企业分布图

对比分析图 11.1 和图 11.2，位于分布图右上角矩形区域内的企业，其相对专利活动较强，相对专利质量较高，认为是领域的龙头企业，如样本企业科沃斯机器人科技（苏州）有限公司和好样科技有限公司，其专利活动指数分别达到 0.27 和 0.22，专利质量分别达到 1.29 和 1.24，在专利规避过程中应着重加以关注。

位于分布图左上角的企业，其相对专利活动较弱，但相对专利质量较高，由此可知，这些企业申请或授权的专利数量较小，但其专利质量较高，因此其技术潜力较高，在专利规避过程中也应加以关注，如三星电子株式会社、深圳市银星智能电器有限公司、财团法人工业技术研究院、和硕联合科技股份有限公司。位于分布图左下角矩形区域的企业，其专利活动较弱，专利质量较低，因此在专利规避过程中关注这些企业的价值较低，如 LG 电子株式会社、鸿奇机器人股份有限公司、沃维克股份有限公司。

综上所述，应着重规避位于分布图右上角矩形区域的企业——科沃斯机器人科技（苏州）有限公司和好样科技有限公司。本章将专利质量指数及专利活动指数相对最高的科沃斯机器人科技（苏州）有限公司定为对象企业，将相对较高的好样科技有限公司作为对比企业。

11.2.2 企业内的专利组合分析

以 11.2.1 节确定的对象企业和对比企业的专利数据为研究对象，进行企业内专利组合分析，识别企业内不同的专利组合类型，构建其专利布局图，对规避对象企业及对比企业的专利数据布局建立直观的认识，并对规避研发设计的目标及设计的方向呈现全局式的参照系。

11.2.2.1 基于选定产品的专利分析数据域确定

1. 调研市场，进行初步产品分析

选择网络，线上调研产品市场。输入对象企业名称，检索出市场销售的主要产品，主要集中于扫地机器人及擦玻璃机器人。本章选定擦玻璃机器人进行专利规避研究。

2. 数据检索

选择“智慧芽”专利检索及分析软件，使用专利权人检索，输入对象企业及其关联企业的名称，检索式为申请（专利数）人：“科沃斯机器人科技（苏州）有限公司”OR 申请（专利权）人：“泰怡凯电器苏州有限公司”OR 申请（专利权）人：“泰怡凯电器（苏州）有限公司”OR 申请（专利权）人：“科沃斯机器人有限公司”OR 申请（专利权）人：“苏州科沃斯商用机器人有限公司”OR 申请（专利权）人：“科沃斯机器人科技苏州有限公司”，共检索出 726 项专利，导出数据，作为对象企业所有专利的数据库。在该数据库中进一步筛选选定产品的专利数据，在专利名称栏输入“擦玻璃”，筛选出目标企业内与擦玻璃相关的所有专利，数据清洗后得到 148 项专利，导出数据。

3. 数据筛选

在检索数据的基础上进行数据筛选,在文献代码筛选项下输入“A”(代表“发明专利申请公布”),共计为 57 项专利申请;在文献代码筛选项下输入“B”(代表“发明专利授权公告”),共计为 12 项专利;在文献代码筛选项下输入“S”(代表“外观设计专利授权公告”),共计为 8 项专利;在文献代码筛选项下输入“U”(代表“实用新型专利授权公告”),共计为 65 项专利;在文献代码筛选项下输入“A_1”(代表“附有检索报告的国际申请说明书”),共计为 6 项专利。

4. 确定第一数据域

对擦玻璃机器人产品的 148 个专利数据进行数据清洗,合并去重处理后,得到共计 80 项专利,将这些专利作为第一数据域。

5. 确定第二数据域

将对象企业所有专利数据库中除选定产品专利之外的其他专利数据作为第二数据域,共计 578 项专利。

6. 确定第三数据域

在“智慧芽”专利检索分析软件中使用专利权人检索,输入企业名称及关联专利权人的名称,将得到的对比企业的专利数据作为第三数据域。

7. 确定第四数据域

将“智慧芽”专利检索分析软件中“擦玻璃”检索字段下搜索到的所有专利作为第四数据域。

11.2.2.2 建立主维度图

1. 筛选第一数据域的最早的发明专利,提取最早专利的权利信息

科沃斯机器人科技(苏州)有限公司最早在 2011 年 1 月 5 日同时申请了十项发明专利,并分别于 2014 年获得授权,该十项专利集中于擦玻璃机器人的控制方法和控制系统方面,如表 11.2 所示。

表 11.2 最早发明专利权利信息表

	专利名称	申请日	公开(公告)	发明人	申请(专利权)人	IPC 分类号
CN102830700B	擦玻璃机器人的直角区域移动控制系统及其控制方法	2011-06-17	2015-03-25	张晓骏	科沃斯机器人有限公司	G05D1/02
CN102591335B	Robot for cleaning glass and method for controlling work	2011-01-05	2014-03-26	汤进举	泰怡凯电器(苏州)有限公司	G05D1/02
CN102591334B	擦玻璃机器人的贴边控制系统及其控制方法	2011-01-05	2015-07-08	汤进举	科沃斯机器人有限公司	G05D1/02
CN102591336B	擦玻璃机器人的贴边移动控制方法及其控制系统	2011-01-05	2014-12-17	汤进举	科沃斯机器人有限公司	G05D1/02 A47L1/02

续表

	专利名称	申请日	公开（公告）	发明人	申请（专利权）人	IPC 分类号
CN102727129B	擦玻璃装置	2011-06-30	2015-05-13	沈强	科沃斯机器人有限公司	A47L1/03
CN102591339B	Window wiping robot position adjusting control system …	2011-01-05	2014-03-26	汤进举	泰怡凯电器（苏州）有限公司	G05D1/02
CN102591341B	擦玻璃机器人的移动控制方法及其控制系统	2011-01-05	2014-07-30	汤进举	泰怡凯电器（苏州）有限公司	G05D1/02
CN102591338B	擦玻璃机器人的控制系统及其控制方法	2011-01-05	2014-07-30	汤进举	泰怡凯电器（苏州）有限公司	G05D1/02 | A47L1/02
CN102591333B	擦玻璃机器人的控制系统及其控制方法	2011-01-05	2014-09-03	汤进举	泰怡凯电器（苏州）有限公司	G05D1/02 | A47L1/02
CN102578975B	行走装置及带有该行走装置的擦玻璃机器人	2011-01-05	2014-12-17	吕小明	科沃斯机器人有限公司	B62D57/024 | A47L1/02 | B62D55/065 | A47L11/40 |
CN102591340B	Movement control method of glass wiping robot	2011-01-05	2014-04-30	汤进举	泰怡凯电器（苏州）有限公司	G05D1/02
CN102578958B	Robot with workpiece lifting device	2011-01-05	2014-04-30	吕小明	泰怡凯电器（苏州）有限公司	A47L1/02 | A47L11/40 | A47L11/38 | A47L11/24

2. 识别伞型专利组合

依据对象企业最早专利的权利信息，建立擦玻璃机器人的总功能模型，如图11.3所示；建立擦玻璃机器人的部件模块，如图11.4所示。

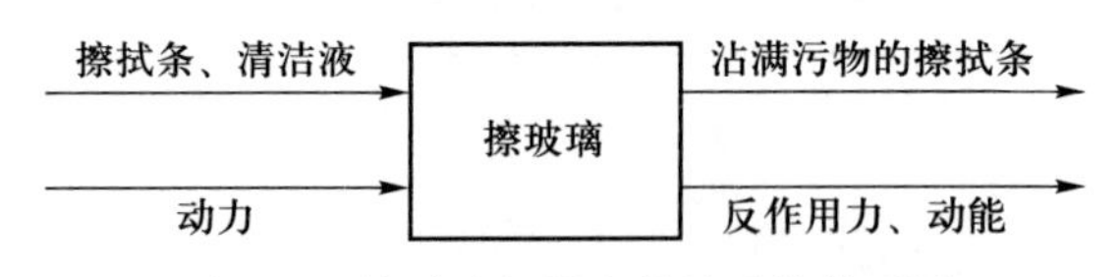

图 11.3　擦玻璃机器人的总功能模型图

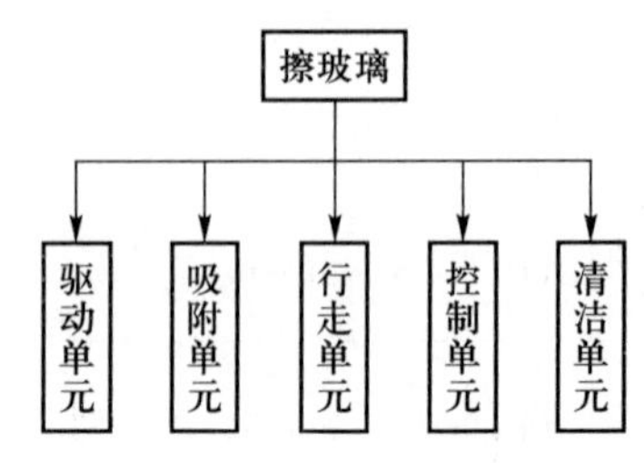

图 11.4　擦玻璃机器人的部件模块

在第一数据域下检索汇总每个分模块专利，建立伞型专利组合树形图，如图 11.5所示。然后，分析每个部件下的专利成员所解决的技术问题。已有问题模块下所发现并予以解决的问题如表 11.3 所示。

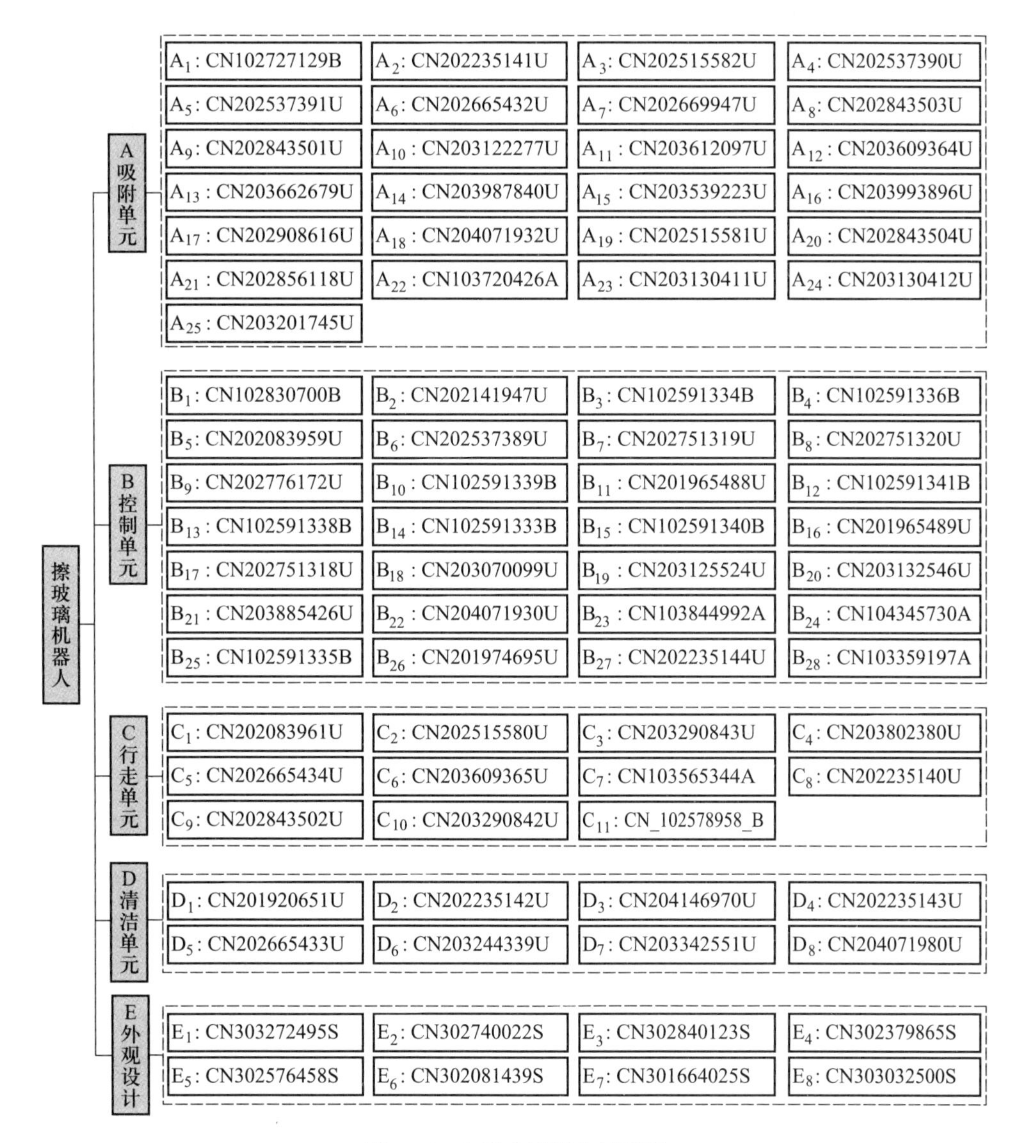

图 11.5 伞型专利组合树形图

3. 识别束型专利组合

在每个部件模块之下识别解决相同问题的不同方案，分别建立不同部件下每个问题模块，解决手段模块及所处的维度三者之间的对应表，如表 11.4、表 11.5、表 11.6、表 11.7 所示。

表 11.3　产品系统的伞型专利组合问题集束

部件	问题集束			
A	A-T_1双面擦玻璃机器人适合不同玻璃厚度	A-T_2吸盘密封问题	A-T_3漏气可以报警问题	A-T_4保持吸附力与摩擦力平衡的问题
	A-T_5吸盘可调节，适应不平整表面	A-T_6顺利取下工作完成的窗宝	A-T_7吸附装置失灵等意外处置	A-T_8用于擦玻璃机器人的抽气泵
B	B-T_1直角控制问题	B-T_2贴边控制问题	B-T_3调姿问题	B-T_4移动控制
	B-T_5双面擦玻璃控制			
C	C-T_1转弯时减少碰撞板与玻璃窗框摩擦，利于擦拭窗框	C-T_2有效实现擦玻璃装置的行走，行走平稳	C-T_3能适应任何厚度的玻璃	C-T_4可精确控制转动角度，无需反复调整行走方向
	C-T_5不能与窗内机随动	C-T_6行走时电源线形成干扰。	C-T_7使工作件自由地伸缩、升降	
D	D-T_1实现自动喷液	D-T_2不留水渍	D-T_3擦拭不全	D-T_4喷水没有效率
	D-T_5克服透气性抹布易造成负压外泄			

表 11.4　部件 A 的束型专利组合问题-手段-维度对应表

部件	问题(T)	手段(W)
A	T_1	$W_1(A_1)$-SA：主从机机体内分别设置可转动调节位置的第一、第二磁铁部
		$W_2(A_2)$-SA：驱动机设有压力感应单元，包括压力传感器和控制器
	T_2	$W_1(A_3)$-SC：吸盘包含相互连接的弹性层和薄膜层，弹性层与底部连接，薄膜层接触并密封玻璃表面
		$W_2(A_4)$-SC：吸附单元内部设有大气压力舱，可通过通孔与大气连通
		$W_3(A_5)$-CP：内吸盘的空腔通过真空抽吸形成内负压室，内外吸盘间的空腔通过真空抽吸形成外负压室
		$W_4(A_6)$-CP：吸盘外层的硬度大于内层的硬度
		$W_5(A_7)$-SC：外负压室连接包含形变片和应变片的真空度检测单元
		$W_6(A_8)$-SC：吸盘单元与吸盘底座之间设有弹簧
		$W_7(A_9)$-SC：吸盘设置软胶层和硬胶层，软胶层突出硬胶层为 d1
		$W_8(A_{10})$-SA：风扇抽气机与吸盘的抽气口密封连接产生真空度
		$W_9(A_{11})$-SC：转动件与固定件之间设有密封圈
		$W_{10}(A_{12})$-SA：吸盘底部设有偏离作业面方向的翘起部

续表

部件	问题(T)	手段(W)
A	T_3	$W_1(A_{13})$-SA:在风机的电流输入端设有电流传感器,可将电流信息反馈给控制单元,可判断真空或者漏气
	T_4	$W_1(A_{14})$-SA:在密封部件和机座之间设置弹性伸缩件,并且配合裙边结构
	T_5	$W_1(A_{15})$-SA:吸盘与底座之间能发生相对位移,且包含沿真空吸盘向外延的裙部,产生的压力可随真空度的增加而增大
		$W_2(A_{16})$-SA:吸盘包括电磁作用部件,使吸盘升降适应不同表面
	T_6	$W_1(A_{17})$-SA:装有包括打开和关闭位置的泄气装置
		$W_2(A_{18})$-SC:在吸盘本体侧部开设有呈槽状的第二腔室,当需要脱离时第一腔室放气,第二腔室抽气
	T_7	$W_1(A_{19})$-SC:设置内置电池,保证断电时继续吸附在玻璃上
		$W_2(A_{20})$-SC:安全扣通过吸盘吸附在玻璃上
		$W_3(A_{22})$-SA:一种包含多个步骤的擦玻璃机器人断电应急处理方法
	T_8	$W_1(A_{23})$-SC:设置变径环形限位槽,可增加气泵流量
		$W_2(A_{24})$-SA:曲轴式真空气泵
		$W_3(A_{25})$-SA:双腔双作用气泵及带有该气泵的擦玻璃机器人

表 11.5 部件 B 的束型专利组合问题-手段-维度对应表

部件	问题(T)	手段(W)
B	T_1	$W_1(B_1)$-SA:直角区域移动控制系统及其控制方法
		$W_2(B_2)$-SA:直角区域移动控制系统
	T_2	$W_1(B_3)$-SA:擦玻璃机器人的贴边控制系统及其控制方法
		$W_2(B_4)$-SA:擦玻璃机器人的贴边移动控制方法及其控制系统
		$W_3(B_5)$-SA:擦玻璃机器人的贴边移动控制方法及其控制系统
		$W_4(B_6)$-SA:设置边界检测单元,与控制单元相连
		$W_5(B_7)$-SA:超声波边界检测技术控制停止行走或改变运动方向
		$W_6(B_8)$-SA:设置加速度传感单元
		$W_7(B_9)$-SA:用加速度传感单元感应平行于工作表面且互相垂直的第一加速度和第二加速度
	T_3	$W_1(B_{10})$-SA:擦玻璃机器人的调姿控制系统及其控制方法
		$W_2(B_{11})$-SA:擦玻璃机器人的调姿控制系统

续表

部件	问题(T)	手段(W)
B	T_4	$W_1(B_{12})$-SA:擦玻璃机器人的移动控制方法及其控制系统
		$W_2(B_{13})$-SA:擦玻璃机器人的控制系统及其控制方法
		$W_3(B_{14})$-SA:擦玻璃机器人的控制系统及其控制方法
		$W_4(B_{15})$-SA:擦玻璃机器人的移动控制方法
		$W_5(B_{16})$-SA:擦玻璃机器人的移动控制系统
		$W_6(B_{17})$-SA:擦玻璃装置通过接受遥控器发出的控制信号控制自身动作
		$W_7(B_{18})$-SA:自移动机器人长边作业移动控制总成
		$W_8(B_{19})$-SA:自移动机器人激光引导行走作业系统
		$W_9(B_{20})$-SA:具有铅垂校验装置的擦玻璃机器人能够以较小的直线误差或水平误差移动
		$W_{10}(B_{21})$-SA:带有运动表面缺陷检测装置的擦窗机器人
		$W_{11}(B_{22})$-SA:吸附机器人通过检测附属吸盘的真空度来控制机体动作
		$W_{12}(B_{23})$-SA:擦玻璃机器人及其作业模式的控制方法
		$W_{13}(B_{24})$-SA:带行走状态判断装置的自移动机器人及行走状态判断方法
		$W_{14}(B_{25})$-SA:擦玻璃机器人及其工作件升降系统控制方法
	T_5	$W_1(B_{26})$-SA:擦玻璃机器人的信息交互系统
		$W_2(B_{27})$-SA:设置与控制单元相连的传感单元来感应控制
		$W_3(B_{28})$-SA:吸附装置、擦玻璃装置及其行走控制方法

表 11.6　部件 C 的束型专利组合问题–手段–维度对应表

部件	问题(T)	手段(W)
C	T_1	$W_1(C_1)$-SC:主从机机体内分别设置可转动调节位置的第一、第二磁铁部
	T_2	$W_1(C_2)$-SC:在吸盘内腔室密封面上设置形变片及与控制单元相连的应变片
		$W_2(C_3)$-SA:控制翻转装置遇障翻转
		$W_3(C_4)$-CP:相配合设置的同步带和带轮,同步带内齿槽与带轮外齿咬合
	T_3	$W_1(C_5)$-SA:一对吸附转盘交替形成转速差(双面)
	T_4	$W_1(C_6)$-SA:设置旋转机构相对吸盘旋转预设角度
		$W_2(C_7)$-SA:移动模块可旋转地嵌设在功能处理模块内部的开孔内,两者相对自由旋转
	T_5	$W_1(C_8)$-SA:设置支撑件,使主从机相对静止
	T_6	$W_1(C_9)$-SA:壳体上设置电源线定位护套
		$W_2(C_{10})$-CP:电源线旋转接头装置保证不会发生缠绕
	T_7	$W_1(C_{11})$-SA:设置工作件升降装置

表 11.7　部件 D 的束型专利组合问题-手段-维度对应表

部件	问题(T)	手段(W)
D	T_1	$W_1(D_1)$-SA:推压机构
	T_2	$W_1(D_2)$-SC:刷体后侧设置第一刮条
		$W_2(D_3)$-CP:在抹布的干燥和渗水区域之间设置隔离层
	T_3	$W_1(D_4)$-SC:清洁工作件可相对装置本体产生位置偏移
		$W_2(D_5)$-SA:设置位置特殊的除尘单元
	T_4	$W_1(D_6)$-SA:含有雾化部的超声波雾化机器人
		$W_2(D_7)$-SA:设有包括桶体和折流件的气水分离装置
	T_5	$W_1(D_8)$-SA:该抹布具有可拆卸连接部件及弹性密封层

4. 构建产品系统主维度图

主维度图如图 11.6 所示。

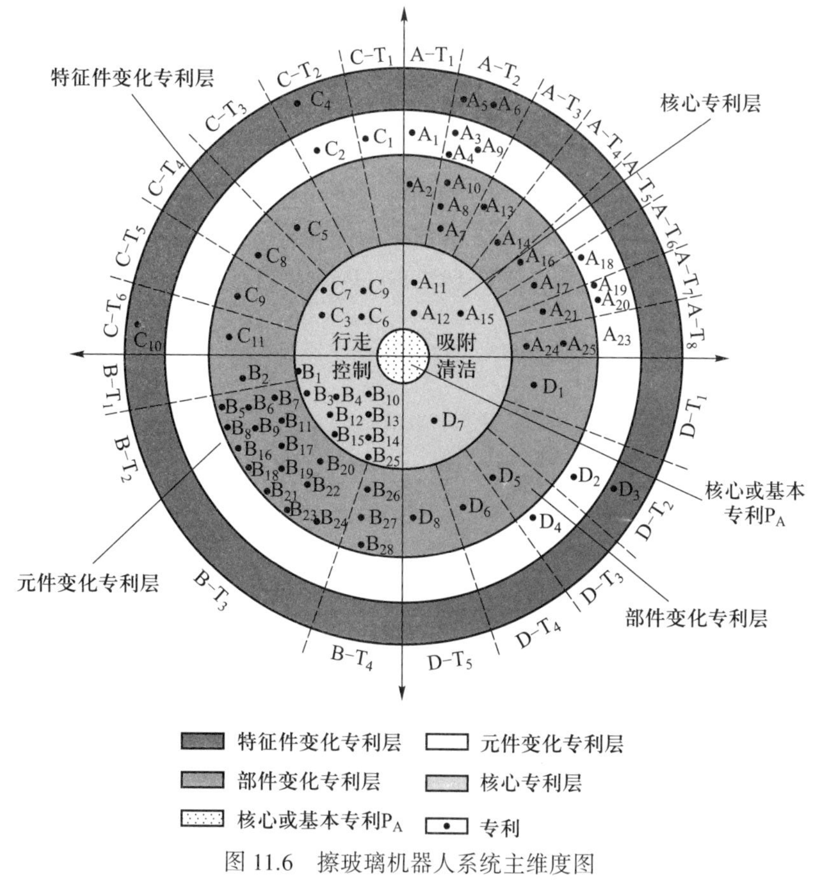

图 11.6　擦玻璃机器人系统主维度图

11.2.2.3　构建产品系统次维度图

1. 识别链型专利组合

对链型专利组合五条规避路径的关键词进行列表,如表 11.8 所示。

表 11.8　部件-链型路径矩阵图

规避路径	具体路径	关键词
路径Ⅰ	$Ⅰ_1$:零件组	吸盘、真空泵、导气管
	$Ⅰ_2$:机构	吸附装置、行走装置、控制装置、清洁装置、驱动单元
	$Ⅰ_3$:产品	擦窗机器人、擦玻璃、清洗机器人、擦洗移动机器人
路径Ⅱ	$Ⅱ_1$:制作方法/工艺设计	清洁方法、检测方法、制约方法、控制方法、装配方法、移动方法、识别方法
	$Ⅱ_2$:制造设备/测试设备	清洁设备、控制器设备、传感设备,擦玻璃装置
路径Ⅲ	$Ⅲ_1$:原物料	磁铁、弹簧
	$Ⅲ_2$:中间物	吸盘、外壳、电源线、行走机构、传感单元
	$Ⅲ_3$:末端产品	机器人、擦玻璃机器人、清洁机器人
路径Ⅳ	$Ⅳ_1$:运输、存储、销售	模具、存储方式、运输方式
	$Ⅳ_2$:外观设计	包装、打包机
路径Ⅴ	$Ⅴ_1$:特殊部件;$Ⅴ_2$:回收;$Ⅴ_3$:维修	磁铁回收、弹簧回收、电源线回收、模块更换

将这些关键词构成检索项在第一数据域内进行检索,筛选出属于链型数据关系路径Ⅰ及路径Ⅲ的专利方案。因第一数据域中除外观设计均绘制在主维度图中,构成重复,在次维度图上仅标注路径Ⅱ及路径Ⅳ下所包含的专利,并建立部件-链型路径矩阵图,如图 11.7 所示。

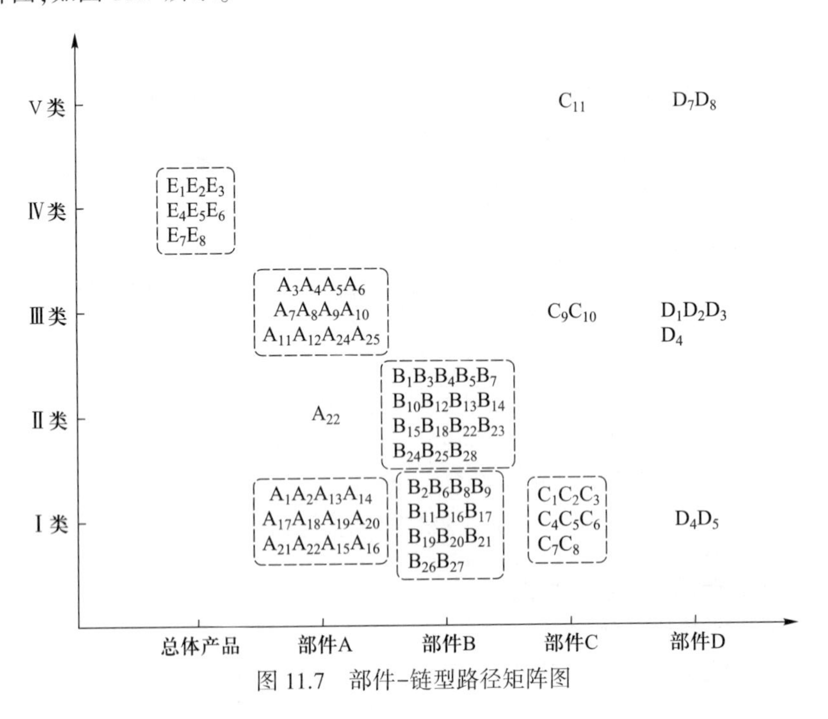

图 11.7　部件-链型路径矩阵图

2. 识别星型专利组合

基于星型专利组合各集成方向上的数据，包含相似领域、成熟领域、相反领域，在数据域内进行检索，筛选对象企业内部第一数据域内与星型专利各规避方向相集成的专利方案数据，结果为“0”；筛选对象企业内部第二数据域在星型专利各个集成方向上的现有专利数据，结果为表 11.9 中的“35”项；检索对比企业第三数据域的技术方案，结果为表 11.10 中的“4”项。最终形成的星型数据关系筛选结果如表 11.11 所示。

表 11.9 第二数据域重要专利数据

专利	专利号	内容
$M-P_1$	CN102727139B	用于吸尘器的伸缩管
$M-P_2$	CN103036261B	充电装置及其充电方法
$M-P_3$	CN102217914B	机器人系统
$M-P_4$	CN102563801B	空气净化器及控制其贴边净化的方法
$M-P_5$	CN102807710B	一种玻璃纤维增强聚丙烯复合材料及其制备方法
$M-P_6$	CN1969739B	真空吸尘器的灰尘分离装置
$M-P_7$	CN101941012B	清洁机器人及其脏物识别装置和该机器人的清洁方法
$M-P_8$	CN102578965B	真空吸尘器及其吸嘴
$M-P_9$	CN102221247B	空气处理装置及其高度位置检测方法
$M-P_{10}$	CN101653345B	旋风分离器、旋风分离装置及装有该装置的真空吸尘器
$M-P_{11}$	CN101496706B	自动移动的地面处理装置
$M-P_{12}$	CN101482754B	机器人制约系统及制约方法
$M-P_{13}$	CN101694394B	传感器装配座及其装配方法
$M-P_{14}$	CN102407522B	智能机器人系统及其充电对接方法
$M-P_{15}$	CN102221240B	地面处理装置
$M-P_{16}$	CN102221249B	空气处理器及其障碍物检测方法
$M-P_{17}$	CN101670580B	智能机器人系统及其无障碍导向方法和电子导向镜
$M-P_{18}$	CN102221252B	空气净化器及其空气处理方法
$M-P_{19}$	CN102221256B	空气处理装置
$M-P_{20}$	CN102221259B	移动式空气处理装置
$M-P_{21}$	CN101961221B	除尘装置
$M-P_{22}$	CN102578958B	带有工作件升降装置的机器人
$M-P_{23}$	CN102221248B	空气处理装置及其障碍物检测方法
$M-P_{24}$	CN102217910B	地面处理系统

续表

专利	专利号	内容
M-P_{25}	CN102218740B	自移动装置
M-P_{26}	CN102221241B	空气净化器及其空气处理方法
M-P_{27}	CN102038470B	自移动地面处理机器人及其贴边地面处理的控制方法
M-P_{28}	CN101502406B	地面处理系统及地面处理装置与充电座的快速对接方法
M-P_{29}	CN102599857B	真空吸尘器集尘袋
M-P_{30}	CN102221243B	空气净化系统及其工作方法
M-P_{31}	CN102217912B	手持式清洁系统
M-P_{32}	CN102039595B	自移动地面处理机器人及其贴边地面处理的控制方法
M-P_{33}	CN101853004B	具有自动定时功能的装置及具有该装置的自移动机器人
M-P_{34}	CN101694313B	空气处理智能装置及其空气处理方法
M-P_{35}	CN101694312B	智能化空气处理自动装置及其空气处理方法

表 11.10　第三数据域集成专利数据

专利	专利号	内容
D-P_1	CN102727139B	用于吸尘器的伸缩管
D-P_2	CN103036261B	充电装置及其充电方法
D-P_3	CN102217914B	机器人系统
D-P_4	CN102563801B	空气净化器及控制其贴边净化的方法

表 11.11　不同数据域的数据筛选结果

集成方向	第一数据域	第二数据域	第三数据域
相似功能系统、相似或者互连操作系统	无	M-P_2；M-P_3；M-P_7；M-P_{12}；M-P_{13}；M-P_{14}；M-P_{18}；M-P_{23}；M-P_{26}；M-P_{34}	
异类功能系统	无	M-P_1；M-P_4；M-P_6；M-P_8；M-P_9；M-P_{10}；M-P_{11}；M-P_{15}；M-P_{16}；M-P_{17}；M-P_{19}；M-P_{20}；M-P_{21}；M-P_{22}；M-P_{24}；M-P_{25}；M-P_{27}；M-P_{28}；M-P_{29}；M-P_{30}；M-P_{31}；M-P_{33}；M-P_{35}	D-P_3；D-P_3；D-P_4；D-P_3
相反功能系统	无	M-P_5；M-P_{32}	

3. 绘制次维度图

用采集的数据绘制专利组合次维度图,如图 11.8 所示。将第一数据域内筛选的有关链型专利组合的路径Ⅱ及路径Ⅳ的专利数据标定在次维度图的"外围支撑性专利层";将第一数据域内筛选的擦玻璃机器人与星型三个集成方向的产品方案相结合而成的专利数据标定在次维度图的"以核心方案为基础的集成方案层";将采集的第二数据域的重要专利数据标定在专利组合次维度图的"目标企业内其他产品系统重要专利层";将采集的第三数据域的重要专利数据标定在专利组合次维度图的"对比企业内相似或相同系统的重要专利层"。主维度图及次维度图的建立即为对象企业及对比企业的专利布局建立了完整的分析参照系。

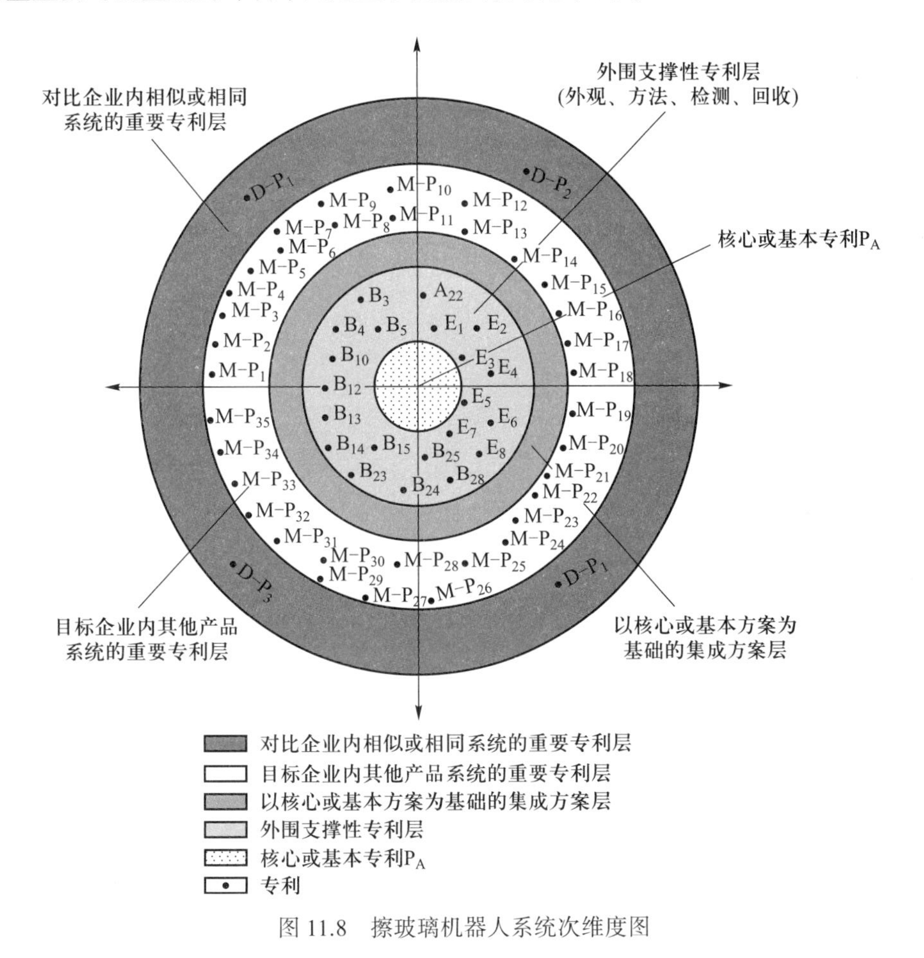

图 11.8　擦玻璃机器人系统次维度图

11.2.3　基于波士顿矩阵的擦玻璃机器人专利规避策略

依据第 4 章式(4.28)和式(4.29)专利品质(LVD)与专利价值(PVD),代入每个束型专利组合的基础组合数据,计算主维度中专利品质与价值,并在波士顿矩阵上标出。对比分析擦玻璃机器人的不同专利组合,确定各专利组合的地位,建立不同部件的束型专利组合的波士顿矩阵图,如图 11.9 所示。

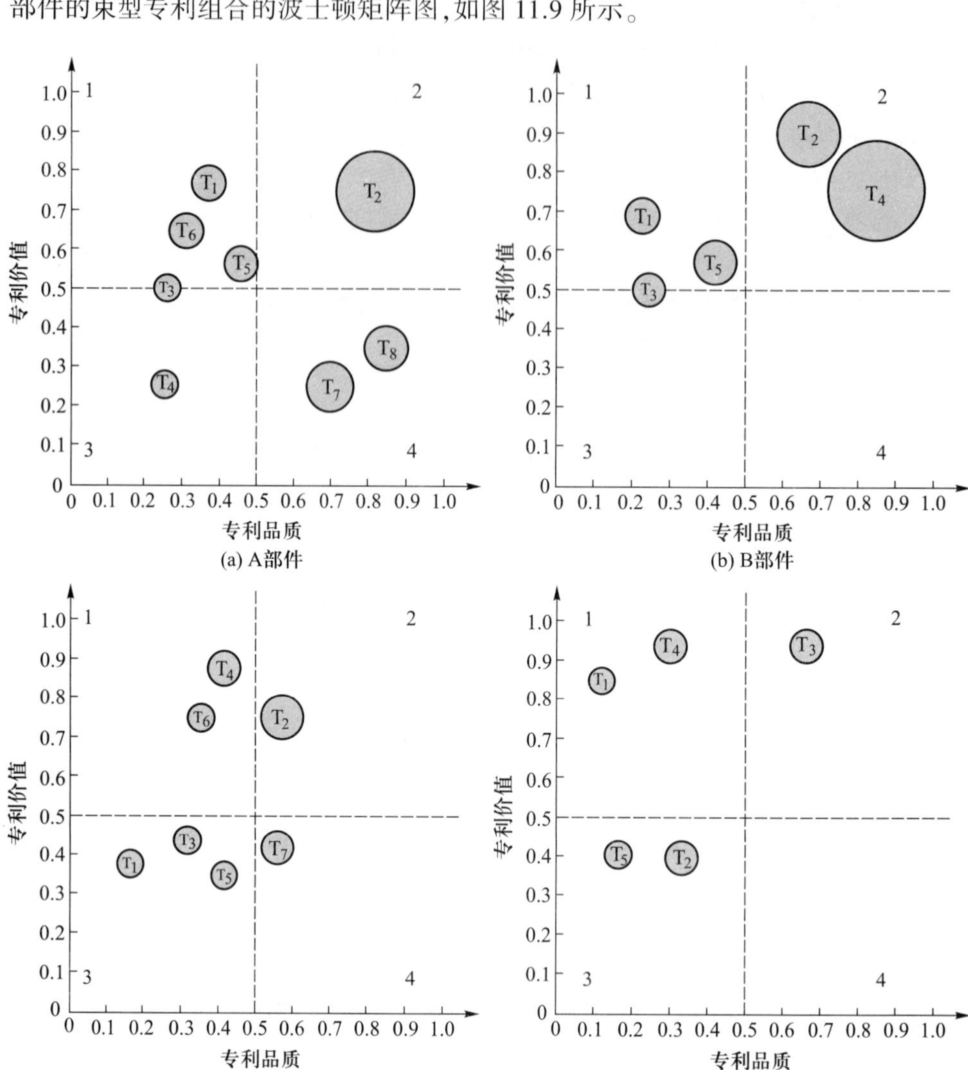

图 11.9　对象企业擦玻璃机器人系统的波士顿矩阵图

由图 11.9 中可看出:

(1) 关于 A 部件擦玻璃机器人的吸附单元,专利品质低且专利价值高的第一象限的专利组合为重点规避对象,包括 A-T_1、A-T_3、A-T_5、A-T_6。

(a) A-T_1 为关于擦玻璃机器人适应玻璃薄厚的专利组合:CN202141947U;CN202235141U。

(b) A-T_3为关于解决漏气可以报警问题的专利:CN203662679U 。

(c) A-T_5为关于解决吸盘可调整,以适应不平整表面的专利组合:CN203993896U。

(d) A-T_6为关于解决擦玻璃机器人在玻璃上顺利取下等相关问题的专利组合:

CN202908616U;CN204071932U。

(2) 关于 B 部件擦玻璃机器人的控制单元,专利品质低且专利价值高的第一象限的专利组合为重点规避对象,包括 B-T_1、B-T_3、B-T_5。

(a) B-T_1为关于解决擦玻璃机器人直角控制系统及方法的专利组合,是部件-链型路径矩阵图上的密集区域,重点规避对象为:CN102830700B;CN202141947U。

(b) B-T_3为关于解决擦玻璃机器人的调姿控制系统及控制方法的专利组合:CN102591339B;CN201965488U。

(c) B-T_5为关于解决双面擦玻璃机器人控制问题的专利组合:CN201974695U;CN202235144U;CN103359197A。

(3) 关于 C 部件擦玻璃机器人的行走单元,专利品质低且专利价值高的第一象限的专利组合为重点规避对象,包括 C-T_4和 C-T_6。

(a) C-T_4为关于解决擦玻璃机器人精确控制转角角度,无需反复调整行走方向的专利:CN203609365U;CN103565344A。

(b) C-T_6为关于解决使擦玻璃机器人工作件自由伸缩、升降的专利组合:CN102578958B。

(4) 关于 D 部件擦玻璃机器人的清洁单元,专利品质低且专利价值高的第一象限的专利组合为重点规避对象,包括 D-T_2和 D-T_4。

(a) D-T_2为关于解决擦玻璃机器人对玻璃不留水渍问题的专利组合:CN20223-5142U;CN204146970U。

(b) D-T_4为关于解决擦玻璃机器人喷水机构问题的专利组合:CN2032443-39U;CN203342551U。

此外,经专利组合分析知,对象企业第二数据域中,在相似功能系统、相似或者互连操作系统集成方向,存在增强清洁机器人功能、增添辅助功能的装置和设备;在异类功能系统集成方向存在大量扫地机器人产品系统的技术方案;在相反功能系统集成方向,存在增强玻璃纤维材料和强度的设备和方法以及非自动的擦玻璃设备。

对比企业第三数据域中存在集擦窗户、地板、墙壁、餐桌为一体的擦玻璃机器人。该集成机器人方案能够适应不同的面板要求。对该集成清洁机器人进行市场分析:在搜索窗口输入“擦玻璃、擦地板”,排名第一的是对比企业的玻妞系列产品。故以对比企业的该款集成方案所对应的专利为规避设计的研究对象,进行后续的设计研究。

最终确定的专利组合为将擦玻璃与扫地机器人相集成的方案组合:CN102475519B;CN102920393B。

选择链型方案的密集区域:确定有关擦玻璃机器人控制系统及控制方法的专利组合:CN102830700B;CN202141947U。

11.3 产品研发阶段的伞型专利组合规避

接下来的 11.3~11.6 节将进入产品研发阶段的具体专利规避设计过程。在这一过程中,我们将从四类专利组合出发,分别应用前面章节所述的 TRIZ 的具体设计方法,进行分类分层的逐项研发设计。本节首先从伞型专利组合出发,将规避设计的目标定为找到新的设计问题,并进行创新设计,使得规避设计结果能够与原专利具有互补的作用,从而对所解决的技术问题而言具有更好的技术效果。

11.3.1 基于权利地图的制度约束提取

以伞型专利组合中"边角行走擦拭问题"部件为例,通过构建其权利地图,来提取制度约束。该部件共有三个专利,其编号分别为 A_1、B_1 和 B_3。建立其基本功能模型,对其进行权项分析,提取每个权项的元件组成,确定权项间关系,明确权项的技术特征为补充或增加特征,在权利地图中标示为"补"和"增"。构建该部件的权利地图,如图 11.10 所示。

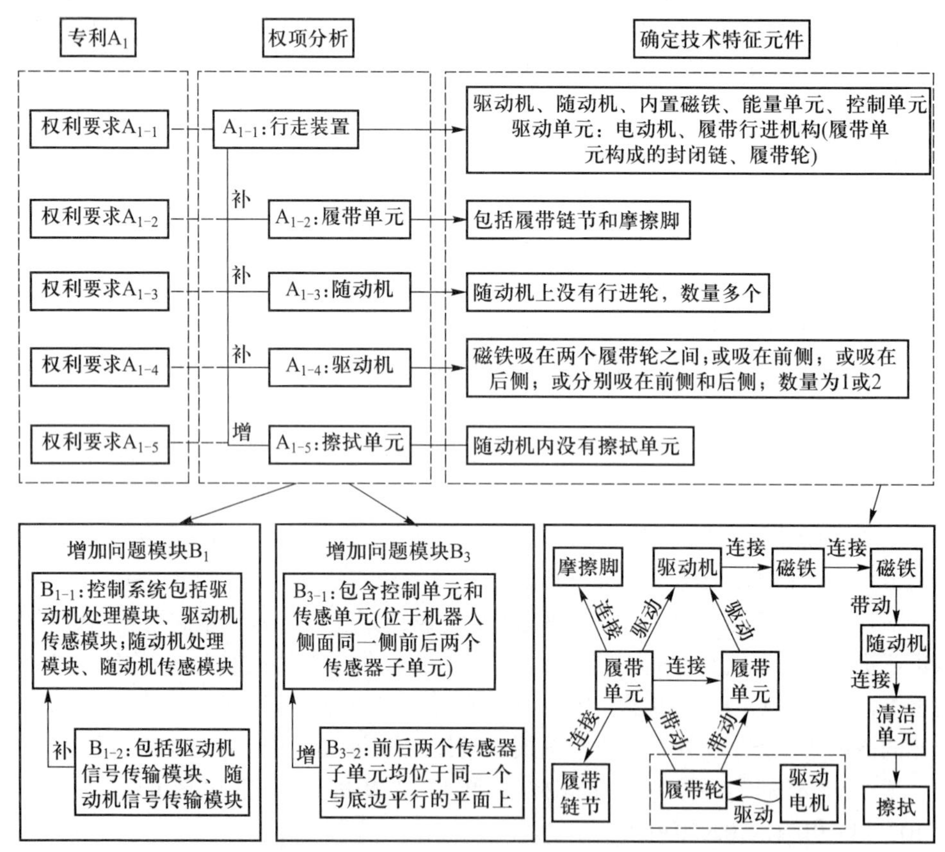

图 11.10 基于擦玻璃机器人"边角行走擦拭问题"的专利组合权利地图

11.3.2 基于失效分析的问题发现

为了进一步发现和研究问题,依据擦玻璃工艺流程,建立双面擦玻璃机器人的反向鱼骨图,如图 11.11 所示。

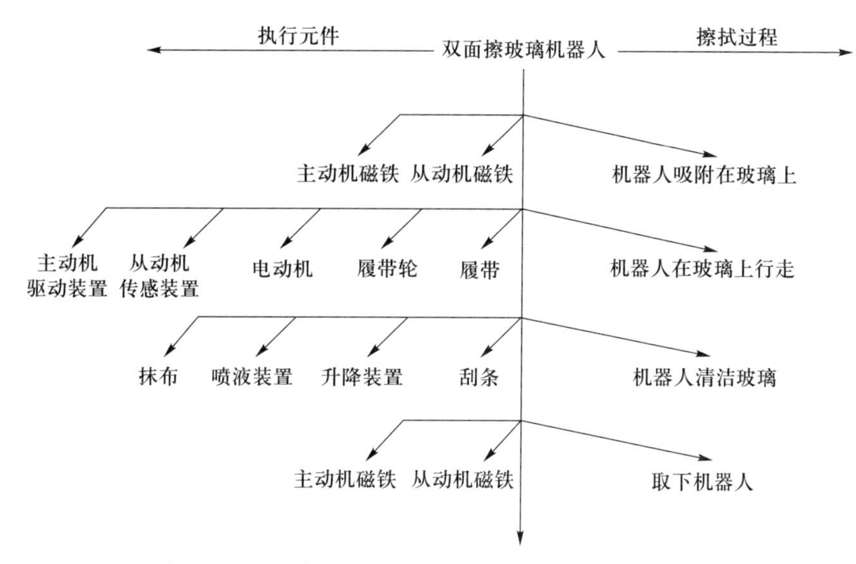

图 11.11　基于擦拭过程的双面擦玻璃机器人反向鱼骨图

1. 构建成功情景

构建擦玻璃机器人工作的成功情景,如表 11.12 所示。

表 11.12　擦玻璃机器人工作的成功情景

序号	成功情景
1	机器人能完全吸附在玻璃上,并且能正常行走
2	行走过程中机器人不受到障碍物或者颗粒物的影响
3	磁铁在正常状态下能够满足工作要求,正常使用
4	机器人走到玻璃边缘时能够有效擦拭
5	机器人走到玻璃四角时能够自由转弯
6	机器人的喷液单元有效,能够清洗干净
7	使用完毕后,机器人能够迅速取下

2. 问题翻转

1）基于 AFD-1 的边角擦拭问题失效分析

从目标专利可反馈:存在边角不能有效擦拭的问题。构筑失效情景,颠倒和夸大问题:在现有的工作条件下,边角擦拭不好是期望发生的事件。

失效情景如表 11.13 所示:

2）基于 AFD-2 的取放玻璃问题失效预测

选择擦玻璃机器人取放模块,构筑失效情景,颠倒和夸大问题:磁吸力过大,玻璃破碎;磁吸力过小,机器人掉落。

失效情景如表 11.14 所示:

表 11.13 边角擦拭模块的专利失效情景

序号	失效情景
1	机器人够不到直角区域的玻璃
2	机器人在直角区域遇到障碍物不会躲避
3	机器人不会直角转弯,必须原路返回
4	运动控制造成机器人体积增大,行走复杂,擦不干净
5	机器人长时间水平或者垂直运动会产生偏差

表 11.14 取放擦玻璃机器人的失效情景

序号	失效情景
1	磁铁的吸附力不够,机器人不能完全吸附在玻璃上,机器人掉落
2	磁铁的吸附力过大,玻璃破碎
3	磁铁的吸附力过大,与玻璃接触的振动声音过大
4	磁铁的吸附力过大,使用完毕后不能正常取下

3. 失效确定

1) 基于已有失效情景的问题确定

搜索使失效情景发生的解,如表 11.15 所示。

表 11.15 边角擦拭模块的失效确定

序号	失效确定
1	机器人做成方形,存在直角,可以够到直角区域,此方法不能实现
2	机器人在直角区域存在边框等障碍物,此方法能够实现
3	机器人没有设置原地转弯的机构,此方法能够实现
4	运动控制复杂,行走路线重复,擦不干净,此方法能够实现
5	擦拭玻璃面积比较大,机器人会长时间水平或者垂直运动,此方法能够实现

2) 基于预期失效情景的问题确定

预测使失效情景发生的解,如表 11.16 所示。

3) 失效原因的分析结果

边角擦拭方面的失效原因分析结果为:①不能原地 90°转弯,需要后退调头;②行走路线重复,造成二次污染。

取放擦玻璃机器人方面的失效原因分析结果为:①不能适应玻璃可调节;②放置机器人没有缓冲,噪声大。

表 11.16　取放擦玻璃机器人的失效确定

序号	失效确定
1	玻璃太厚,磁铁的吸附力不够,机器人掉落,此方法能够实现
2	玻璃的质量不过关,与玻璃接触的振动声音过大,玻璃破碎,此方法能够实现
3	玻璃薄,而磁铁的吸附力大,使用完毕后不能正常取下,此方法能够实现

11.3.3　基于 TRIZ 工具的技术约束突破

11.3.3.1　针对边角行走控制部件的问题解决

根据边角行走擦拭单元的权利地图,利用 TRIZ 工具中的物质-场分析模型,描述如图 11.12 所示。

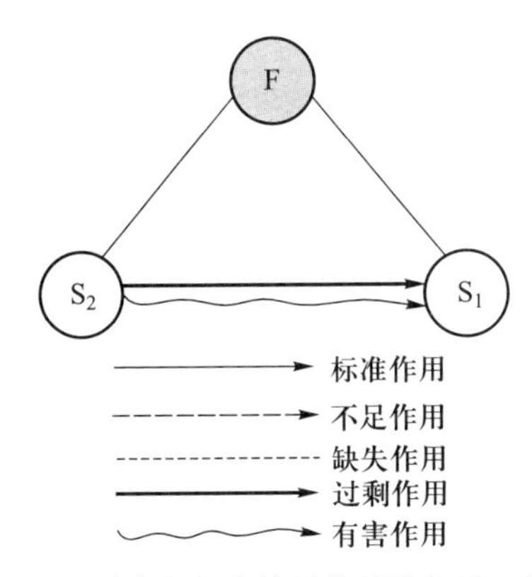

图 11.12　原边角行走擦拭单元的物质-场模型

图 11.12 中,S_2 表示驱动机,S_1 表示行走轮,两者之间的场为 F。由于 S_2 对 S_1 的作用为过剩作用,从而导致 S_2 对 S_1 的作用既存在有用作用也存在有害作用。根据标准解 No.10 改变已有物质 S_2 去除有害作用,从而破坏原来的场 F,引入新场得到如图 11.13 所示的物质-场模型。

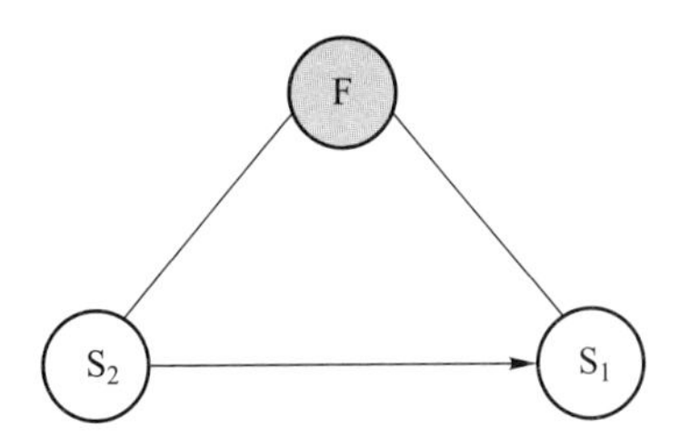

图 11.13　改进后的边角行走擦拭单元的物质-场模型

(1) 针对问题模块 1:去除过剩作用,增加可以实现 90°转向的结构。

构建其功能模型,如图 11.14 所示。其特征是,底盘通过销钉、滚轮在机体的转向导轨中实现转向和法向定位,从而克服轮胎与玻璃表面的摩擦力,实现 90°转向。当驱动机需要直线运动时,通过蜗杆的自锁防止底盘转动,保证运动平稳。通过增加该结构模块,可以克服原结构在直角转弯控制方面的过剩及有害作用,其结构示意图如图 11.15 所示。

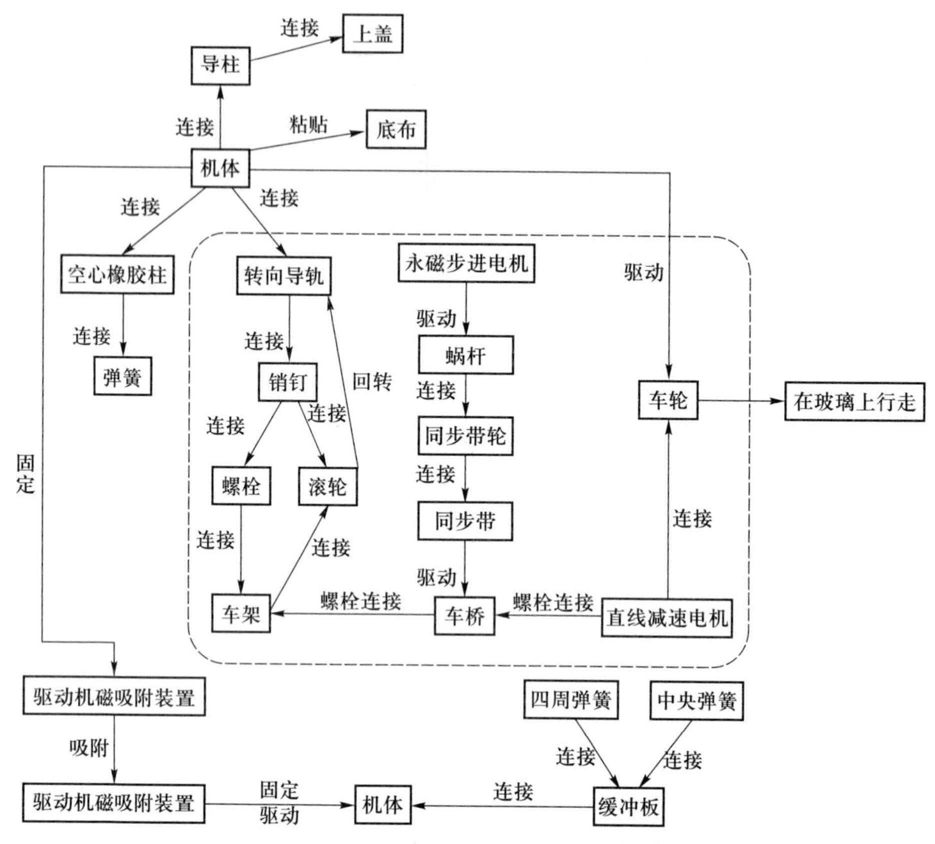

图 11.14 原地 90°转向机构的功能模型

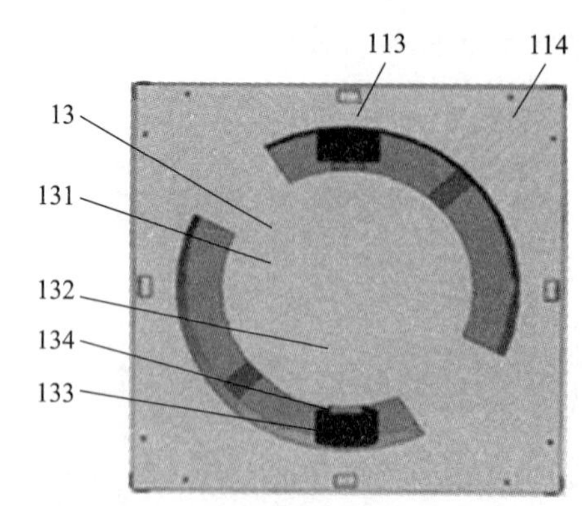

113—转向导轨；114—连接导柱；13—底盘；131—销钉滚轮结构；
132—车架；133—车轮；134—直线减速电机

图 11.15 机器人在竖直方向运动的结构示意图

（2）针对问题模块 2：消除有害作用，重新设计行走路线，编制控制程序，避免路线重复造成的相同擦拭区域二次污染。该问题解决方案为方法类，可形成链型专利组合，该方案放到链型专利组合规避中进行解决。

11.3.3.2 针对机器人与玻璃接触的问题解决

选取机器人与玻璃接触的模块，分析磁铁与玻璃接触的作用关系。采用物理冲突解决方法中的分离原理，采用磁铁与玻璃选择性分开的机构或者能够在放置机器人时缓冲消声的装置，控制磁铁与玻璃的距离，具体如下：

（1）针对问题模块 3：采用磁铁自动升降机构。

所要解决的技术问题是根据玻璃的薄厚调节磁铁的位置，从而能够调节磁力。其理想解为一种自动磁铁升降机构。提出的一套创新方案为通过电动机驱动和齿轮传动，带动螺杆运动，实现对螺杆上磁铁块的上下移动，从而实现对磁铁吸力的控制。其工作原理及作用连接关系如图 11.16 所示，其结构如图 11.17 所示。

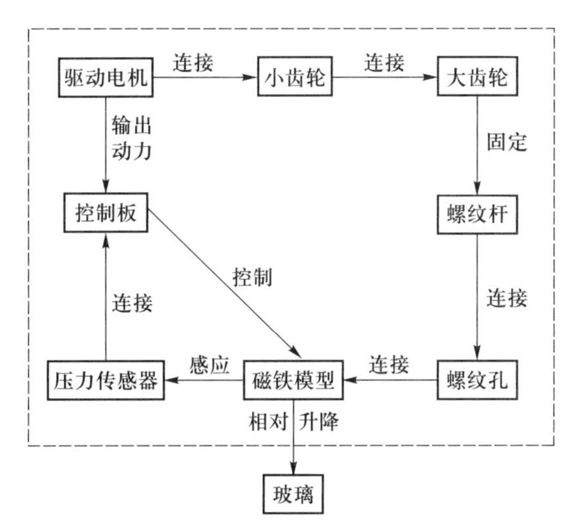

图 11.16 磁铁自动升降机构的功能模型

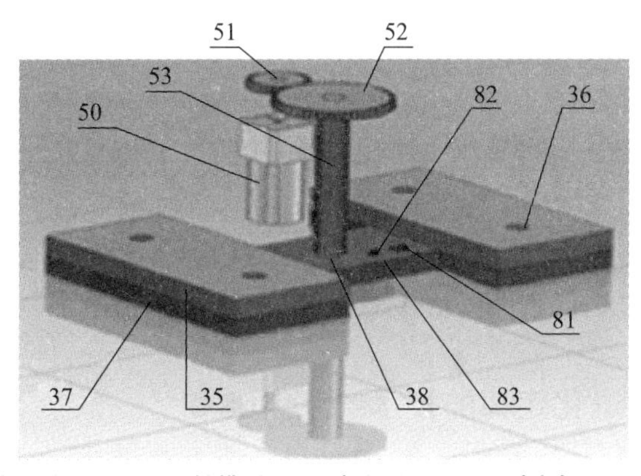

36—磁铁固定孔；37—磁铁模型；38—螺纹孔；50—驱动电机；51—小齿轮；
52—大齿轮；53—螺纹杆；81—控制板；82—接口；83—压力传感器

图 11.17 智能擦玻璃机器人的磁铁升降机构示意图

（2）针对问题模块4：采用缓冲消声装置。

所要解决的技术问题是通过缓冲消声装置减少随动机对玻璃表面的损害。提出一套在机体四周布置弹簧和磁铁中央布置弹簧相结合的方法，从而实现对机器人的缓冲消音功能。其工作原理及作用连接关系如图11.18所示，进一步的结构如图11.19所示。

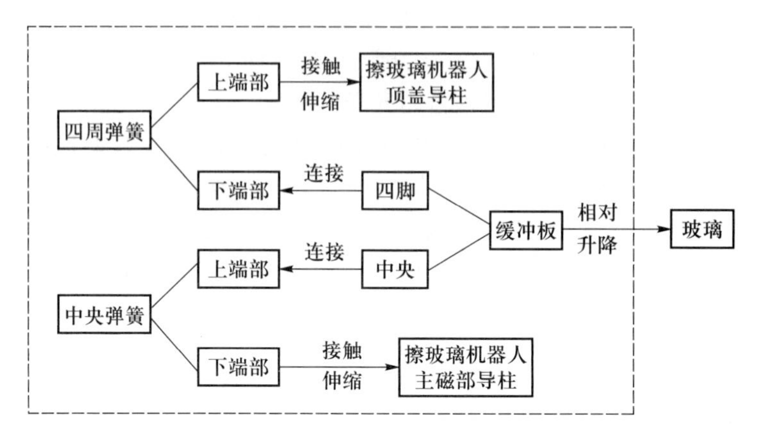

图11.18 缓冲消声装置的功能模型

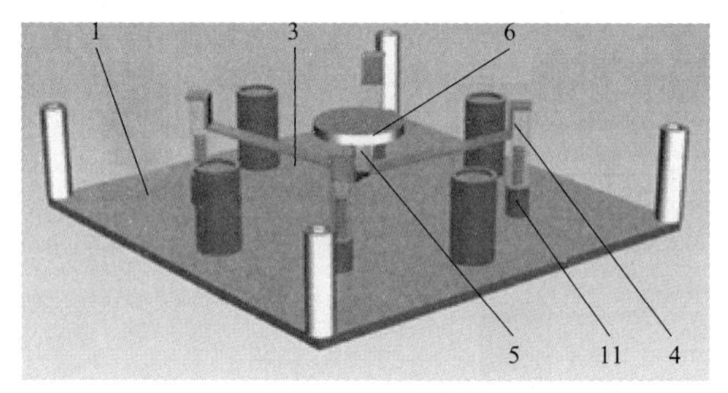

1—顶盖；3—缓冲板；4—四周弹簧；5—中央弹簧；
6—主磁铁部；11—顶盖导柱

图11.19 缓冲消声装置的整体结构示意图

11.4 产品研发阶段的束型专利组合规避

本节对已经解决和存在的技术问题进行重新解决，从束型专利组合规避的角度研发的结果是形成多个竞争性创新性技术方案。

11.4.1 基于功能进化定律的技术约束突破

对要规避的专利对象所解决的问题应用功能进化定律，以便对尚未应用、可能适用的新原理进行探索开发，形成对束型专利组合的技术约束突破。步骤如下：

【步骤一】选择需要进化评价的技术单元。

针对技术约束确立的束型专利组合模块,以部件即吸附装置 A、控制装置 B、行走装置 C、清洁装置 D 为单位,进行技术进化状态分析。

【步骤二】建表、赋值,计算目标企业不同部件在各技术进化路线下的得分情况。

如表 11.17 所示,从左到右分别对 A、C 部件进行不同技术进化定律下发展状态值的计算;从右至左分别对 B、D 部件进行不同技术进化定律下发展状态值的计算。

表 11.17　基于技术进化定律的部件发展状态值

<table>
<tr><th>部件</th><th>问题-专利数</th><th>影响指数</th><th>专利数</th><th>发展状态值</th><th>技术进化定律</th><th>发展状态值</th><th>专利数</th><th>影响指数</th><th>问题-专利数</th><th>部件</th></tr>
<tr><td rowspan="9">A</td><td rowspan="9">A-T_1-2
A-T_2-10
A-T_3-1
A-T_4-1
A-T_5-2
A-T_6-2
A-T_7-3
A-T_8-3</td><td rowspan="9">0.083
0.417
0.042
0.042
0.083
0.083
0.125
0.125</td><td>10</td><td>2.584</td><td>定律 1</td><td>1.214</td><td>4</td><td rowspan="9">0.071
0.250
0.071
0.500
0.107</td><td rowspan="9">A-T_1-2
A-T_2-7
A-T_3-2
A-T_4-14
A-T_5-3</td><td rowspan="9">B</td></tr>
<tr><td>0</td><td>0</td><td>定律 2</td><td>0</td><td>0</td></tr>
<tr><td>0</td><td>0</td><td>定律 3</td><td>0</td><td>0</td></tr>
<tr><td>0</td><td>0</td><td>定律 4</td><td>1.857</td><td>6</td></tr>
<tr><td>0</td><td>0</td><td>定律 5</td><td>0</td><td>0</td></tr>
<tr><td>8</td><td>2.418</td><td>定律 6</td><td>1.892</td><td>6</td></tr>
<tr><td>0</td><td>0</td><td>定律 7</td><td>0</td><td>0</td></tr>
<tr><td>6</td><td>0.500</td><td>定律 8</td><td>4.392</td><td>12</td></tr>
<tr><td>0</td><td>0</td><td>定律 9</td><td>0</td><td>0</td></tr>
<tr><td rowspan="9">C</td><td rowspan="9">C-T_1-1
C-T_2-3
C-T_3-1
C-T_4-2
C-T_5-1
C-T_6-2
C-T_7-1</td><td rowspan="9">0.091
0.273
0.091
0.182
0.091
0.182
0.091</td><td>0</td><td>0</td><td>定律 1</td><td>0.750</td><td>3</td><td rowspan="9">0.125
0.250
0.250
0.250
0.125</td><td rowspan="9">D-T_1-1
D-T_2-2
D-T_3-2
D-T_4-2
D-T_5-1</td><td rowspan="9">D</td></tr>
<tr><td>2</td><td>0.364</td><td>定律 2</td><td>0</td><td>0</td></tr>
<tr><td>0</td><td>0</td><td>定律 3</td><td>0</td><td>0</td></tr>
<tr><td>3</td><td>0.546</td><td>定律 4</td><td>0.500</td><td>2</td></tr>
<tr><td>0</td><td>0</td><td>定律 5</td><td>0</td><td>0</td></tr>
<tr><td>2</td><td>0.273</td><td>定律 6</td><td>0.375</td><td>3</td></tr>
<tr><td>0</td><td>0</td><td>定律 7</td><td>0</td><td>0</td></tr>
<tr><td>4</td><td>0.728</td><td>定律 8</td><td>0</td><td>0</td></tr>
<tr><td>0</td><td>0</td><td>定律 9</td><td>0</td><td>0</td></tr>
</table>

【步骤三】绘制产品系统技术进化状态雷达图。

将步骤二中计算的发展状态值在雷达图中进行标注,其中黑色所代表的“清洁模块”在各技术进化定律下均发展比较缓慢,而喷液装置被识别为具有较高规避价值的对象,如图 11.20 所示。

喷液装置的束型专利组合包括专利号为 CN_102578959_A、CN_203244339_U 和 CN201920651U 的三个专利,查看两者的 IPC 分类号,为 A47L1/02 和 B65D83/76,

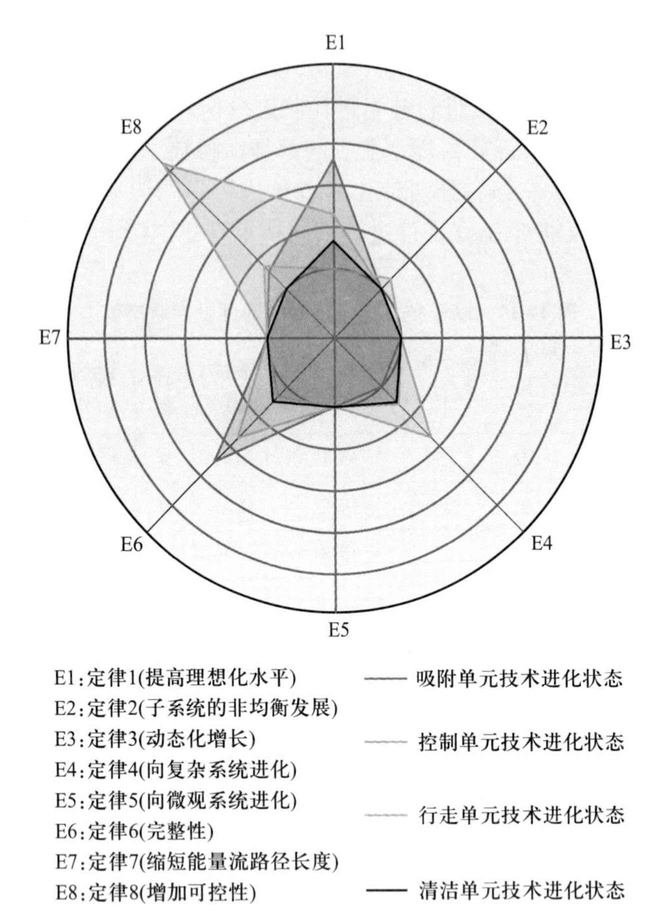

图 11.20　擦玻璃机器人技术进化雷达图(见书后彩图)

专利组合内 CN_101578959_A 号专利为重点规避对象。

【步骤四】建立产品系统具体路线搜索图。

竞争企业擦玻璃机器人喷液装置主要由喷液瓶和推压机构组成。从喷液装置最原始的原理进行分析改进。该机构最初的原理为通过改变喷液瓶内的气压实现喷液效果,通过产品的功能进化可实现这一功能。

选择一条技术进化路线:刚性系统──→带有一个铰链的系统──→带有多个铰链的系统──→柔性系统──→基于流体的系统──→基于场的系统。

分析对象企业已存的喷液装置的具体方案,共有两种,一种是手动喷液机构,另一种为机械喷液机构,如图 11.21 和图 11.22 所示。其中,手动喷液机构是指每次机器人擦玻璃时需要人来进行喷液,其自动化程度较低;而机械喷液机构是由电动机、齿轮和推杆组成的自动推压机构,其优点是把喷液机构从机器人机体内分离出来,缺点是该装置结构过于复杂,且体积较大,质量大。

依据竞争企业现有的产品状态,绘制技术进化路线图,标定当前产品状态,预测未来产品状态,如图 11.23 所示。预测出新的状态 1:基于流体的系统;新的状态 2:基于场的系统。

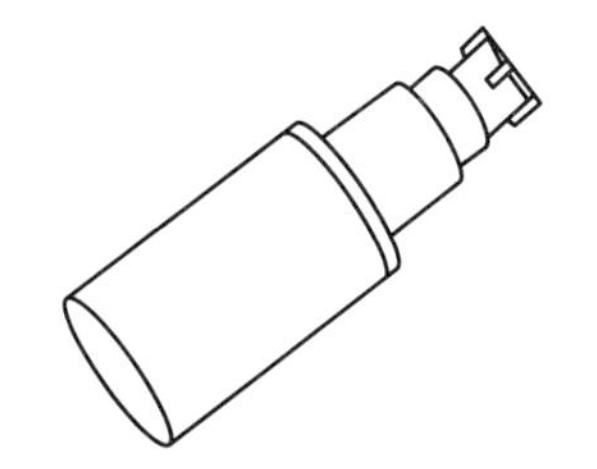

图 11.21　手动喷液机构图

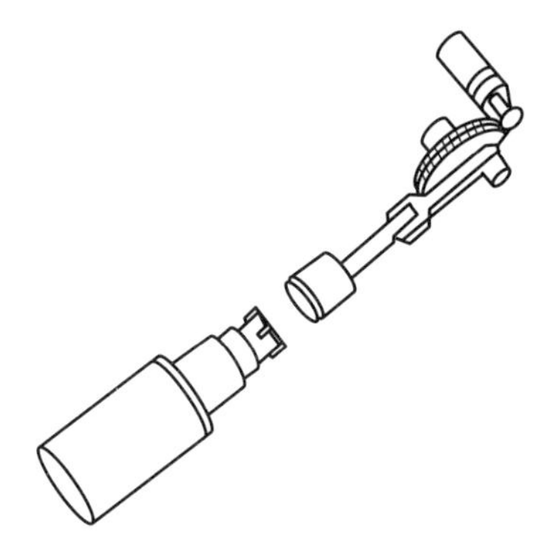

图 11.22　机械喷液机构

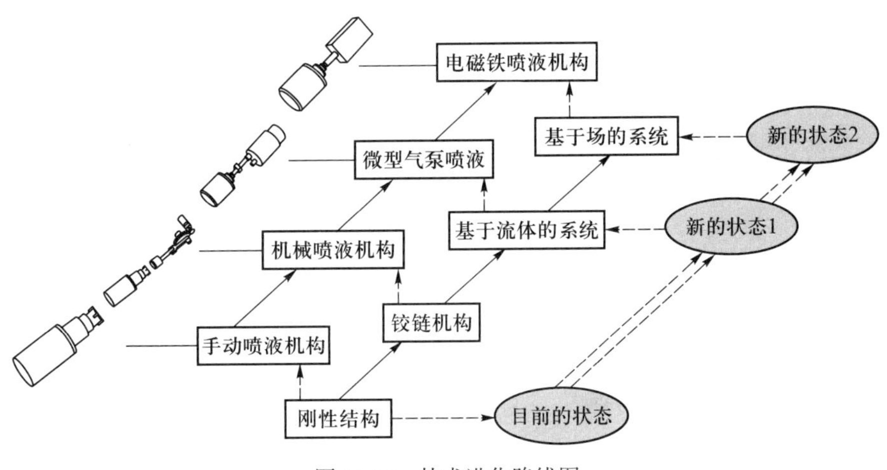

图 11.23　技术进化路线图

【步骤五】产生概念解。

在技术进化路线图中通过对未来状态的预测产生概念解,如表 11.18 所示。

【步骤六】初步检索,决定是否进行详细设计。

在第四数据域进行初步检索,发现概念方案 1 已经存在,故概念 1 无效,概念 2 进入详细设计阶段。

【步骤七】详细设计。

采用以下技术方案:电磁铁喷液装置整体结构简图如图 11.24 所示,包括喷液瓶 1 和电磁铁 2,电磁铁通过可动铁芯 21 与固定壳 23 进行轴孔配合,可动铁芯上套有弹簧26,弹簧另一端和固定壳上的挡板盖22相接触,在固定壳内另一端安装有线圈27,其中固定铁芯25安装在线圈内部。断电状态如图11.25所示。

表11.18 基于技术进化路线图的概念解

概念方案	原理	图示
概念1	通过微型气泵对喷液瓶充气,当瓶内压力达到一定程度时,液体便会自动喷出,能满足轻量化及小型化的要求	
概念2	运用了具有自动复位功能的推拉式电磁铁,能满足擦玻璃机器人的轻量化、小型化、低噪声的要求	

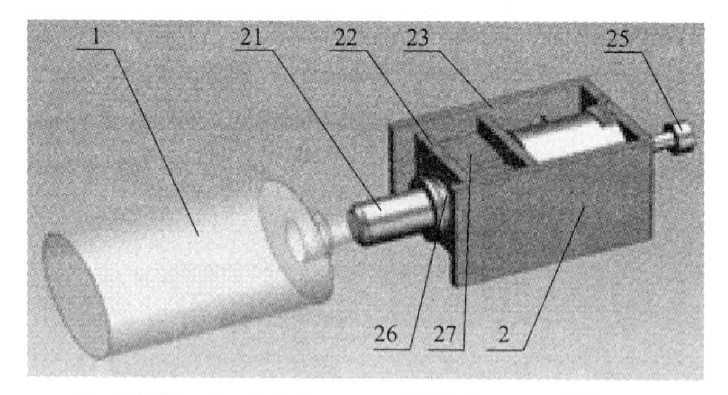

1—喷液瓶;2—电磁铁;21—可动铁芯;22—挡板盖;
23—固定壳;25—固定铁芯;26—弹簧;27—线圈

图11.24 电磁铁喷液装置整体结构简图

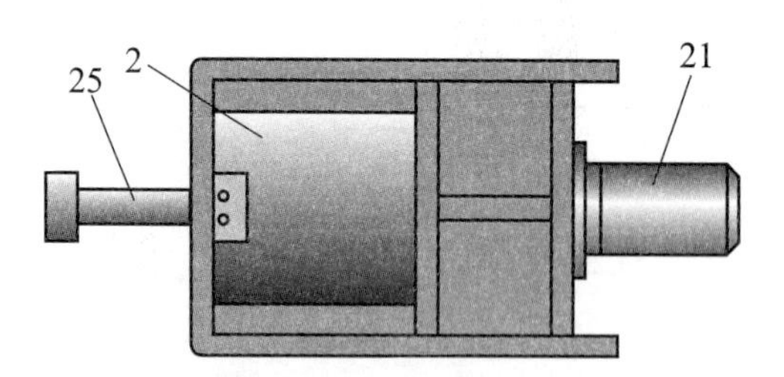

2—电磁铁;21—可动铁芯;25—固定铁芯

图11.25 电磁铁喷液装置断电状态示意图

对电磁铁施加正电压,推杆保持起初断电状态,吸附在固定铁芯上;改变电压方向,对电磁铁施加负电压,推杆会被推出挤压喷液瓶,进而造成喷液。正负电压交替变换实现连续喷液;机器人在工作过程中若不需要喷液,则对电磁铁断电即可,使得推杆在不消耗电能的情况下保持原位,具有节能优势。

电磁铁喷液装置体积小,结构简单,质量轻,可控性好,可靠性高,喷液效率高,构建其功能模型如图11.26所示。其中,喷液瓶与机器人主体隔离开来,便于喷液瓶清洗和更换;通过控制正负电压变换的频率来控制喷液的频率;断电后依旧能够让推杆吸附在固定铁芯上,从而使得电磁铁的工作稳定精度高,使用寿命长。

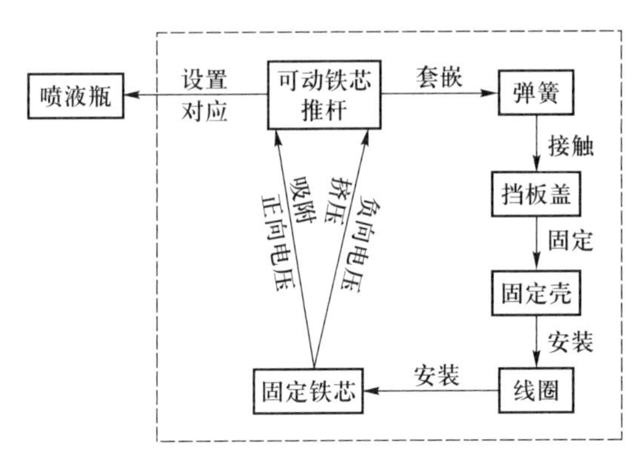

图 11.26　电磁自动喷液装置的功能模型

11.4.2　基于功能裁剪的技术约束突破

本节应用功能裁剪的方法对专利变形进行问题发现,从而突破技术约束,形成创新设计方案。

11.4.2.1　擦玻璃机器人喷液装置创新设计

针对擦玻璃机器人喷液装置专利组合,尤其是 CN_102578959_A 号重点规避对象专利,进行功能裁剪,以突破技术约束。

【步骤一】建立 CN_102578959_A 号专利的权利地图,如图 11.27 所示,同时建立其功能模型,如图 11.28 所示。

【步骤二】选择裁剪路线,进行裁剪变形。

选择 D_1 路线,进行裁剪,用新执行部件来代替原执行部件或原部分执行部件。形成裁剪变体,启发概念解。裁剪变体如图 11.29 所示,问题转化为寻找新的解来执行推压移动功能。

【步骤三】解决问题。

形成裁剪方案:采取的机构为凸轮喷液机构,由电动机、凸轮、推杆、溶液瓶四部分组成。通过电动机驱动凸轮,推杆与凸轮接触,从而实现推压功能,通过改变凸轮的形状可改变推杆行程,其结构如图 11.30 所示。与原有方案相比,新的方案结构简单,制造容易,装配在擦玻璃机器人中比较方便。建立该方案的功能模型,如图 11.31 所示。

11.4.2.2　擦玻璃机器人吸附装置的创新设计

【步骤一】对规避对象吸附单元进行原理分析。

目前,吸附单元功能由磁铁吸附和吸盘吸附两种原理实现,对吸附单元的技术约束突破希望实现两个功能:一是机器人能够牢牢吸附在玻璃表面;二是机器人能

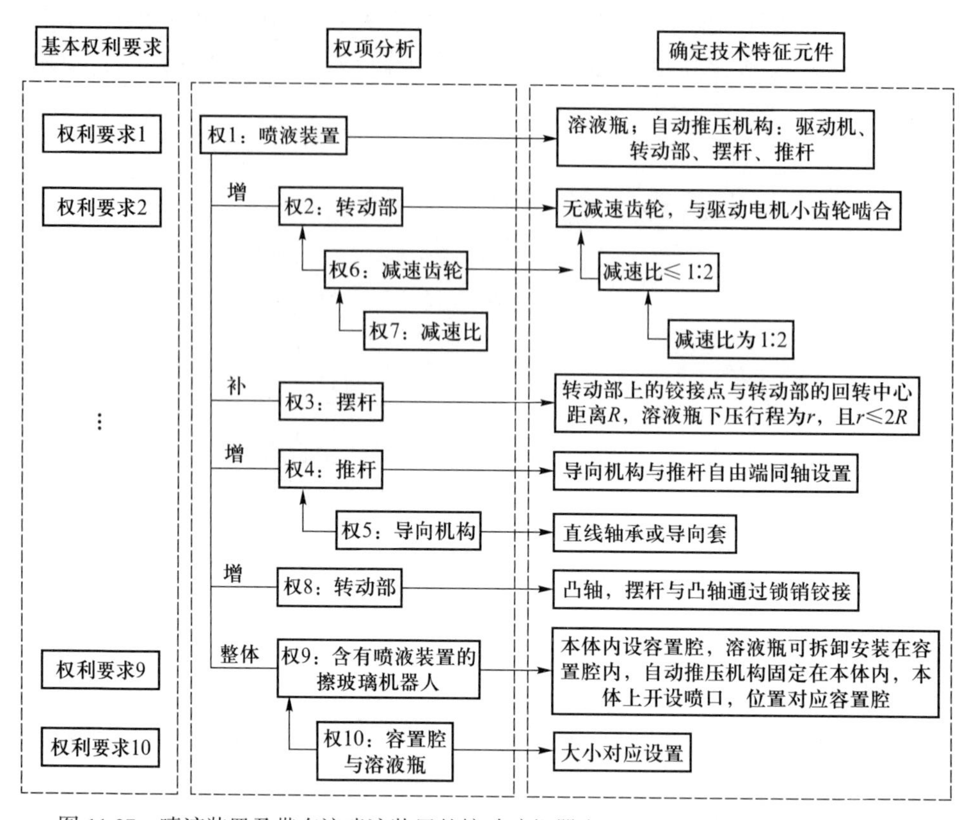

图 11.27　喷液装置及带有该喷液装置的擦玻璃机器人（CN_102578959_A）的权利地图

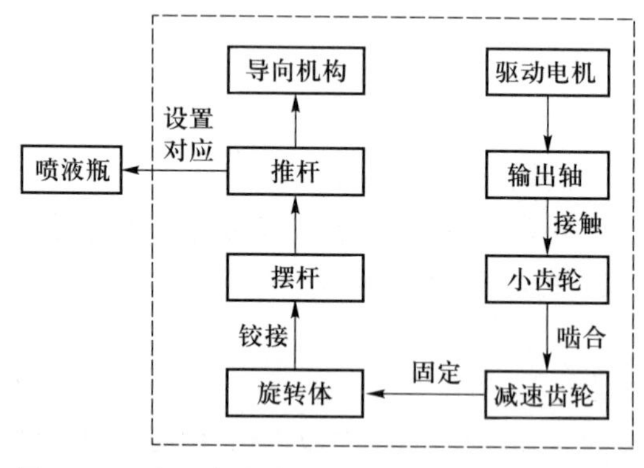

图 11.28　电磁自动喷液装置的机械结构功能模型

够在行走单元的带动下行走。

【步骤二】选择裁剪路径，得到裁剪变体，重新定义问题。

初步设想是利用目标物——水，同时实现压力吸附、行走及清洁。选择 D_1 裁剪路径，裁剪掉现有的磁铁吸附装置、吸盘吸附装置及行走机构，问题转换为寻找新的原理和方案实现此功能。期望实现的功能包括：一是将水喷射在玻璃上并能产生足够压力，使水吸附在玻璃表面；二是能实现在玻璃上行走。

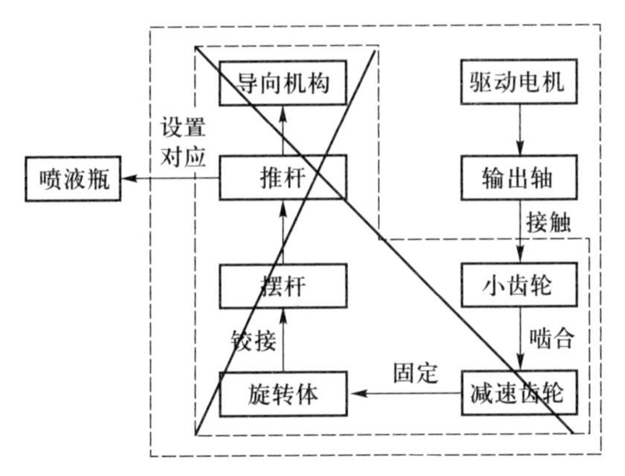

图 11.29 喷液装置及带有该喷液装置的擦玻璃机器人的功能裁剪变体

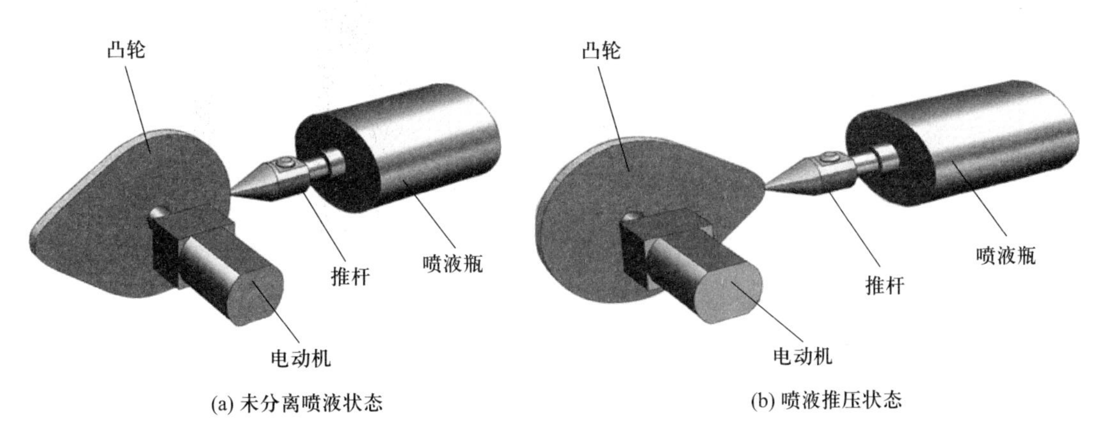

图 11.30 凸轮喷液机构状态图

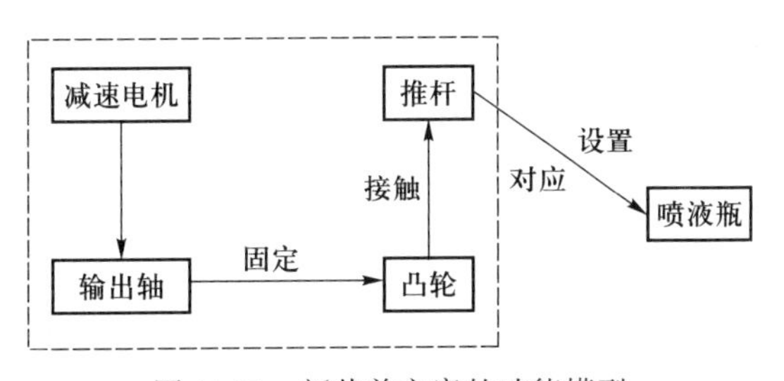

图 11.31 新裁剪方案的功能模型

【步骤三】采用查找效应的方式，浏览案例，选择相似性高的效应 X_n 进行原理启发，重新求解功能元。

定义 G_{X_1}=吸附；G_{X_2}=分离。选择功能查找模式，过程如图 11.32 所示。

选择效应：选择“文氏管嘴雾化”原理，查找进一步的原理，解释为：文氏管嘴是一个雾化液体的管嘴，当液体流经有一端尖细入口的文氏试管时，速度增大，压力减小；如图 11.33 所示，由具有收缩段 AB 和扩展段 BC 的两个圆锥管组成，B 处管径最小，成为喉部，A 和 C 处的管径相等，A 到 B 的距离比 B 到 C 的小。当流体从文氏管

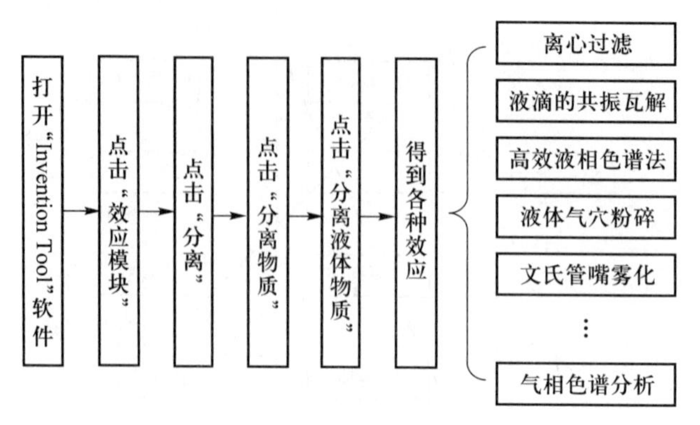

图 11.32　效应查找过程图

通过时,根据实际流体的能量方程可知,文氏管水平放置时,喉部流量增大,而压力降低,于是在进口和喉道之间产生压力差。

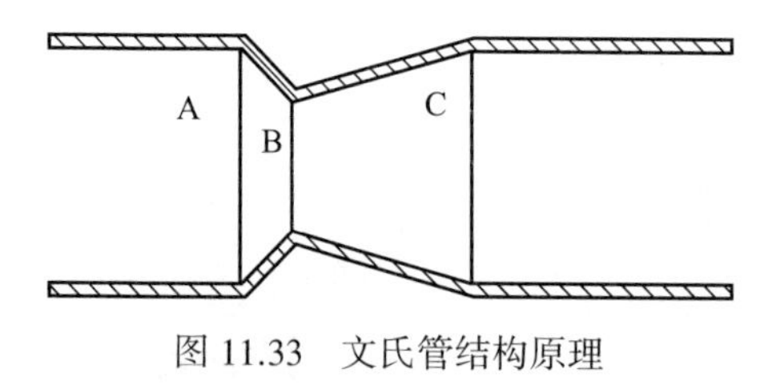

图 11.33　文氏管结构原理

【步骤四】替代原产品系统某个维度的功能单元,形成新创新概念方案。

创新概念方案原理:用文氏管原理实现擦玻璃机器人的吸附装置。水射流抽气元件利用"文氏管原理",用水射流所产生的负压特性实现机器人在清洗壁面上的吸附;如图 11.34 所示,水射流抽气元件由喷嘴和文丘里管两部分组成。水流通过水射流抽气元件时,水射流抽气元件内部喷嘴相当于一个节流口。根据流体力学原理,由于喷嘴具有节流作用,水射流抽气元件进水口处液体压力升高,在该处将高压水流引入水压驱动机构,可为机器人在清洗壁面行走提供动力。水射流在文丘里管缩口处产生负压,利用该负压通过水射流抽气元件抽气口为机器人的真空吸盘抽气,从而实现壁面吸附。

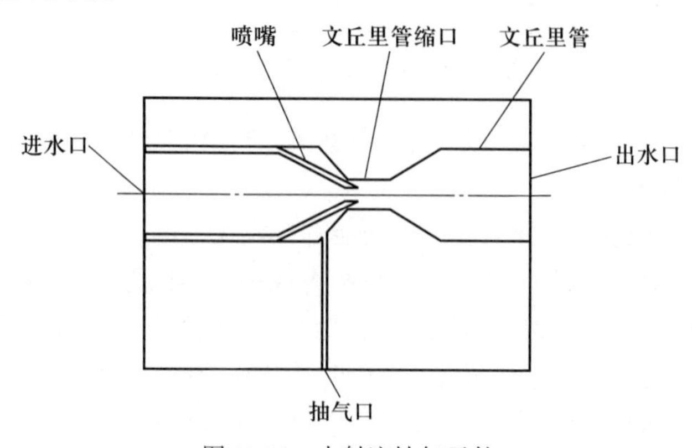

图 11.34　水射流抽气元件

具体设计目标：

(1) 利用水同时作为机器人运动的动力和清洗液，高效环保。

(2) 水和水射流元件的结合使用使吸盘组吸附在窗户表面，不需要附加装置产生用于吸附的真空。

(3) 使用真空吸盘组作为吸附装置来克服单个吸盘不稳定的缺点。

详细设计：

擦玻璃机器人包括动力装置、吸附机构和移动机构，整体结构示意图如图 11.35 所示。动力装置由地面水箱、水泵、水射流元件、*X* 方向液压缸 11、*Y* 方向液压缸 12 组成，地面水箱和水泵抽水为机器人本体提供移动的动力。另外，支路上水流通过水射流元件为真空吸盘组 22 提供真空，使得真空吸盘组吸附在玻璃表面上。

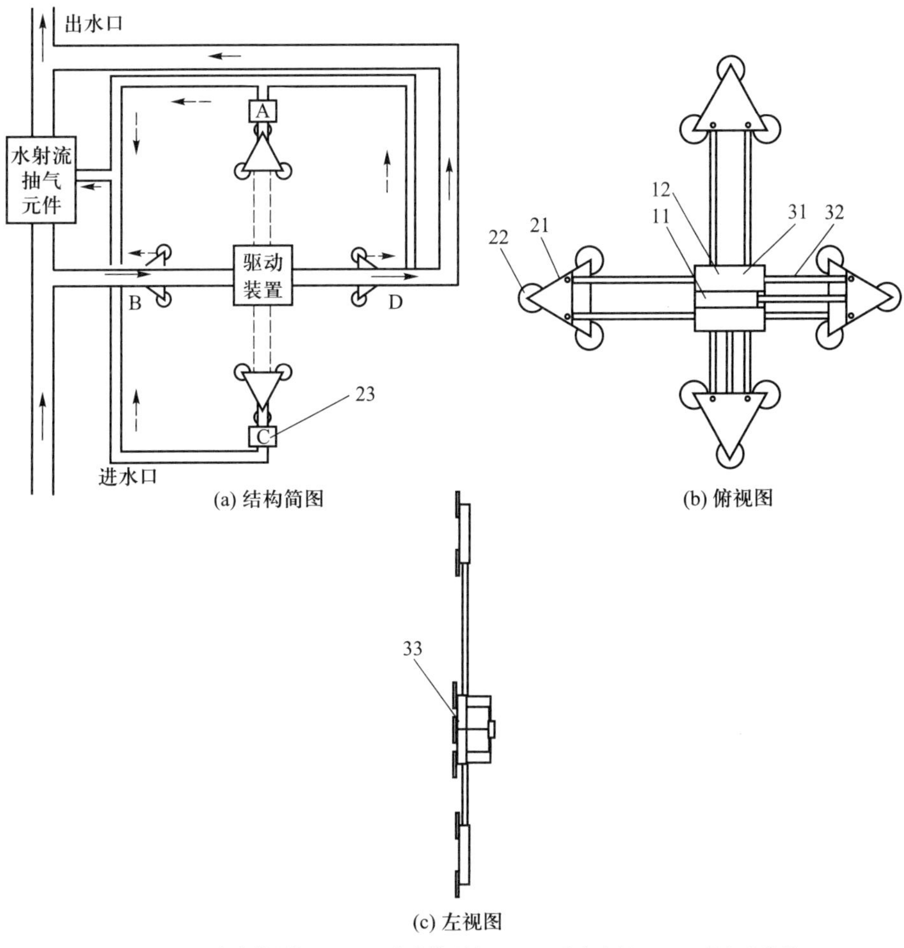

(a) 结构简图　(b) 俯视图

(c) 左视图

11—*X*方向液压缸；12—*Y*方向液压缸；21—吸盘支架；22—真空吸盘组；
23—电磁阀；31—滑台；32—滑动杆；33—清洁布

图 11.35　家用擦玻璃机器人整体结构示意图

吸附机构由吸盘支架 21、真空吸盘组 22 和电磁阀 23 组成，吸盘支架 21 通过紧定螺钉固定在滑动杆 32 上，*X* 或 *Y* 方向的吸盘支架与液压杆连接，液压杆的伸缩带动吸盘支架 21 的移动,从而驱动整机移动。真空吸盘组 22 固定在吸盘支架 21 上,通过电磁阀 23 控制产生通断,从而通过气管与水射流元件抽气端相连接。

移动机构包括滑台 31 和滑动杆 32,滑台空套在滑动杆上,滑台上的凹槽固定液压缸,滑动杆通过紧定螺钉与吸盘支架 21 连接。

当擦玻璃机器人实现 X 方向移动并进行擦洗时,完成的动作如下:

(1) 水泵从地面水箱抽水通过水射流元件,产生真空。

(2) X 方向电磁阀 B、D 控制 X 方向的吸盘组产生真空完成吸附动作,Y 方向电磁阀 A、C 控制 Y 方向的吸盘组不产生真空,即 A、C 通道被短路,没有气体被抽走。

(3) X 方向液压缸 11 动作,Y 方向液压缸 12 不动作,这样 X 方向液压缸的液压杆收缩,液压缸 11 在 X 方向移动,与之连接的滑台 31 在 X 方向移动。

(4) 滑台底面的清洁布 33 完成在 X 方向对玻璃表面的擦洗。实现 Y 方向的移动及擦洗动作同上, A、C 吸附,B、D 不吸附。

该方案最终形成的功能结构如图 11.36 所示。

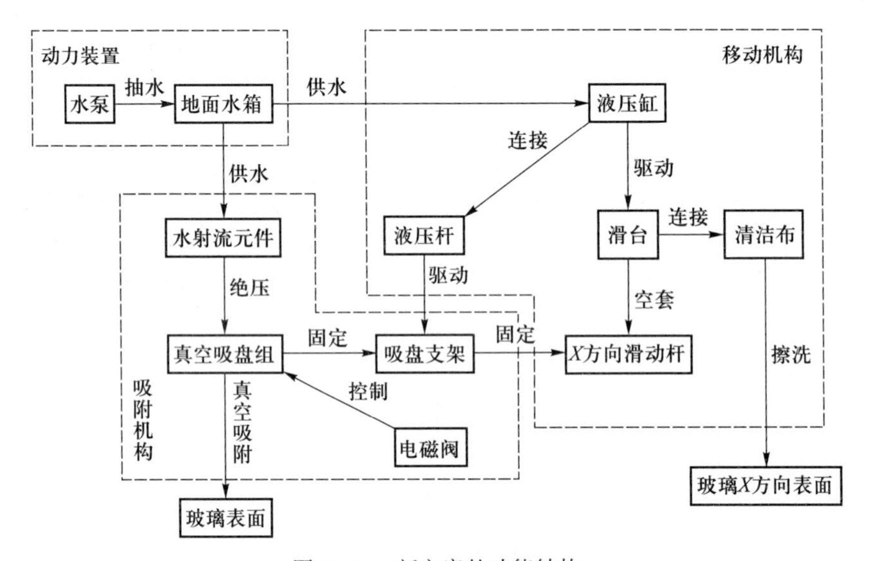

图 11.36　新方案的功能结构

11.5　产品研发阶段的星型专利组合规避

本节应用第 8 章的方法对星型专利组合进行规避,规避目标是形成集成型的概念设计新方案。

11.5.1　制度约束建立

对比企业中存在擦玻璃机器人与扫地机器人相集成的专利设计方案,针对其集成方案的专利组合,专利一编号为 CN102475519B;专利二编号为 CN102920393B;为了解两个专利的技术原理及结构,特提取制度约束,建立针对目标专利一的权利地图,如图 11.37 所示;建立针对目标专利二的权利地图,如图 11.38 所示。

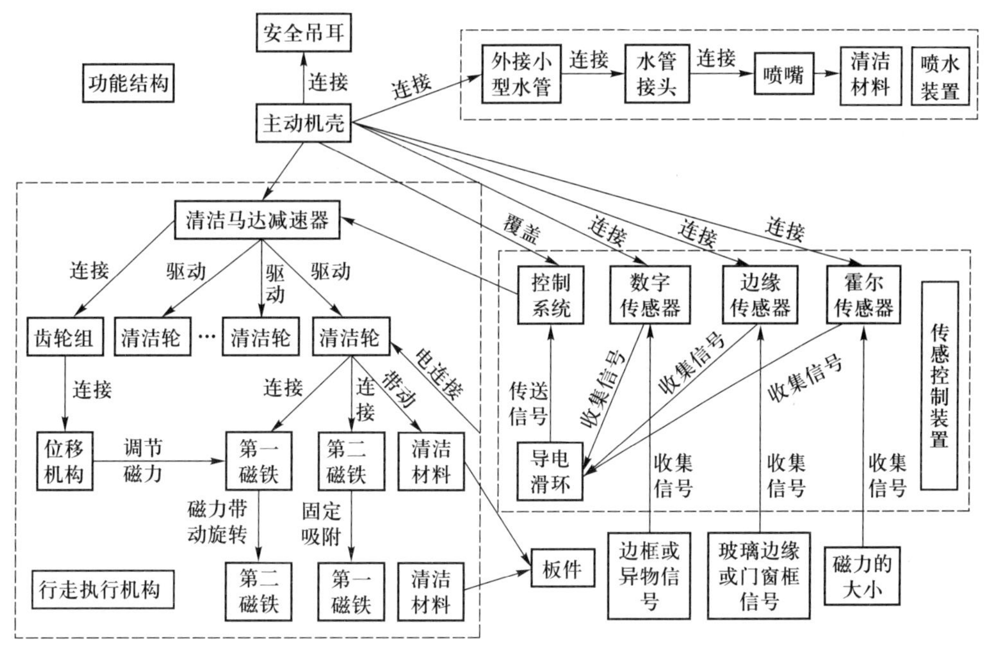

图 11.37　编号为 CN102475519B 专利的权利地图

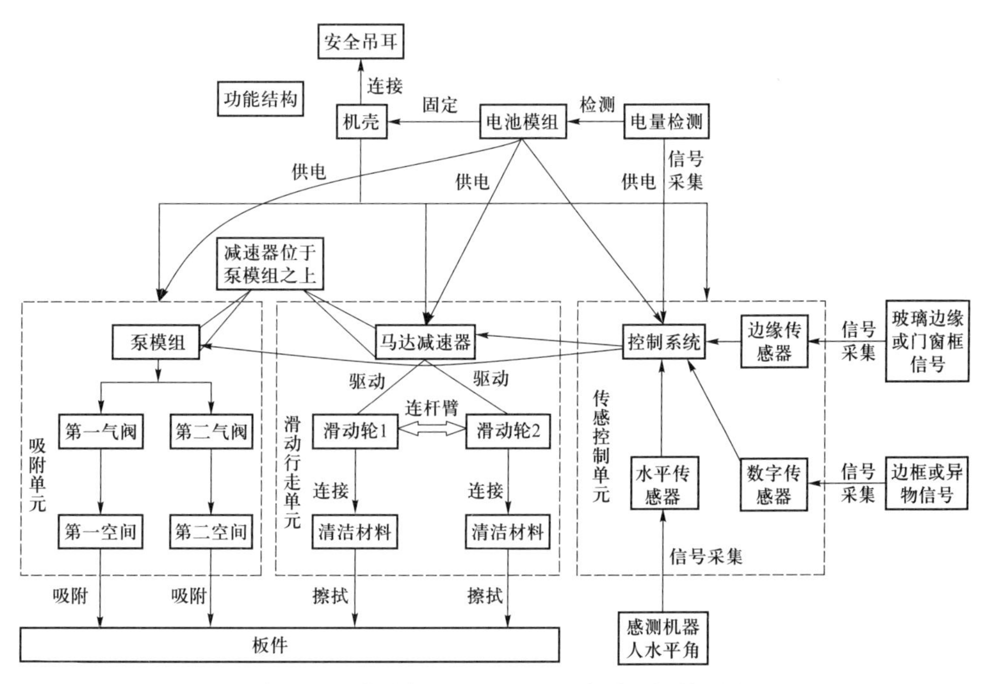

图 11.38　编号为 CN102920393B 专利的权利地图

11.5.2 技术约束突破

借鉴对比企业将擦玻璃机器人与扫地机器人相结合的思路,采用集成设计方法重新设计将两者合体的新方案;同时,可以针对对比企业已经存在的集成设计方案本身存在的问题或者缺陷进行绕道设计。由于将擦玻璃与扫地机器人相结合的方法在研究对象企业科沃斯机器人科技(苏州)有限公司中并不存在,集成设计方案构成专利规避创新设计的成果。具体规避设计过程详述如下。

1. 概念方案一

擦玻璃机器人与扫地机器人相结合产生一款新机器人的概念方案。

(1) 组合变体。

(a) A 系统={水射流擦玻璃机器人};

(b) B 系统={扫地机器人};

(c) A 系统优势技术功能={通过流体压力改变来吸附、带动擦拭、行走};

(d) B 系统优势技术功能={实现扫地功能}。

(2) 问题发现。

扫地机器人在水平方向行走作业,擦玻璃机器人在非水平方向行走作业,产生的冲突是既希望吸附力在水平作业时比较小,以利用自身重力行走作业,又希望吸附力在非水平方向作业时可以足够大,以克服重力及摩擦力自由行走。存在物理冲突,用条件分离原理来解决该问题。设计目标为:在条件改变时可以自动调节吸附力。

(3) 概念方案。

受设计方案——水射流擦玻璃机器人的启发,与扫地机器人相结合产生一款机器人概念,其示意图如图 11.39 所示。原理过程为:电动机驱动风扇叶片旋转,通过电动四通调节阀分配调节前后吸尘单元与清洁负压吸附单元气流量,水过滤薄膜滤除吸入气体中的水分,以免进入风扇和电动机部分;前后吸尘单元均有一滚刷,作业过程中清扫板件表面异物,并随气体一起被吸入吸尘腔;在清洁负压吸附单元中,底板和清洁材料间形成一定空间,该空间内气体被连续抽走,从而形成一定负压,在机体与板件间形成一定压力;当作业板件为水平状态时,通过调节电动四通调节阀,不向清洁负压吸附单元分配气流量,机体靠自身重力与板件间形成一定压力,使驱动轮与板件间产生驱动所需的正压力;当作业板件不为水平状态时,通过调节电动四通调节阀,同时向吸尘单元和清洁负压吸附单元分配气流量,吸尘单元如前述进行工作,同时在清洁负压吸附单元作用下,机体与板件间产生可调的正压力,以便在驱动轮转动时使轮与板件间产生所需的摩擦力;在驱动轮作用下机体运动时,清洁材料对板件进行清洁。

该方案克服了擦玻璃机器人与扫地机器人相结合给系统带来的影响和冲突,通过电动四通调节阀来调节分配气流,从而形成不同的负压。该方案的功能模型如图 11.40 所示。

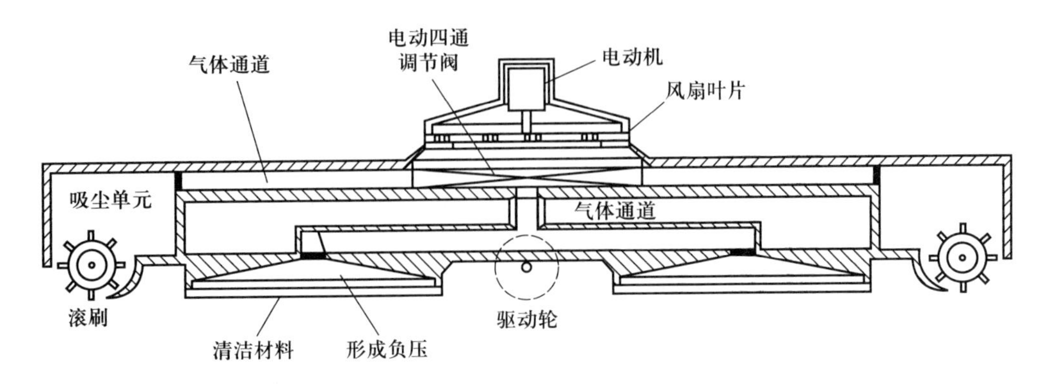

图 11.39 擦玻璃与扫地机器人相结合的新机器人

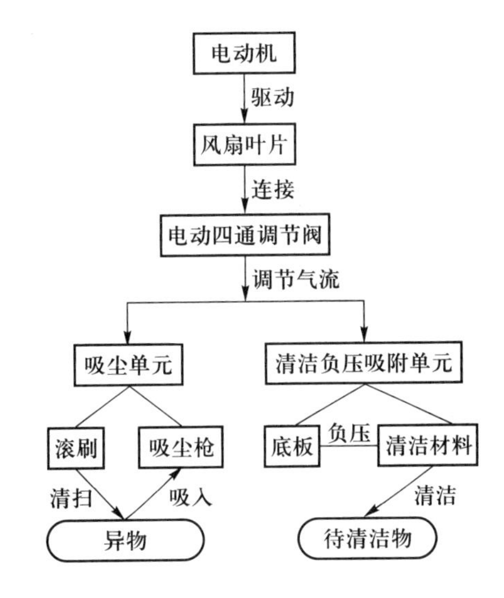

图 11.40 新集成机器人的功能模型

2. 概念方案二

对功能模型进行裁剪,改进形成的技术方案。

由规避对象专利的功能模型及产品的实际情况可知,存在噪声大的缺陷。降低吸附系统的工作负压有助于减小功率,进而减小噪声。减小机器人所需的最小安全工作负压的方法包括减小机器人本体质量、密封裙摩擦系数、爬壁机器人重心与壁面之间的距离。

针对规避对象进行功能裁剪,图 11.41 所示为功能裁剪图。对泵模组及马达减速器之间的位置关系作出了裁剪,对电动机和风扇之间的位置关系作出了改变,让重心离壁面近一些,以便减小机器人的噪声,裁剪后功能模型如图 11.42 所示。

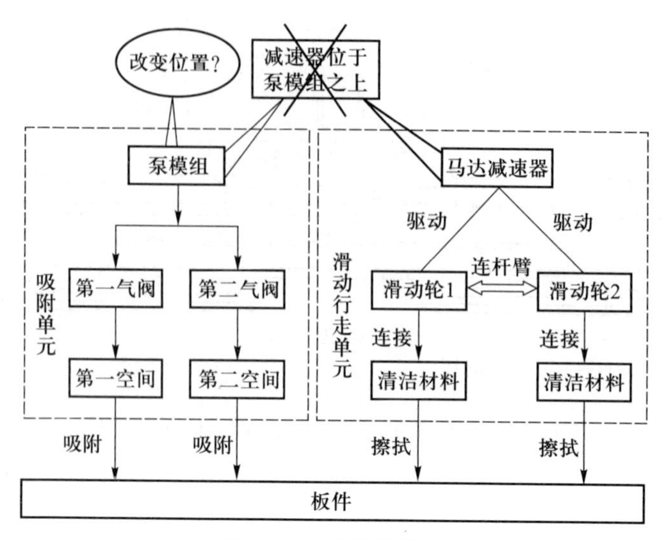

图 11.41　功能裁剪图

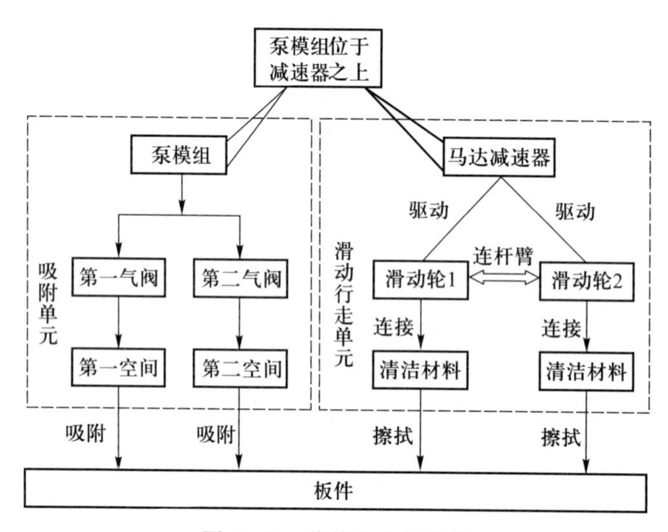

图 11.42　裁剪后功能模型

11.6　产品研发阶段的链型专利组合规避

产品研发阶段的链型专利组合规避的目标是希望在产品生产、推向市场的整个产业链上挖掘更多的技术机会。在链型专利组合识别阶段，在“链型路径-产品维度专利分析图”上识别出密集区域——控制系统及方法，说明控制系统及方法是擦玻璃机器人产品的一个核心竞争技术部分。本节选择规避路径Ⅱ进行技术约束突破。

【步骤一】建立基于执行任务操作步骤的鱼骨图。

按照机械产品对作用对象完成工作任务的时间序列，建立针对擦玻璃机器人执行动作分解的鱼骨图，即对操作动作，包括行走动作、执行动作和辅助动作等进行分解,进而建立基于执行任务操作步骤的鱼骨图,如图 11.43 所示。

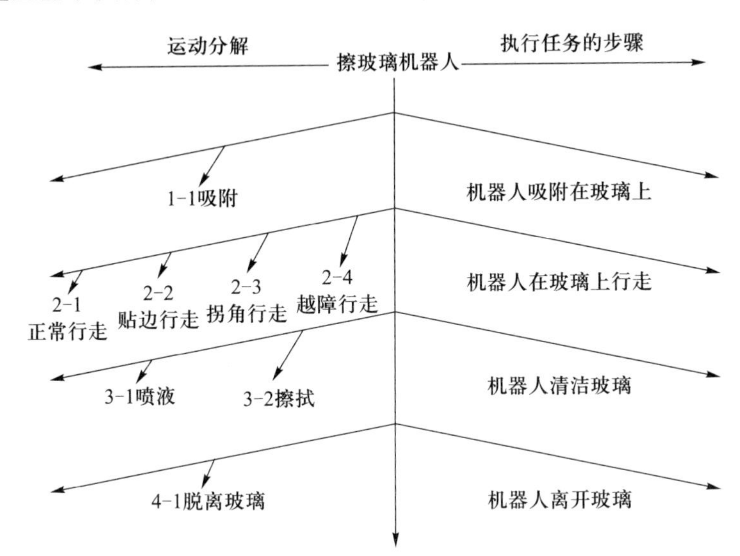

图 11.43　基于执行任务操作步骤的鱼骨图

【步骤二】基于执行任务操作步骤的鱼骨图,建立控制方法及装配方法的资源利用排查表,如表 11.19 所示。

表 11.19　功能实现过程中动作控制方法的资源利用排查表

任务执行步骤	对象企业是否存在控制方法?	现有控制方法是否合理?是否需要优化?
动作 1-1	不存在关于动作 1-1 的控制方法	根据市场需求可以开发
动作 2-1	存在 17 个动作 2-1 的控制方法	存在缺陷,需要优化
动作 2-2	存在 7 个动作 2-2 的控制方法	可以改进,进一步优化
动作 2-3	存在 2 个动作 2-2 的控制方法	存在缺陷,需要优化
动作 2-4	存在 2 个动作 2-4 的控制方法	存在缺陷,需要优化
动作 3-1	不存在动作 3-1 的控制方法	根据市场需求可以开发
动作 3-2	不存在动作 3-2 的控制方法	根据市场需求可以开发
动作 4-1	不存在动作 4-1 的控制方法	根据市场需求可以开发

本节选择动作 2-3 进行缺陷改进和优化。

【步骤三】针对动作 2-3 所确定的部位进行表层资源和隐藏资源查找。

针对控制方法类的考核指标有空间资源、时间资源、场资源,这些方面的资源不仅包括表层资源内容,也包括隐藏资源内容,具体情况如表 11.20 所示。

表 11.20　表层资源及隐藏资源查找表

规避路径方向	资源类别	空间资源	时间资源	场资源
路径Ⅱ下的动作2-3	表层资源		③暂停； ④消除空转； ⑦交错处理； ⑧后置处理；	①系统中的场； ②环境中的场； ③场(能量)源； ④能量储备； ⑤场损耗(能量流失)
	隐藏资源	No.2(分离) No.3(局部质量) No.4(不对称) No.17(维数变化) No.30(柔性壳体或薄膜) No.36(状态变化)	No.9(预加反作用) No.16(未达到或超过的作用) No.19(周期性操作) No.20(有效作用的连续性) No.35(参数变化)	No.10(预操作) No.23(反馈)

【步骤四】依据资源分析表所确定的方案提示进行概念方案的设计。

原行走路线倒车路线重复，造成时间的浪费，同时导致已擦拭区域的二次污染，如图 11.44 所示。基于时间资源优化原则要求动作效率要高，要节省时间，因此冲突主要集中于时间资源的重新组合、安排，重新设计行走路线，编制控制程序。

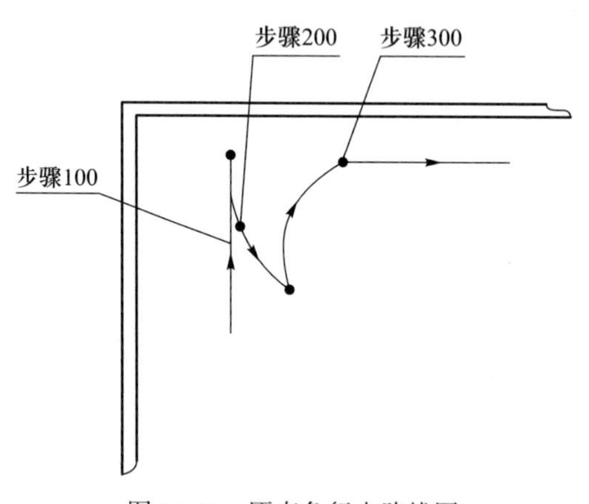

图 11.44　原直角行走路线图

在隐藏的时间资源提示下，选择原理 20 有效作用的连续性，将行走路线转换为连续直角行走路线，如图 11.45 所示。对其运动连续性进行进一步优化，采用最佳仿人工的清洁路线，先"之"字，再沿边，高效覆盖窗户的边角，其整体运动的行走路线如图 11.46 所示，并根据该行走路线编程，形成实现预定行走路线的控制方法。

【步骤五】结合行业经验的详细设计。

智能擦玻璃机器人包括传感单元 5，控制单元 6，驱动单元 7，行走单元 8，其控

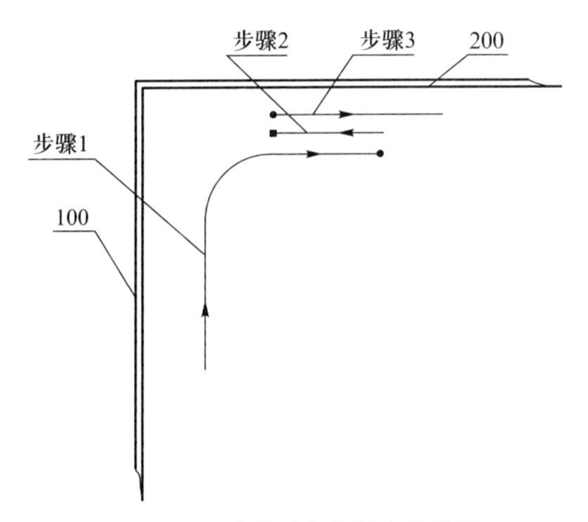

图 11.45　改进后直角行走路线图

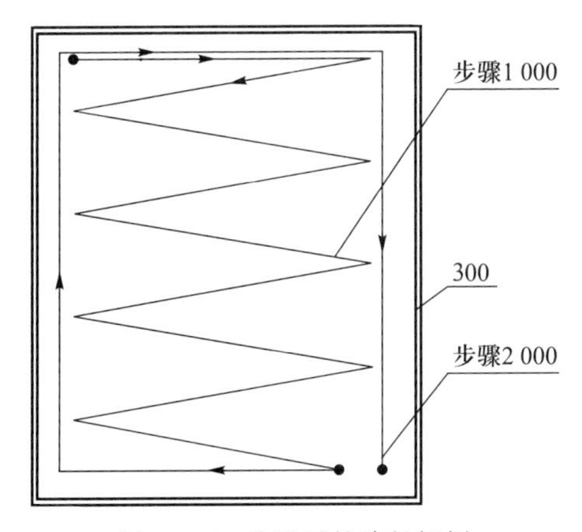

图 11.46　改进后的路径规划

制系统流程如图 11.47 所示，擦玻璃机器人的整体结构如图 11.48 所示。其中，传感单元包括第一传感器子单元 31 和第二传感器子单元 41。控制单元分别与传感单元和驱动单元连接。所述擦玻璃机器人的传感单元可以获取自身行走状态和外部行走位置的信息，从而传达给控制单元。控制单元通过对控制装置预设参数进行比较来控制驱动单元和行走单元，使擦玻璃机器人 1 完成直线行走、贴边行走、直角区域拐弯等多个状态。第一传感器子单元和第二传感器子单元分别有两个端部传感器和两个侧面传感器，其中侧面传感器在擦玻璃机器人左侧和右侧各有一个。第一传感器子单元和第二传感器子单元的端部传感器采用非接触式传感器，侧部传感器采用接触式传感器。接触式传感器可选用微动开关、行程开关、压力传感器；非接触传感器可选用红外传感器、超声传感器。所述的角度传感器采用陀螺仪。其功能模型如图 11.49 所示。

以第一传感器子单元在前部行走为例，具体说明直角区域行走过程。其直角区域的行走过程图如图 11.50 所示，实现上述行走路线的控制方法如图 11.51 所示。具体步骤详解如下：

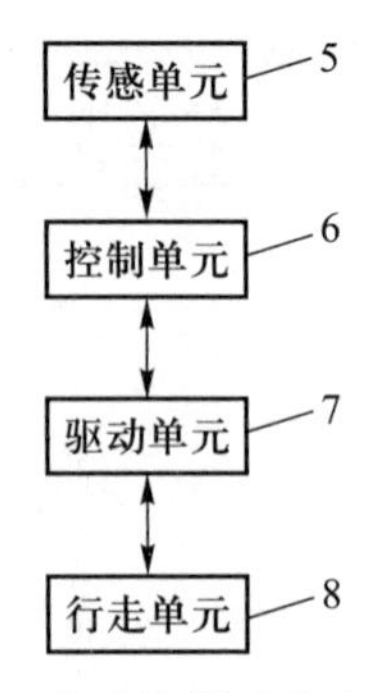

图 11.47　移动控制系统流程示意图

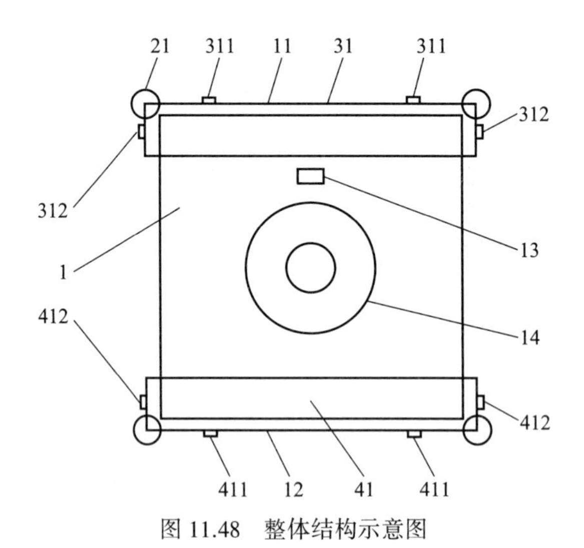

图 11.48　整体结构示意图

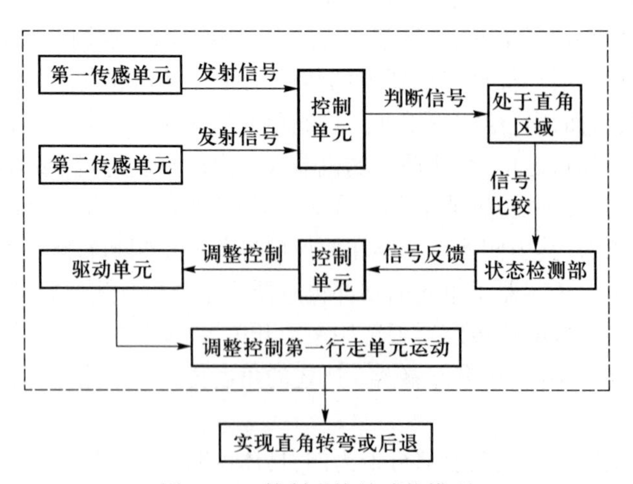

图 11.49　控制系统的功能模型

【步骤一】如图 11.50a 所示,擦玻璃机器人沿着第一直角边 100 的方向行走,并逐渐接近第二直角边 200;前侧部传感器 312 和后侧部传感器 412(图 11.48)检测机器人是否贴边行走。

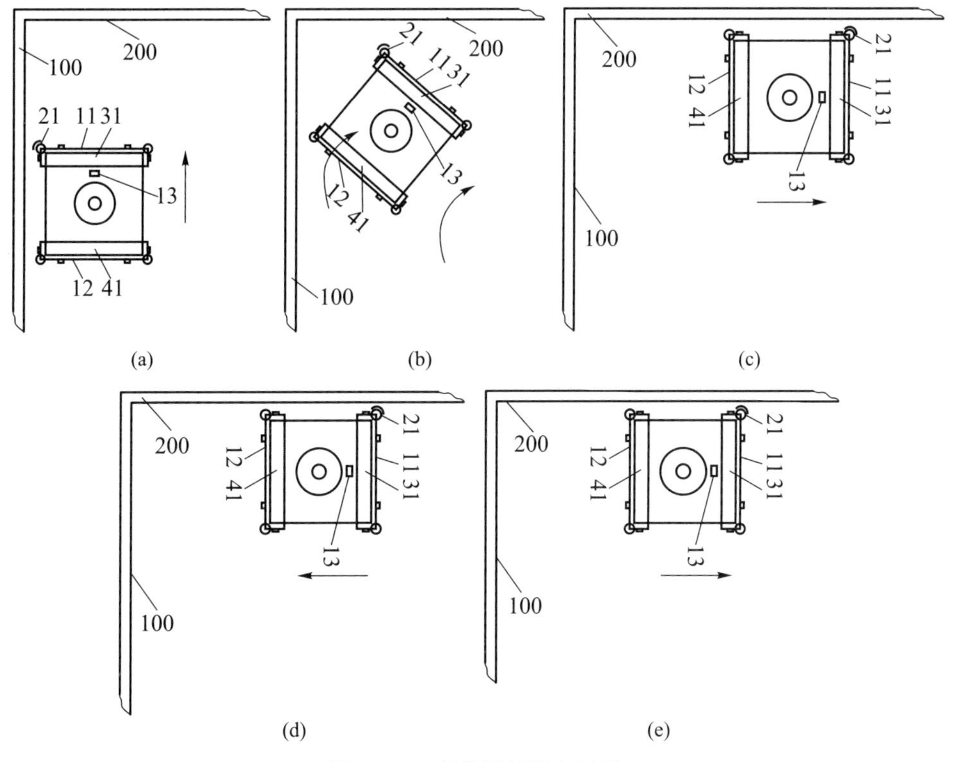

图 11.50　直角区域行走过程

【步骤二】如图 11.50b 所示,擦玻璃机器人判断是否收到两个前端部传感器发来的信号。如果分别收到信号且符合预设值的要求,则擦玻璃机器人已到达离第二直角边 200 的距离 D($1.3L<D<1.8L$,L 为擦玻璃机器人的长度),进行转弯;如果收到信号不符合预设值的要求,则擦玻璃机器人继续行走,直到符合预设值要求。

【步骤三】如图 11.50c 所示,擦玻璃机器人判断是否收到前侧部传感器和后侧部传感器发来的信号。如果分别收到信号且符合预设值要求,则机器人侧面已贴到第二直角边 200 行走。

【步骤四】如图 11.50d 所示,擦玻璃机器人贴到第二直角边 200 行走以后,调整姿态,控制驱动单元使擦玻璃机器人朝着靠近第一直角边 100 的方向行走。

【步骤五】如图 11.50e 所示,擦玻璃机器人判断是否收到后端部传感器发来的信号。如果分别收到信号且符合预设值要求,擦玻璃机器人到达第一直角边 100,则机器人向着远离第一直角边 100 的方向行走。

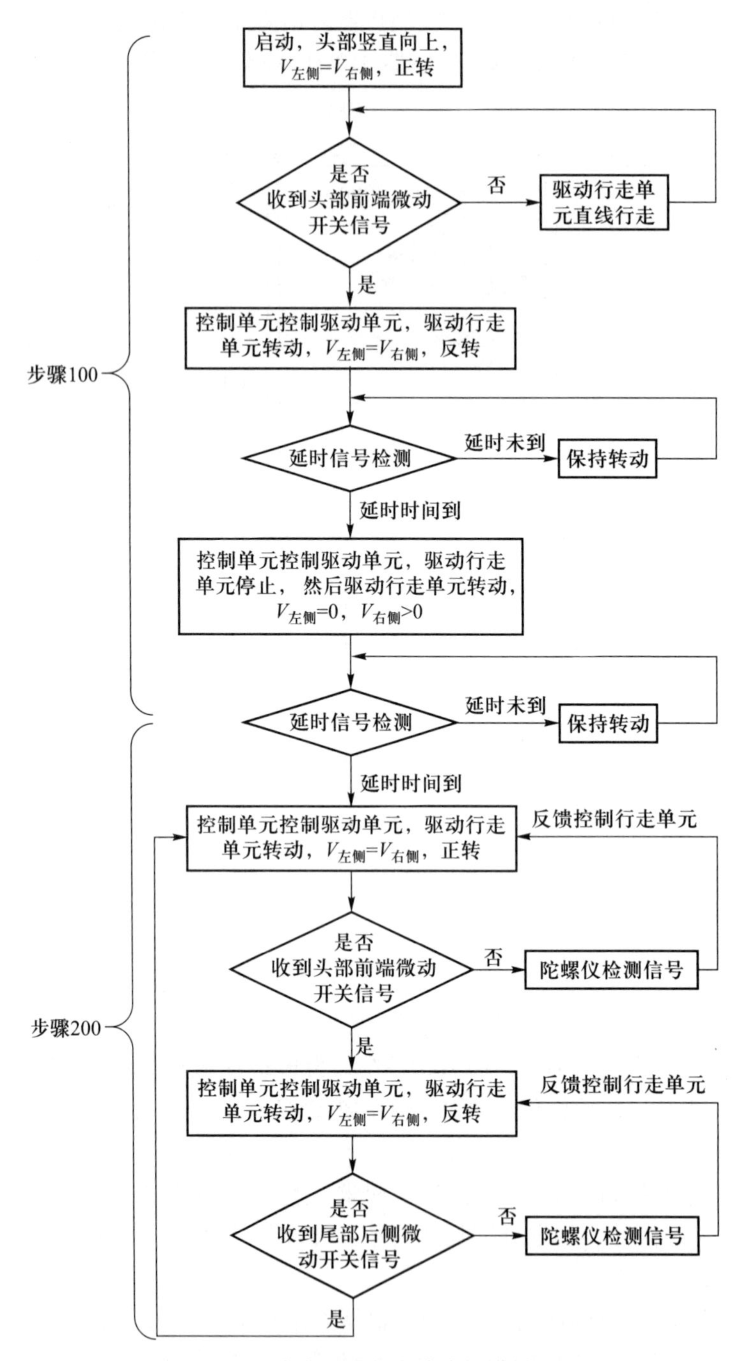

图 11.51　直角区域行走路线的控制方法

11.7　产品研发后期的成果评价管理

产品研发后期要从多个方面进行评价，对成果进行专利分级管理。这包括专利侵权判定、新颖性评价、创造性评价及评价后的管理。

11.7.1 侵权判定评价

进行侵权判定评价，制订专利侵权判定检核表，判定结果如表 11.21 所示。经检核九个创新方案均不侵犯对象企业的专利权。

表 11.21 侵权判定检核表

创新方案名称	是否符合全面覆盖原则	是否符合等同原则	是否符合禁止反悔原则及贡献原则	是否侵权
①附带转向机构的擦玻璃机器人	否	否	—	否
②磁铁自动升降装置	否	否	—	否
③擦玻璃机器人缓冲消声装置	否	否	—	否
④水射流擦玻璃机器人	否	否	—	否
⑤电磁自动喷液装置	否	否	—	否
⑥凸轮喷液机构	否	否	—	否
⑦擦扫一体机器人	否	否	—	否
⑧新型擦窗扫地一体机	否	否	—	否
⑨擦玻璃机器人行走路线控制方法	否	否	—	否

11.7.2 新颖性评价

进行新颖性评价，制订专利新颖性检核表，检索结果如表 11.22 所示。

表 11.22 新颖性检核表

<table>
<tr><th rowspan="2">创新方案名称</th><th colspan="2">解决的主要技术问题</th><th rowspan="2">同义词</th><th rowspan="2">布尔逻辑检索式</th><th rowspan="2">是否有新颖性</th></tr>
<tr><th>总功能</th><th>分功能</th></tr>
<tr><td rowspan="4">①附带转向机构的擦玻璃机器人</td><td rowspan="4">直角调头，路线不重复</td><td>定位</td><td>锁定、控制方向</td><td rowspan="4">(定位 or 锁定 or 控制方向)and(调头 or 转身 or 变位)and(锁死 or 扣紧 or 不滑脱 or 紧密连接)and(控制 or 90 度转弯)</td><td rowspan="4">是</td></tr>
<tr><td>转向</td><td>调头、转身、变换位置</td></tr>
<tr><td>锁死</td><td>扣紧、不滑脱、紧密连接</td></tr>
<tr><td>控制</td><td>90 度转弯控制方式</td></tr>
</table>

续表

创新方案名称	解决的主要技术问题		同义词	布尔逻辑检索式	是否有新颖性
	总功能	分功能			
②磁铁自动升降装置	磁铁与玻璃接触可控	自动升降	减速齿轮组	减速齿轮组 and 压力传感器 and 控制板	是
			压力传感器		
			控制板		
③擦玻璃机器人缓冲消声装置	磁铁与玻璃接触可控	缓冲消声	缓冲板	缓冲板 and 四周弹簧 and 中央弹簧	是
			四周弹簧		
			中央弹簧		
④水射流擦玻璃机器人	用水射流元件实现吸附行走及清洁功能	驱动装置	水泵抽水	((水泵抽水 and 水射流元件 and 液压缸)or 水射流驱动装置)and 真空吸盘组吸附 and 清洁布清洁	是
			水射流元件施压		
			液压缸驱动		
		吸附装置	真空吸盘组吸附		
		清洁装置	清洁布清洁		
⑤电磁自动喷液装置	调控电磁铁实现自动喷液	电磁铁推压装置	可动铁芯推杆、固定铁芯及线圈、弹簧	(电磁铁推压装置 or(可动铁芯推杆 and 固定铁芯 and 线圈 and 弹簧))and(喷液瓶 or 推压瓶)	是
		喷液瓶	推压瓶		
⑥凸轮喷液机构	用凸轮机构实现喷液	凸轮机构	凸轮、推杆	((凸轮 and 推杆)or 凸轮机构)and 喷液瓶	是
		喷液瓶	喷液瓶		
⑦擦扫一体机器人	改变电动机与风扇位置、降噪	电动机装配在风扇下方	电动机与壁面近距离配置	低噪声 and 电动机 and 风扇 and 位置	否
⑧新型擦窗扫地一体机	既能擦又能扫	可调节吸附装置	风扇、四通调节阀	(可调节吸附力的吸附装置 or(风扇 and 四通调节阀))and(除尘单元 or(滚刷 and 吸尘腔))and 清洁单元	是
		除尘单元	滚刷、吸尘腔		
		清洁单元	清洁抹布		
⑨擦玻璃机器人行走路线控制方法	控制机器人按照既定路线行走	控制系统	无	擦玻璃机器人行走控制方法	是
		控制方法			

11.7.3 创造性评价

以“电磁自动喷液装置擦玻璃机器人”方案为例,说明对九个专利规避的创新成果进行创造性评价的过程。

在国际专利机器人研究领域中，常使用隶属函数式(3.2)。令 $a_1=1, a_2=4, \Delta a=3$(由于机器人技术仍处于技术成长期，相对属于新领域，则 Δa 取值应较小，使其阶跃曲线呈长曲线，斜率较大)，在机器人技术研究领域中模糊度额定值 $P=1.2$。

创造性评价的具体步骤如下：

(1) 确定 X_i 值。

(a) 属于要素替代发明：$X_1=2.8$。

(b) 搜索到相关文献或者专利为两篇部分覆盖，则根据 X_2 的取值范围得到 $X_2=2.2$。

(c) 技术效果：使得擦玻璃机器人通过调控电磁铁实现自动喷液，有明显的实用效果，则 X_3 可取值为 3.1。

(2) 用隶属函数计算隶属度

$$\mu(X_1)=\frac{X_1-1}{3}=\frac{1.8}{3}=0.6$$

$$\mu(X_2)=\frac{X_2-1}{3}=\frac{1.2}{3}=0.4$$

$$\mu(X_3)=\frac{X_3-1}{3}=\frac{2.1}{3}=0.7$$

(3) 选取相关技术领域 m 值，在擦玻璃机器人喷液装置中相关技术处于成长期，故取 $m=0.65$。

(4) 建立模糊子集

$$\mathrm{A}=\frac{0.6}{X_1}+\frac{0.4}{X_2}+\frac{0.7}{X_3}$$

则

$$\mathrm{A}=\frac{0}{X_1}+\frac{0}{X_2}+\frac{1}{X_3}$$

(5) 查表判定创造性属性，此例具有创造性属性。

(6) 求模糊度。

$$d(\mathrm{A},\mathrm{A})=\sum_{t=1}^{n}\left|\mu\mathrm{A}(X_i)-\mu\mathrm{A}(X_i)\right|$$

则

$$d(\mathrm{A},\mathrm{A})=|1-0.6|+|1-0.4|+|1-0.7|=1.3$$

$$\delta(\mathrm{A},\mathrm{A})=\frac{1}{3}d(\mathrm{A},\mathrm{A})=0.43$$

$$\text{汉明模糊度 }\gamma(\mathrm{A})=2\delta(\mathrm{A},\mathrm{A})=0.86$$

(7) 将汉明模糊度与模糊度额定值进行比较

$$\because P=1.2 \quad \therefore \gamma(\mathrm{A})<P$$

因此结论为：具有创造性。

（8）创新等级的评定。根据公式

$$C = [X_1 \quad X_2 \quad X_3]\begin{bmatrix} Q_1 & 0 & 0 \\ 0 & Q_2 & 0 \\ 0 & 0 & Q_3 \end{bmatrix}\begin{bmatrix} a \\ b \\ c \end{bmatrix} \times 100$$

求得

$$C = 58$$

因此可得其创造性属于2级创造。

同理，可得到其他方案具备创造性，其创新性评价等级具体为："磁铁自动升降装置"的创造性属于2级创造；"擦玻璃机器人缓冲消声装置"的创造性属于2级创造；"水射流擦玻璃机器人"的创造性属于3级创造；"附带转向机构的擦玻璃机器人"的创造性属于2级创造；"擦玻璃机器人凸轮喷液机构"的创造性属于2级创造；"擦扫一体机器人"的创造性属于1级创造；"新型擦窗扫地一体机器人"的创造性属于3级创造；"擦玻璃机器人行走路线控制"的创造性属于2级创造。

11.7.4 创新成果管理

对创新性成果进行管理。按照第3章图3.28所示的专利组合管理筛选图制订专利管理策略表，如表11.23所示。

表11.23 专利管理策略表

创新方案名称	是否为突破性创新成果	是否可反向工程	是否易被研发获得	是否具备可专利性	是否有保护价值
①附带转向机构的擦玻璃机器人	否	是	是	是	是
②磁铁自动升降装置	否	是	是	是	是
③擦玻璃机器人缓冲消声装置	否	是	是	是	是
④水射流擦玻璃机器人	是	是	是	是	是
⑤电磁自动喷液装置	否	是	是	是	是
⑥凸轮喷液机构	否	是	是	是	是
⑦擦扫一体机器人	否	是	是	否	否
⑧新型擦窗扫地一体机	是	是	是	是	是
⑨擦玻璃机器人行走路线控制方法	否	是	是	是	是

通过对创新成果的评价,其中方案①~③、方案⑤~⑦以及方案⑨是非突破性创新成果,易于反向工程,易于研发获得,因此不进行商业秘密保护。其中,方案⑦不具有专利性,转成企业内部知识或者进行防御性公开;方案④和方案⑧创新性较高,是突破性创新成果,但是也易于反向工程,易于研发获得。因此,将具有一定保护价值的方案①~⑥、方案⑧和方案⑨申请专利,进行专利组合保护。针对擦窗机器人创新设计方案,已经申请了相关专利。

11.8 样机模型

根据前述方案所设计的第一代产品样机如图 11.52 所示。

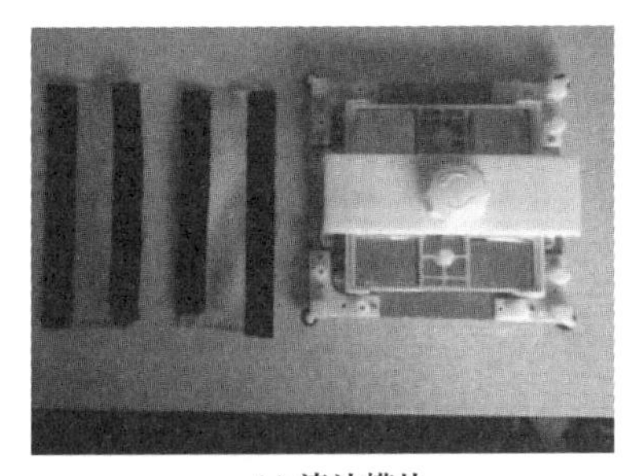

(a) 清洁模块

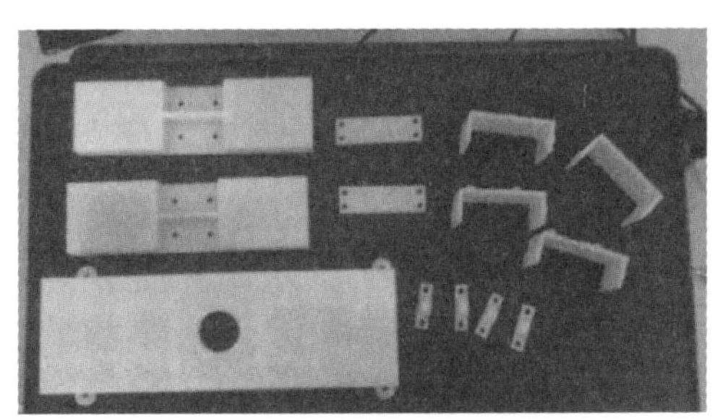

(b) 部分零件

(c) 控制板

(d) 原理样机整体结构

图 11.52 原理样机实物

11.9 本章小结

本章以擦窗机器人为例,对提出的融合 TRIZ 的产品全流程专利规避创新设计进行了验证。首先进行相关专利检索,获得规避目标专利群与企业;通过对目标企业竞争产品系统的四类专利组合的分析,构建产品系统内及系统外的现有技术约束以及局部研究对象的权利地图;以此为研究起点,通过采用各类 TRIZ 创新工具方法进行技术约束突破,激发创新方案,实现对原有专利及专利组合的规避;最后加以验证,进行专利组合申请和保护。结果表明,本章提出的融合 TRIZ 的产品全流程专利规避创新设计方法有效可行。

参 考 文 献

[1] 杨铁军. 企业专利工作实务手册[M]. 北京：知识产权出版社，2013：5-20.

[2] Chakrabarti S，Amba S，Ramasami T. Study of landscape of global leather patents and analysis of technology linkages to trade[J]. World Patent Information，2006，28(3)：226-234.

[3] Ernst H. Patent information for strategic technology management[J]. World Patent Information，2003，25(3)：233-242

[4] 于海燕，程序. 基于 TRIZ 的竞争对手专利预警分析[J]. 图书情报工作网刊，2012，59(10)：47-52

[5] Wang B，Hsieh C H. Measuring the value of patents with fuzzy multiple criteria decision making：Insight into the practices of the Industrial Technology Research Institute[J]. Technological Forecasting & Social Change，2015，92：263-275.

[6] Altwies J E，Nemet G F. Innovation in the U. S. building sector：An assessment of patent citations in building energy control technology[J]. Energy Policy，2013，52：519-831.

[7] Hall B H，Jaffe A，Trajtenberg M. Market value and patent citations[J]. The RAND Journal of Economics，2005，36(1)：16-38

[8] Breitzman，A. Thomas P. Using patent citation analysis to target/value M&A candidates[J]. Research Technology Management，2002，45(5)：28-36.

[9] Gallini N. Cooperating with competitors：Patent pooling and choice of a new standard [J]. International Journal of Industrial Organization，2014，36：4-21.

[10] Chen Y S，Chen B Y. Utilizing patent analysis to explore the cooperative competition relationship of the two LED companies：Nichia and Osram[J]. Technological Forecasting & Social Change，2011，78(2)：294-302.

[11] Fabry B，Ernst H，Langholz J，et al. Patent portfolio analysis as a useful tool for identifying R&D and business opportunities：An empirical application in the nutrition and health industry[J]. World Patent Information，2006，28(3)：215-225.

[12] Tekic Z，Drazic M，Kukolj D，et al. From patent data to business intelligence：PSALM case studies[J]. Procedia Engineering，2014，69：296-303.

[13] Piacentini E，Drioli E，Giorno L. Membrane emulsi cation technology：Twenty-

years of inventions and research through patent survey [J]. Journal of Membrane, 2006.

[14] Andersen B. The hunt for S-shaped growth paths in technological innovation: A patent study[J]. Journal of Evolutionary Economics, 1999, 9(4): 487-526.

[15] Dubarić E, Giannoccaro D, Bengtsson R, et al. Patent data as indicators of wind power technology development[J]. World Patent Information, 2011, 33(2): 144-149.

[16] Gredel D, Kramer M, Bend B. Patent-based investment funds as innovation intermediaries for SMEs: In-depth analysis of reciprocal interactions, motives and fallacies[J]. Technovation, 2012, 32(9-10): 536-549.

[17] Huang C C, Liang W Y, Lin S H. A rough set based approach to patent development with the consideration of resource allocation[J]. Expert Systems with Applications, 2011, 38(3): 1980-1992.

[18] Park H, Kim K, Choi S, et al. A patent intelligence system for strategic technology planning[J]. Expert Systems with Applications, 2013, 40(7): 2373-2390.

[19] Collan M, Fedrizzi M, Luukka P. A multi-expert system for ranking patents: An approach based on fuzzy pay-off distributions and a TOPSIS-AHP framework[J]. Expert Systems with Applications, 2013, 40(12): 4749-4759.

[20] Cavallucci D, Rousselot F, Zanni C. Using patents to populate an inventive design ontology[J]. Procedia Engineering, 2011, 9: 52-62.

[21] Srinivasan R, Lilien G L, Rangaswamy A. Survival of high tech rms: The effects of diversity of product-market portfolios, patent, and trademarks[J]. International Journal of Research in Marketing, 2008, 25: 119-128.

[22] Burns P, John P, Prior P, et al. Patent Resources Group, Inc. Design around valid US patents[R]. Bonita Springs: Patent Resources Group, Inc., 1994.

[23] Schechter R E, John R T. Intellectual property: The law of copyrights, patents and trademarks[M]. Minnesota: Thomson West, 2003.

[24] 何世琮. 积极的专利回避设计之研究[D]. 台北: 世新大学, 2010.

[25] Schneider C. Fences and competition in patent races[J]. International Journal of Industrial Organization, 2008, 26(6): 1348-1364.

[26] Steinberger B. U. S. intellectual property protection for business[C]//Southcon/94, 1994:346-348.

[27] 潘颖, 卢章平, 黄晋. 专利侵权诉讼网络在企业市场竞争研究中的应用[J]. 情报杂志, 2013, 32(9): 78-83.

[28] 胡淑珠. 判定专利侵权的等同原则在我国审判实践中的适用与限制[J]. 法学, 2006(8): 153-160.

[29] 何晓平. 论专利侵权判定中的逆等同原则[J]. 知识产权, 2011(1): 53-57.

[30] 蒋志培. 专利侵权判定及证据分析[R]. 上海: 中国法学会, 2010.

[31] 吴观乐. 德、英、美专利侵权判断方法的比较分析——兼对我国发明和实用新型专利侵权判断方法提出几点粗浅看法[J]. 专利法研究，1994.
[32] 郭淑君. 企业专利侵权诉讼预警机制与应对研究[D]. 武汉：华中科技大学，2011.
[33] 张晓都. 专利侵权判定——理论探讨与审判实践[M]. 北京：法律出版社，2008.
[34] 全国人民代表大会常务委员会. 中华人民共和国专利法[Z]. 2008. 12. 27.
[35] 蔡俊立. 利用专利检索分析及专利回避手法探讨专利布局——以数位扭矩扳手为例[D]. 台中：逢甲大学，2009.
[36] 陈瑞田. 创新性之专利回避设计//智慧财产权研讨会，台湾，1997.
[37] 黄文仪. 专利实务[M]. 3 版. 台北：三民书局，2002.
[38] 王浩伦. 基于 TRIZ 和专利规避设计的产品创新方法[J]. 组合机床与自动化加工技术，2014，5：66-72.
[39] 北京市高级人民法院. 专利侵权判定若干问题的意见[Z]. 2001. 9. 29.
[40] 李阳，许培扬. 基于专利分析的技术机会识别流程研究[J]. 情报理论与实践，2014，37(5)：61-63.
[41] 马婷婷，汪雪锋，朱东华，等. 基于专利的技术机会分析方法研究[J]. 科学学研究，2014，32(3)：335-383.
[42] 任智军，乔晓东，徐硕，等. 基于数据挖掘的技术机会发现模型研究[J]. 情报杂志，2015，34(6)：175-190.
[43] 李辉，乔晓东. 基于科技文献的技术机会分析方法初探[J]. 情报杂志，2007(5)：74-76.
[44] 梁红艳. 基于专利挖掘的创新设计关键技术研究[D]. 天津：河北工业大学，2010.
[45] 许怡婷，章雯，周世儒，等. 军工企业专利预警机制的构建[J]. 航天工业管理，2015(6)：23-25.
[46] 王曰芬，谢寿峰，邱玉婷. 面向预警的专利文献相似度研究的意义及现状[J]. 情报理论与实践，2014，37(7)：135-140.
[47] 程序，于海燕. TRIZ 在专利技术路线图制定中的应用研究[J]. 情报杂志，2012，31(10)：1045-1051.
[48] 王曰芬，刘卫江，邱玉婷. 专利预警信息分析系统的体系架构设计[J]. 情报理论与实践，2014，37(6)：107-111.
[49] 林楠，张闰贤，张通博，等. 中小企业专利预警体系初探[J]. 辽宁省社会主义学院学报，2015(2)：87-89.
[50] CROCS. Breathable footwear pieces. US，6993858[P]. 2003-6-23[2017-02-03]. http://patft1. uspto. gov/netacgi/nphParser? Sect1 = PTO1&Sect2 = HITOFF&d = PALL&p = 1&u =/netahtml/PTO/srchnum. htm&r = 1&f = G&l = 50&s1 = 6，993，858. PN. &OS = PN/6，993，858&RS = PN/6，993，858.

[51] 曼天星工艺钟表(沈阳)有限公司. 子弹型表带. 中国, 98202863. 6[P]. 1998-4-2 [2017-02-03]. http://www. patexplorer. com/results/s. html? sc = &q = 98202863. 6&fq = &type = s&sort = &sortField = .

[52] 姜国有. 安全电热毯. 中国, 93210997. 7[P]. 1993-4-23[2017-02-03]. http://www. patexplorer. com/results/s. html? sc = &q = 93210997. 7&fq = &type = s&sort = &sortField = .

[53] 镇江市博林光电科技有限公司. 防飞溅指甲剪. 中国, 201310243076. 2[P]. 2013-11-20[20170203]. http://www. patexplorer. com/results/s. html? sc = &q = 201310243076. 2&fq = &type = s&sort = &sortField = .

[54] 山东科技大学. 一种指甲刀. 中国, 201120427690. 0[P]. 2012-07-04[2017-02-03]. http://www. patexplorer. com/results/s. html? sc = &q = 201120427690. 0&fq = &type = s&sort = &sortField = .

[55] 王煜. 一种带搭钩的缝衣针. 中国, 200920083385. 7[P]. 2009-11-04[2017-02-03]. http://www. patexplorer. com/results/s. html? sc = &q = 200920083385. 7&fq = &type = s&sort = &sortField = .

[56] 刘尚志, 陈佳麟, 曾锦焕. 专利技术策略与创新回避设计[C/CD]//研究发展管理实务案件暨论文研讨会, 台北, 中国, 1998.

[57] Design Around Valid U. S. Patents, vol 2, US: Patent Resources Group, Inc., 1994.

[58] Nydegger R, Richards J W. “Design-Around Techniques” in Lundburg et al. Electronic and Software Patents, Bureau of National Affairs, Inc., Washington, D. C, 2000.

[59] 陈佳麟. 专利产品设计方法与策略整合之研究[D]. 中国台湾: 台湾交通大学, 2002.

[60] 施炳轩. 专利回避设计策略研究[D]. 杭州: 浙江大学, 2006.

[61] 李辉, 刘力萌, 赵少奎, 等. 面向机械产品专利规避的裁剪路径研究[J]. 中国机械工程, 2015, 26(19): 2581-2589.

[62] 刘江南, 于德介, 彭丽, 等. 基于裁剪法的机构综合专利利用再创新模型[J]. 湖南大学学报, 2013, 40(10): 43-51.

[63] 韩彦良. 基于 TRIZ 功能裁剪的产品创新设计[J]. 制造业自动化, 2013, 35(1): 150-156.

[64] Li M, Ming X G, He L N, et al. A TRIZ-based trimming method for patent design around[J]. Computer-Aided Design, 2015, 62: 20-30.

[65] Jiang P, Zhai J J, Chen Z S, et al. The patent design around method based on TRIZ[C]//IEEM 2009—IEEE International Conference on Industrial Engineering and Engineering Management. USA: IEEE Computer Society, 2009: 1067-1071.

[66] 江屏, 王川, 孙建广, 等. IPC 聚类分析与 TRIZ 相结合的专利群规避设计方法与应用[J]. 机械工程学报, 2015, 51(7): 144-154.

[67] 李金连, 杨贯榆, 胡淑珍. 设计新原型开发流程: 统合专利回避设计策略与发

明解决问题理论[J]. 技术学刊, 2010, 25(4): 293-305.
[68] Li M, Ming X G, Zheng M K, et al. A framework of product innovative design process based on TRIZ and Patent Circumvention[J]. Journal of Engineering Design, 2013, 24(12): 830-848.
[69] 李更, 范文, 赵今明. TRIZ 创新流程与专利检索系统的结合探索[J]. 情报杂志, 2013, 32(2): 79-81.
[70] 杨云霞. TRIZ 应用中的专利侵权风险分析[J]. 情报杂志, 2009, 28(8): 30-32.
[71] 陈明原. 应用贝氏理论及模糊逻辑进行专利分类及 TRIZ 方法改善之研究[D]. 台北: "国立台湾科技大学", 2006.
[72] 袁德. 用模糊数学进行创造性定量评判的探讨[J]. 工业产权, 1989(3): 7-13.
[73] Kim M S, Kim C. On a patent analysis method for technological convergence[J]. Procedia-Social and Behavioral Sciences, 2012, 40: 657-663.
[74] Kim H, Song J S. Social network analysis of patent infringement lawsuits[J]. Technological Forecasting & Social Change, 2013, 80(5): 944-955.
[75] Patel D, Ward M R. Using patent citation patterns to infer innovation market competition[J]. Reaxearch Policy, 2011, 40(6): 886-894.
[76] Tseng F M, Hsieh C H, Peng Y N, et al. Using patent data to analyze trends and the technological strategies of the amorphous silicon thin-film solar cell industry [J]. Technological Forecasting & Social Change, 2011, 78: 332-345.
[77] Suh J H, Park S C. Service-oriented technology roadmap (SoTRM) using patent map for R&D strategy of service industry[J]. Expert Systems with Applications, 2009, 36(3): 6754-6772.
[78] 王保权. 应用专利地图结合 TRIZ 改善产品设计之研究[D]. 台中: 逢甲大学, 2010.
[79] 彭培洵. 整合专利地图、Kano 模式与 TRIZ 演化趋势之研究——以产品创新设计为例[D]. 新竹: 明新科技大学, 2010.
[80] Ikovenko S. Approaches of walking around competitive patents using TRIZ tools [D]. Moscow Soviet Union: State Research Institute of Patent Information and Expertise, 1991.
[81] Chang H T, Chen J L. An eco-innovative design method based on design around approach[C]//Proceedings of the 3rd International Symposium on Environmentally Conscious Design and Inverse Manufacturing, Tokyo, Japan: [出版者不详], 2003.
[82] Hung Y C, Hsu Y L. An integrated process for designing around existing patents through the theory of inventive problem-solving[J]. Journal of Engineering Manufacture, 2007, 221(1): 109-122.
[83] Liu Y M, Jiang P, Zhang W, et al. Integrating requirements analysis and design

around strategy for designing around patents[C]//CCIE 2011—Proceedings: 2011 IEEE 2nd International Conference on Computing, Control and Industrial Engineering. USA: IEEE Computer Society, 2011: 29-32.
[84] 林美秀. 运用 TRIZ 原理探讨专利开发实例[D]. 桃园: 中原大学, 2004.
[85] 李鹏, 安纪平. 浅谈 TRIZ 在专利回避设计中的应用[J]. 中国发明与专利, 2013, 2: 29-32.
[86] 张祥唐, 陈家豪. 可拓方法与 TRIZ 方法在产品创新设计上的应用[J]. 工业工程, 2004, 7(2), 33-37.
[87] 黄文仪. 专利实务[M]. 4 版. 台北: 三民书局, 2004.
[88] 林明宪. 系统化专利分析与成果评估于回避设计之研究[D]. 台湾: 树德科技大学应用设计研究所, 2007.
[89] 徐业良, 许博尔, 洪永杰. 结合专利资讯与公理设计之创新设计流程[J]. 品质学报, 2009, 16(3): 1-11.
[90] 彭馨仪. 整合 TRIZ 与 DFMA 之专利回避设计程序研究[D]. 台中: 朝阳科技大学, 2008.
[91] Chen W C, Chen J L. Innovative method by design-around concepts with integrating the algorithm for inventive problem solving[J]. Journal of Mechanical Science and Technology, 2014, 28(1): 201-211.
[92] 戴国政, 王保权. 应用专利地图结 TRIZ 改善产品设计之研究[D]. 硕士论文, 2010(8): 22-42.
[93] 江屏, 罗亚平, 孙建广, 等. 基于功能裁剪的专利规避设计[J]. 机械工程学报, 2012, 48(11): 46-53.
[94] 檀润华. 发明问题解决理论[M]. 北京: 科学出版社, 2004: 9-10.
[95] 檀润华. TRIZ 及应用技术创新过程与方法[M]. 北京: 高等教育出版社, 2010: 15.
[96] 檀润华. TRIZ 及应用技术创新过程与方法[M]. 北京: 高等教育出版社, 2010: 25.
[97] 丁丛华. 指甲刀. 中国, 201210584083. 4[P]. 2013-04-17[2016-11-5]. http://www.patexplorer.com/results/s.html? sc=&q=201210584083.4&fq=&type=s&sort=&sortField=.
[98] 韩正植. 指甲刀. 中国, 200780001304. 8[P]. 2009.01.28[2016-11-5]. http://www.patexplorer.com/results/s.html? sc=&q=200780001304.8&fq=&type=s&sort=&sortField=.
[99] 于菲. 基于系统裁剪的创新设计研究[D]. 天津: 河北工业大学, 2015.
[100] 李辉, 霍江涛, 许波, 等. 基于 TRIZ 的专利组合设计理论研究[J]. 科学技术与工程, 2014, 14(36): 197-203.
[101] 康宇航. 基于多维标度的专利组合图谱绘制及应用[J]. 科学学研究, 2009, 27(1): 30-35.

[102] 袁彬悠，吕红波. 波士顿矩阵应用扩展研究[J]. 经营与管理，2012(6)：85-89.

[103] Stamatis D H. 故障模式影响分析——FMEA 从理论到实践[M]. 陈晓彤，姚绍华，译. 2 版. 北京：国防工业出版社，2003：34-36.

[104] 陈子顺，张鹏，檀润华. AFD 和功能结构分解在 TPM 中的应用[J]. 机械设计，2010，27(12)：92-96.

[105] 许波，檀润华，郭迪明. 扩展的失效预测模板研究及其工程应用[J]. 机械设计，2013，30(10)：1-4.

[106] Genrich A. The innovation algorithm：TRIZ，systematic innovation and technical creativity[M]. Worcester：Technical Innovation Center，1999.

[107] Iansiti M. Technology integration：Making critical choice in a dynamic world[M]. Boston：Harvard Business School Press，1998.

[108] Schlumberger Technology Corporation. Logging while drilling apparatus with blade mounted electrode for determining resistivity of surrounding formation. U. S. 5，339，036[P]. 1991-10-31[2017. 3. 20]. http://www. freepatentsonline. com/5339036. html.

[109] 中国石油化工股份有限公司. 一种电磁随钻测量系统的信号传输中继器. 中国. 201210385078. 0[P]. 2012-10-11[2017. 3. 20]. http://www. patexplorer. com/results/s. html? sc=&q=一种电磁随钻测量系统的信号传输中继器&type=s.

[110] 薛胜国. 用于粉条加工的揉面机. 中国，2819822[P]. 2006-09-27. [2016-12-1]. http://www. patexplorer. com/results/s. html? sc=&q=用于粉条加工的揉面机&fq=&type=s&sort=&sortField=.

[111] 赵章仁. 用于粉条加工的揉面机. 中国，201001359[P]. 2008-01-09. [2016-12-1]. http://www. patexplorer. com/results/s. html? sc=&q=用于粉条加工的揉面机&fq=&type=s&sort=&sortField=.

[112] Fey V，Rivin E，Vertkin I. Application of the theory of inventive problem solving to design and manufacturing systems[J]. Annals of the CIRP，1994，41(3)：107-111.

[113] 刘芳，江屏，檀润华. 基于技术杂交的一类产品技术集成创新设计[J]. 机械工程学报，2011，47(21)：123-132.

索　引

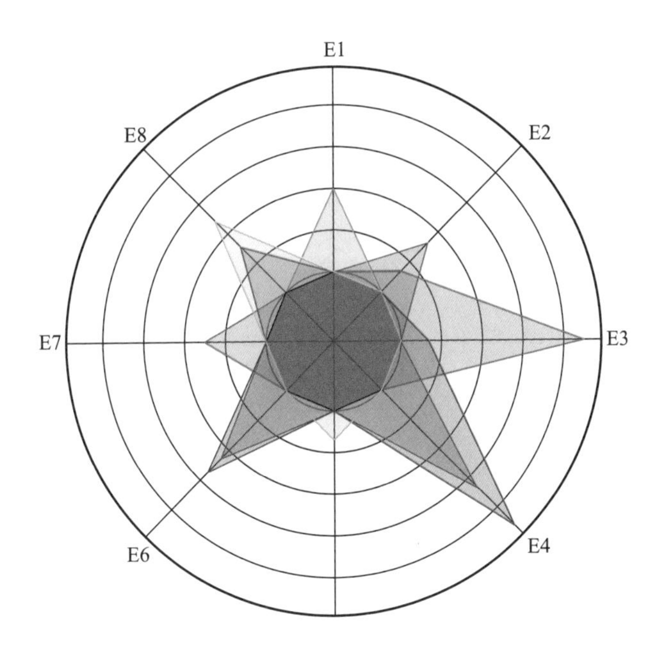

E1:定律1(提高理想化水平)
E2:定律2(子系统的非均衡发展)
E3:定律3(动态化增长)
E4:定律4(向复杂系统进化)
E5:定律5(向微观系统进化)
E6:定律6(完整性)
E7:定律7(缩短能量流路径长度)
E8:定律8(增加可控性)

部件A技术进化状态
部件B技术进化状态
部件C技术进化状态
部件D技术进化状态
部件E技术进化状态
部件F技术进化状态

图 7.13　产品系统技术进化状态雷达图

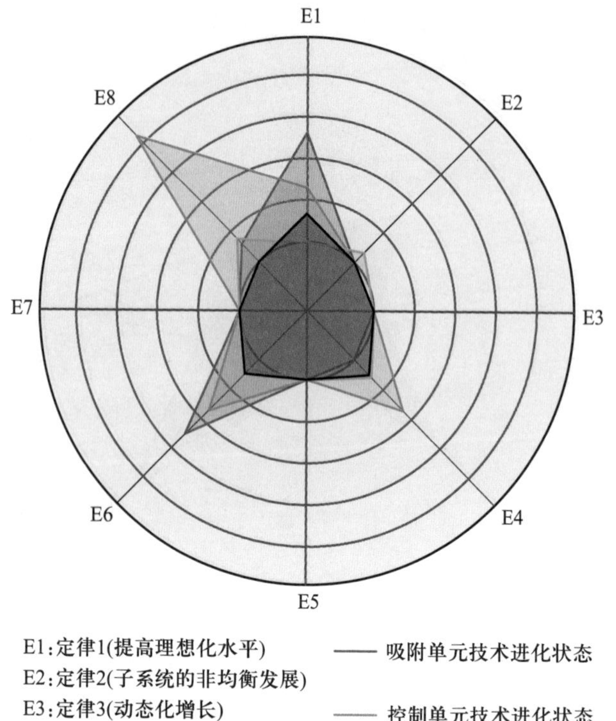

图 11.20　擦玻璃机器人技术进化雷达图

HEP 机械工程前沿著作系列
MEF HEP Series in Mechanical Engineering Frontiers

已出书目

- 现代机构学进展（第1卷）
  邹慧君 高峰 主编
- 现代机构学进展（第2卷）
  邹慧君 高峰 主编
- TRIZ及应用——技术创新过程与方法
  檀润华 编著
- 相控阵超声成像检测
  施克仁 郭寓岷 主编
- 颅内压无创检测方法与实现
  季忠 编著
- 精密工程发展论
  Chris Evans 著，蒋向前 译
- 磁力机械学
  赵韩 田杰 著
- 微流动及其元器件
  计光华 计洪苗 编著
- 机械创新设计理论与方法
  邹慧君 颜鸿森 著
- 润滑数值计算方法
  黄平 著
- 无损检测新技术及应用
  丁守宝 刘富君 主编
- 理想化六西格玛原理与应用
  ——产品制造过程创新方法
  陈子顺 檀润华 著
- 车辆动力学控制与人体脊椎振动分析
  郭立新 著
- 连杆机构现代综合理论与方法
  ——解析理论、解域方法及软件系统
  韩建友 杨通 尹来容 钱卫香 著
- 液压伺服与比例控制
  宋锦春 陈建文 编著
- 生物机械电子工程
  王宏 李春胜 刘冲 编著
- 现代机构学理论与应用研究进展
  李瑞琴 郭为忠 主编
- 误差分析导论——物理测量中的不确定度
  John R. Taylor 著，王中宇等 译
- 齿轮箱早期故障精细诊断技术
  ——分数阶傅里叶变换原理及应用
  梅检民 肖云魁 编著
- 基于TRIZ的机械系统失效分析
  许波 檀润华 著
- 功能设计原理及应用
  曹国忠 檀润华 著
- 基于MATLAB的机械故障诊断技术案例教程
  张玲玲 肖静 编著
- 机构自由度计算——原理和方法
  黄真 曾达幸 著
- 全断面隧道掘进机刀盘系统现代设计理论及方法
  霍军周 孙伟 马跃 郭莉 李震 张旭 著
- 系统化设计的理论和方法
  闻邦椿 刘树英 郑玲 著
- 柔性设计——柔性机构的分析与综合
  于靖军 毕树生 裴旭 赵宏哲 宗光华 著
- 专利规避设计方法
  李辉 檀润华 著